PRÄHISTORISCHE STAATSSAMMLUNG MÜNCHEN

MUSEUM FÜR VOR- UND FRÜHGESCHICHTE

DIE FUNDE AUS BAYERN

VON

HERMANN DANNHEIMER

SCHNELL & STEINER · MÜNCHEN-ZÜRICH

INHALT

ERSTE AUFLAGE 1976

ISBN 3 7954 0588 2

DIESE VERÖFFENTLICHUNG BILDET BAND 67/68 IN DER REIHE „GROSSE KUNSTFÜHRER" UNSERES VERLAGES. HERAUSGEBER DR. HUGO SCHNELL. —

GESAMTHERSTELLUNG IN DER OFFIZIN DES VERLAGES IN WALDSASSEN IN DER OBERPFALZ

Die Prähistorische Staatssammlung München ist eine Gründung des späten 19. Jahrhunderts. Unter dem Eindruck der Entdeckung des Eiszeitmenschen und seiner Relikte in den Höhlensedimenten Westeuropas entstand in München 1870 in enger Anlehnung an die Bayerische Akademie der Wissenschaften die „Gesellschaft für Anthropologie, Ethnologie und Urgeschichte“. Zu ihren Zielen gehörte es vor allem, die prähistorische Forschung in Bayern zu aktivieren. Zwar hatten schon zuvor die Bayerische Akademie der Wissenschaften (gegründet 1807) und die gemäß einem Aufruf König Ludwigs I. im ganzen Lande ins Leben gerufenen historischen Vereine vor- und frühgeschichtliche Funde registriert und gesammelt, — zu einer kontinuierlichen Entwicklung des jungen Wissenschaftszweiges war es indessen nicht gekommen.

Die Sammlungen jener Zeit waren nach dem Muster eines Raritätenkabinettes angelegt und sollten vielfach auch gar nichts anderes sein. In München reicht die Geschichte musealen Sammelns bis in die Mitte des 16. Jahrhunderts zurück, wo Herzog Albrecht V. den Grundstock für das Antiquarium legte. Diese Sammlung erhielt zunehmend auch bayerische Bodenfunde, besonders seit die Akademie in höchstem Auftrag zur „Centralstelle für Untersuchung und Aufsammlung der im ganzen Lande gefundenen urgeschichtlichen Alterthümer“ bestimmt worden war. Ein Zeitgenosse berichtet jedoch noch 1817, daß einschlägiges Material im Antiquarium kaum zu finden sei, denn „bis jetzt ... ist nichts von besonderer Bedeutung ausgegraben worden, und das geschichtliche Licht, was von daher über Bayerns vorhistorische Zeit kommen soll, dürfte wohl nur gering seyn“.

Daran änderte wenig, daß der im Jahre 1837 gegründete Historische Verein von Oberbayern sogleich begann, ebenfalls eine Altertümersammlung anzulegen. Zwar entfalteten die örtlichen Mitarbeiter in der Provinz da und dort eine rege Sammeltätigkeit, doch wurde der Quellenwert der zutage geförderten Funde für die Frühgeschichte des Landes nur höchst unvollkommen erkannt. Sowohl im 1855 gegründeten Bayerischen Nationalmuseum (das 1867 die einschlägigen Fundbestände aus dem Antiquarium übernahm) wie in der Sammlung des Historischen Vereins wurden die Gegenstände ganz streng nach Material- und Sachgruppen geordnet und dadurch ihrer ursprünglichen Fundzusammenhänge vielfach für alle Zeiten beraubt. In zahlreichen Fällen gerieten sogar die Provenienzangaben ganz in Vergessenheit.

Im Nationalmuseum erfreute sich zudem die vor- und frühgeschichtliche Abteilung eines recht unterschiedlichen Ansehens bei den einzelnen Direktoren. Bezeichnend ist z. B., daß das bereits im Jahre 1856 gefundene Mosaik von Wester- 159. 160
hofen, das im Museumsbau an der Maximilianstraße in den Fußboden eingelassen war, etwa von 1868 bis 1886 mit Brettern abgedeckt und so den Blicken der Besucher entzogen war. Überhaupt war in der fraglichen Zeitspanne die römische Abteilung des Museums magaziniert und unzugänglich.

Im Jahre 1885 erhielt der Physiologe Professor Dr. Johannes Ranke, der seit 1863 an der Münchener Universität Anthropologie und Allgemeine Naturgeschichte las und der Gründungsmitglied der Anthropologischen Gesellschaft war, die Genehmigung, seine für Lehrzwecke angelegte private Sammlung vor- und frühgeschichtlicher Altertümer dem Staat schenkungsweise zu übereignen. Diese Sammlung bestand teils aus Originalen, teils aus Kopien. Sie wurde zunächst — um verschiedene durch Kauf hinzugekommene Fundgruppen vermehrt — der Paläontologischen Sammlung als selbständige Abteilung (mit Ranke als ehrenamtlichem Leiter) angegliedert, bereits 1889 aber als selbständiges „Conservatorium der Prähistorischen Sammlungen des Staates“ etabliert. Nach dem Willen ihres Gründers sollte die neue Sammlung ein „Centralmuseum für vorgeschichtliche Alterthümer

Baierns", allerdings „mit Ausschluß des speziell Römischen" (das wohl im Antiquarium gesammelt werden sollte) sein. Das Nationalmuseum unter seinem Direktor Wilhelm Heinrich von Riehl und der Historische Verein von Oberbayern sperrten sich jedoch gegen Rankes Absichten, die einschlägigen Bestände in seine Neugründung einzubringen. Erst viel später, 1934 und 1937, gelang es, dieses Sammlungsgut tatsächlich an das Prähistorische Fachmuseum zu übernehmen.
Die Prähistorische Staatssammlung konnte von Anfang an mit großem Interesse der Öffentlichkeit rechnen. Trotzdem blieb sie bis in die jüngste Vergangenheit ein Stiefkind unter den staatlichen Münchner Museen und Sammlungen. Chronischer Raummangel in ihrem ursprünglichen Domizil in der Neuhauser Straße, in der Alten Akademie (1885—1944), verhinderte von Anfang an eine übersichtliche Aufstellung. Wiederholt mußte die Sammlung für die Öffentlichkeit ganz geschlossen werden.
Mit der Zerstörung des Museumsgebäudes im April 1944 war die Sammlung für mehrere Jahre heimatlos. Mit Ausnahme der römischen Steindenkmäler, deren Verlagerung mit den zur Verfügung stehenden Kräften während des Krieges technisch nicht mehr bewältigt wurde, waren die wichtigsten und wertvollsten Bestände schon zuvor an verschiedene Verlagerungsorte außerhalb Münchens verbracht worden. Der mengenmäßig größere Rest konnte vor dem Einsturz der Museumsruine noch aus den Erdgeschoßräumen — wohin er aus Sicherheitsgründen bereits einige Jahre vorher verbracht worden war — herausgeholt werden. Abgesehen von einem beachtlichen Teil der Römersteine gingen so nur einige weniger ins Gewicht fallende Scherbenkomplexe unwiderruflich verloren.
1949 fand die Sammlung Aufnahme im Studiengebäude des Bayerischen Nationalmuseums (sog. Bestelmeyer-Bau) an der Oettingenstraße. Damit verbunden war ihre Eingliederung in den Kreis der kulturgeschichtlichen Museen. Denn im Verband der naturwissenschaftlichen Sammlungen, dem die Prähistorische Staatssammlung wegen der besonderen Umstände ihrer Gründung bis dahin angehört hatte, war sie entsprechend den Verfahrensweisen und Forschungszielen der seit Beginn des 20. Jahrhunderts sich zunehmend profilierenden jungen Vorgeschichtswissenschaft, aber auch wegen ihres eigenen Sammlungsspektrums längst ein Fremdkörper.
Die Übergabe des neuen Sammlungsgebäudes, mit dessen Bau im Mai 1973 endlich begonnen werden konnte, erfolgte im Herbst 1974. Hier ist das Museum seit langer Zeit erstmals wieder in der Lage, der Öffentlichkeit wesentliche Teile seiner Bestände zugänglich zu machen. Die repräsentative Auswahl in der Dauerausstellung, deren Glanzstücke der vorliegende Bildführer vorstellen will, ermöglicht einen umfassenden Überblick über die vor- und frühgeschichtliche Entwicklung in Bayern vom ersten Auftreten des Menschen während der Altsteinzeit bis zum Einsetzen der schriftlichen Überlieferung in der Zeit Karls des Großen.

DIE FUNDE

Die ältesten bekannten Spuren, die auf die Anwesenheit des Menschen im Gebiet des heutigen Bayern schließen lassen, stammen aus der vorletzten *Eiszeit.* Damals, vor annähernd 200 000 Jahren, waren die Lebensbedingungen für den Menschen grundsätzlich anders als während aller folgenden prähistorischen Zivilisationsstufen. Die sächlichen Hinterlassenschaften — verlorene oder unbrauchbar gewordene Gegenstände, die sich in den Siedlungsschichten finden, vor allem aber die Beigaben in den Gräbern der Toten — lassen diese Entwicklung wenigstens in groben Zügen erkennen.
Am Anfang jedenfalls war der Mensch als Sammler und Jäger völlig von der Natur abhängig. Das betrifft das natürliche Angebot an Wildfrüchten und jagdbaren

Tieren als Grundlage seiner Nahrung ebenso wie die Rohmaterialien — nämlich
Stein, Holz und Knochen —, deren er sich für die Herstellung einfacher Waffen
und Geräte bedienen konnte. Diese Abhängigkeit bedingte während des *Paläo-* 1—11. 13
lithikums — wenn auch in unvorstellbar langen Zeiträumen — mehrfach eine
Umstellung der Lebensgewohnheiten. Denn entsprechend dem Wechsel der war-
men und kalten Phasen des Eiszeitalters änderten sich Flora und Fauna grund-
legend.

Der Korridor zwischen den nordischen und den alpinen Gletschern bildete gerade
während der Hochstände der Vereisung ein einträgliches Jagdgebiet. Es ist des-
halb sicher kein Zufall, daß sich in Bayern längs der Täler von Ur-Donau und
Altmühl (und der von ihnen aus erreichbaren Seitentäler) die Fundstellen der Alt-
steinzeit häufen. Zahlreiche natürliche Höhlen an den Talrändern boten Schutz
für längeren oder kürzeren Aufenthalt. Aus ihnen stammen denn auch die mei-
sten Paläolithfunde Bayerns. Zu den ergiebigsten und am besten erforschten Plät-
zen zählen die Weinberghöhlen bei Mauern und die „Klausen" bei Neuessing. Da-
neben verstand es aber der Mensch offenbar bereits während der ältesten nach-
weisbaren Besiedlungsphasen, sich in Freilandsiedlungen durch einfache Hütten
oder Zelte aus Prügeln und Tierfellen notdürftig Schutz vor Wind und Wetter zu
verschaffen.

Die Funde aus der Altsteinzeit sind im allgemeinen auf die am widerstandsfähig-
sten Materialien Stein und Knochen beschränkt. Am besten bekannt ist die Ty-
penauswahl der Waffen und Geräte, die Rückschlüsse auf die Jagdmethoden, die 8—11
Praktiken beim Zerlegen der Beute und auf andere alltägliche Verrichtungen ge-
statten. Funde, die Einblicke in die geistige Vorstellungswelt des Menschen ver-
mitteln, sind dagegen ausgesprochen selten. Zu ihnen zählt eine nur in Bruchstük-
ken gefundene Kalksteinplatte aus dem „Hohlenstein", einer kleinen Höhle in der 4. 6. 7.
Nähe von Ederheim (Nördlingen). Unter dem Gewirr zahlloser dünner Linien sind
die stark stilisierten Figuren von sechs Frauen zu erkennen, die übrigens z. T. erst
1973 durch G. Bosinski auf der bereits 1912 gefundenen Platte identifiziert wur-
den. Oberkörper und Beine sind lediglich durch einige Linien angedeutet; auf die
Wiedergabe des Kopfes und der Arme hat man ganz verzichtet. Nur das Gesäß ist
deutlich hervorgehoben. Der Stein wurde mehrfach verwendet. Von einer offen-
bar älteren Zeichnungsschicht stammt ein Pferdekopf, dem unter weitgehender
Verwendung der Stirnkontur und wohl auch des Auges ein zweiter, wesentlich
kleinerer Wildpferdkopf eingeschrieben ist. In der gleichen naturalistischen Dar-
stellungsweise sind im unteren Teil der Platte einige Pferdebeine wiedergegeben,
die vermutlich von weiteren Pferdebildern stammen. Sie dürften bei einer späte-
ren Glättung des Steins anläßlich der Wiederverwendung zerstört worden sein.
Die Wildpferdbilder vom „Hohlenstein" entsprechen der schon lange bekannten,
äußerst feinen Gravierung eines springenden Pferdes aus den Klausenhöhlen, von 5
der nur der vordere Teil erhalten ist. — Bei einer skizzenhaft wirkenden Mam-
mutritzung auf einer schalenförmigen Elfenbeinscherbe aus den „Klausen" sind 1
bestimmte Charakteristika (wie die Behaarung der Bauchpartie) besonders her-
vorgehoben. Daneben hat der Künstler die ursprüngliche Bruchkante der Scherbe
geschickt für die Rückenkontur ausgenutzt.

Die kleinen Tierdarstellungen, zu denen auch eine geschnitzte Maske auf einem
„Kommandostab" gerechnet werden darf, hatten offenbar eine magische Bedeu- 3
tung und waren mit Sicherheit nicht Selbstzweck. Das gilt ebenso von undeutba-
ren Fingertupfenreihen in roter Farbe auf verschiedenen Kalksteinplattenfrag- 13
menten. In den Tierbildern kommt die Abhängigkeit des Menschen von der Natur
zum Ausdruck. Manche weisen absichtliche Beschädigungen auf, die nur bei rituel-
len Handlungen entstanden sein können. Ganz ähnlich wie die naturalistischen
Tierdarstellungen sind die stilisierten Menschenbilder zu deuten. Der Vergleich

mit verwandten Zeichnungen, aber auch mit kleinen vollplastischen Idolen aus
Knochen, Elfenbein oder Stein lehrt, daß es sich bei den Zeichnungen vom „Hohlenstein“ und ihren auswärtigen Parallelen um Frauenfigürchen handelt. Sie
dienten einem Fruchtbarkeitskult, der vermutlich nicht nur die eigene Gattung
einschloß: Nur eine starke Horde hatte Aussicht, ihre Jagdgründe vor fremden
Zugriffen zu schützen. Und allein die üppige Entwicklung von Fauna und Flora
war die Voraussetzung dafür, daß der Mensch sein Auskommen finden konnte.

An den Funden aus der *mittleren Steinzeit* läßt sich der radikale Wandel der Umweltbedingungen ablesen. Für eine bestimmte Phase sind winzige Silexgeräte
12 („Mikrolithen“) charakteristisch, die u. a. als Spitzen für besonders leichte Pfeile
zur Vogeljagd und als Einsätze für Harpunen gedient haben. Die Großtiere des
Eiszeitalters waren infolge der Klimaveränderungen längst ausgestorben, und
entsprechend hatte sich der Jäger auf die neuen Verhältnisse umstellen müssen.
Ein solcher Wandel ging freilich in fast unvorstellbar großen Zeiträumen vor sich,
und bestimmt lebten über lange Zeitspannen Menschengruppen verschiedener
Lebens- und Wirtschaftsformen auch in enger räumlicher Nachbarschaft. Das gilt
insbesondere für den Übergang vom Stand des reinen Sammlers und Jägers der
Alt- und Mittelsteinzeit zu dem des Ackerbauern und Viehzüchters des Neolithikums.

14—29 Der Beginn der *Jungsteinzeit* datiert in Süddeutschland in die Zeit um 4000 vor
Christi Geburt. Hand in Hand mit der Übernahme der neuen Wirtschaftsform gingen verschiedene technische Neuerungen, die diese erst ermöglichten. Als Ackerbauer mußte der Mensch sein Nomadendasein aufgeben und eine sichere Stapelmöglichkeit für seine Vorräte, u. a. auch an Saatgut, schaffen. So wie er bei einer
sehr extensiven Wirtschaftsweise als Bauer auf besonders fruchtbare, von der
Natur begünstigte Böden angewiesen war, mußte er sich als Viehzüchter an die
saftigsten Weidegründe halten. Trotzdem hatte man in unseren geografischen
Breiten Vorsorge für den Winter auch für das Vieh zu treffen. Zum Bau großer
und fester Häuser, deren Gerüst aus in den Erdboden eingelassenen Holzpfosten
gefügt wurde, waren Werkzeuge aus einem weniger spröden Rohstoff nötig, als
dem bisher allein verwendeten Feuerstein. Man lernte, Felsgesteinknollen zurechtzuschleifen, zu sägen und zu durchbohren, die — an Stielen montiert — wirksame Geräte für die Bearbeitung des Holzes und des Bodens, aber auch schlag-
19. 20. 23 kräftige Waffen abgaben. Daneben blieben altherkömmliche Materialien wie
22. 24 Holz, Knochen und Silex, die natürlich leichter zu bearbeiten waren, noch lange
in Gebrauch. Die Anlage von Vorräten verschiedener Art und ihre Sicherung vor
16. 17 Schädlingen und Ungeziefer erleichterten aus Ton gebrannte Gefäße, die man nun
erstmals herzustellen lernte. Die ältesten Belege erinnern in ihrem Umriß (ohne
Standboden) an ihre Vorbilder aus anderen Materialien (z. B. Beutel aus Tierhäuten oder Bast), und ihre in den feuchten noch ungebrannten Ton eingerissenen
Verzierungen ahmten noch lange die Muster geflochtener Körbe nach.
18. 27. 29 Gerade diese unterschiedlichen Ziermuster, deren geografische Verbreitung über
größere oder kleinere Gebiete reichte, und deren formale Veränderung und Weiterentwicklung zunehmend zu lokalen Gruppenbildungen führten, sind heute das wichtigste Hilfsmittel für die archäologische Erfassung der damaligen Besiedlungsvorgänge, für ihre räumliche und zeitliche Eingrenzung. Während der ältesten „bandkeramischen“ Phase bietet sich über fast ganz Bayern — soweit überhaupt von menschlicher Besiedlung erfaßt — ein einheitliches Bild dar (das Alpenvorland war allerdings zunächst überhaupt noch unbesiedelt). Ihre jüngeren Entwicklungsstufen, vor allem aber die verschiedenen Gruppen des Mittel- und Spätneolithikums erstreckten sich nur noch über Teile des Landes, waren aber durch übergreifende Modeerscheinungen vielfach miteinander verbunden.

Auch unter den Relikten der Jungsteinzeit gibt es Funde und Befunde, die wenig-
stens begrenzte Einsichten über die rein materiellen Sachverhalte hinaus gestat-
ten. So ist unter dem Rand eines bandkeramischen Tonkumpfes aus Gneiding im
Relief die Figur eines Männchens mit erhobenen Armen und wie zu einem Schrei 15
geöffnetem Mund angebracht. Offenbar wurde ihm die Fähigkeit zugesprochen,
den Gefäßinhalt zu schützen, es wurde ihm also eine „apotropäische“ Wirkung bei-
gemessen. Ein tiergestaltiges Gefäß aus Hienheim mit plastischem Rinderkopf und 14
vier Stummelbeinen (der ovale Körper ist mit bandkeramischen Mustern verse-
hen) hat ohne Zweifel als Libationsgefäß, als Behälter für das Trankopfer an ein
überirdisches Wesen gedient. Dementsprechend wird man sich den damit verehr-
ten Gott in Stiergestalt vorgestellt haben, zumindest aber war ihm der Stier als
heiliges Tier beigesellt.

Eine Prunkaxt, wie das außergewöhnliche Stück des Endneolithikums aus der 20
Donau bei Neßlbach, mag einem Priester beim rituellen Opfer gedient haben.
Vielleicht war sie auch reines Statussymbol eines Häuptlings. Als Waffe oder
Gerät für den Alltag war sie jedenfalls nicht bestimmt (aber auch kaum geeignet).
Bezeichnend ist der Ort ihrer Deponierung: Als Opfer an eine Wassergottheit,
vielleicht aber auch nur um sie profanem Mißbrauch zu entziehen, wurde die Axt
in den Fluß geworfen. Ähnlich verfuhr man mit bestimmten Waffen, Schmuck-
stücken und Geräten noch viele Jahrhunderte lang.

Gegen Ende der Jungsteinzeit kam zunehmend ein neuer Werkstoff in Gebrauch.
Man lernte, Kupfererze auszuschmelzen und daraus Waffen und Werkzeuge zu 26
gießen. Zunächst war das neue Material freilich noch kostbar und nicht für jeder-
mann erschwinglich. Man ahmte deshalb mit althergebrachten Materialien die
begehrten Metallformen nach. Wirklich durchsetzen konnte sich der neue Werk-
stoff erst, als man gelernt hatte, ihm durch Mischung verschiedener Rohmetalle
(Legieren) eine größere Härte zu geben.

Anders als die Überreste der vorausgehenden steinzeitlichen Perioden (die vor-
wiegend in Siedlungen gefunden werden) stammen die Hinterlassenschaften der
Bronzezeit (und fast aller folgenden vor- und frühgeschichtlichen Entwicklungs- 30—44
stufen) im allgemeinen aus Gräbern. Dorthin wurden sie den Toten für den Ge-
brauch im Jenseits beigegeben. Dementsprechend sind die Gegenstände — sofern
sich die lange Lagerung im Erdboden nicht nachteilig ausgewirkt hat — vollstän-
dig und unversehrt auf uns gekommen. Freilich ist die Auswahl einseitig auf die
Bedürfnisse des einzelnen Individuums zugeschnitten: Neben Gefäßen (aus Ton)
zur Aufnahme von Speisen und Getränken hat man dem Toten ausschließlich
Schmuck, Waffen und Geräte aus seinem persönlichen Besitz beigegeben. Anderes
war Eigentum der Familie oder Sippe, und war nicht für das Totenritual bestimmt.
Eine weitere Einengung unseres Wissens bedeuten die natürlichen Erhaltungs-
bedingungen für Gegenstände aus vergänglichem Material. Vor allem Objekte
aus Holz, die wir uns in großer Zahl verwendet denken müssen, und natürlich
Textilien haben die Jahrhunderte nur in Ausnahmefällen überdauert.

Trotzdem können wir uns eine gewisse Vorstellung von bronzezeitlichen Textil-
mustern machen. Zwar ist die Keramik der Zeit ziemlich gleichförmig, vielfach 34. 35. 38
unverziert und der Formenvorrat (Terrinen, Krüge, Becher) nur gering. Auf ein-
zelnen besonderen Stücken sind aber Zonen flächenfüllender Ornamente (meist
in Stempeltechnik) angebracht, die ohne Zweifel die Muster von Geweben nach-
ahmen. Sie wirken heute wie ein Kerbschnittdekor, ursprünglich waren sie je-
doch mit einer weißen pastosen Masse ausgefüllt, so daß sie sich deutlich vom
dunkelgrauen oder schwarzen Gefäßuntergrund abhoben.

Ähnliche Muster finden sich auch auf Schmuckstücken, auf Schwertgriffen oder 30. 39. 40. 44
Lanzenschäften eingeritzt. Die Gußtechnik, die vielfach mit der „verlorenen

44 Form“ (aus Ton), daneben aber auch mit beliebig oft verwendbaren Steinformen
67 arbeitete (entsprechende Metallformen sind erst aus der Urnenfelderzeit belegt),
ermöglichte einen viel größeren Formenreichtum und Formenwandel als die älteren, steinzeitlichen Verfahrensweisen. Dies zeigt allein schon der Blick auf die
30—32 Vielfalt der Typen von Gewandnadeln und Anhängern, die in einer Spanne von
etwa fünfhundert Jahren einander ablösten. Dabei konnte der „Kopf“ der Nadeln als eigentlicher Schmuckträger die bizarrsten Formen annehmen.

Das Totenbrauchtum war während der vorgeschichtlichen Metallzeiten ständigem Wandel unterworfen. Darin spiegeln sich vielleicht am stärksten die Veränderungen der religiösen Vorstellungen, ohne daß notwendigerweise damit kriegerische Auseinandersetzungen und eine Zuwanderung fremder Bevölkerungsgruppen verbunden gewesen sein müssen. Wie bereits am Ende der Jungsteinzeit herrschte in der frühen Bronzezeit die einfache Körperbestattung in kleinen Friedhöfen — wohl in unmittelbarer Nachbarschaft der Siedlungen — vor. Die Verstorbenen wurden mit angewinkelten Armen und Beinen (in „Hockerstellung“) in die Grube gelegt. In der mittleren Bronzezeit wurde über dem ebenfalls unverbrannt niederlegten Toten ein Erdhügel aufgeschüttet. Auch diese Hügelgräber wurden in kleineren oder größeren Gruppen angelegt. Über ihre Lagebezogenheit zu den gleichzeitigen Siedlungen sind wir bisher aber noch nicht genügend unterrichtet. Gegen Ende der Bronzezeit kam dann die Brandbestattung auf, wobei die Gräber als Nachbestattungen in ältere Grabhügel eingesenkt werden konnten.

45—67 Während der folgenden *Urnenfelderzeit* wurde über einem Grab ebenfalls noch
gelegentlich ein Hügel aufgeschüttet. Den Fuß eines solchen Tumulus umschlossen beispielsweise ursprünglich weit mehr als 60 Sandsteinblöcke aus dem Mark-
45 Forst bei Baiersdorf, von denen jeder mit einem anderen geometrischen Zeichen
bedeckt war. Auch dürfen wir uns vorstellen, daß der Scheitel des Hügels manchmal von einer Stele aus Holz oder Stein bekrönt war. Belege dafür liegen allerdings vermehrt erst aus der Hallstattzeit vor. Vorherrschend war jedoch in der Zeitspanne zwischen 1200 und 800 vor Chr. Geb. die Brandbestattung in Urnenflachgräbern, die zu großen Friedhöfen gruppiert wurden. Man verbrannte den Toten mitsamt seinen Beigaben, sammelte die Rückstände in ein größeres oder klei-
52. 56 neres Tongefäß oder deponierte sie ohne weiteren Schutz in einer kleinen Grube.

Das geschilderte Totenritual beeinträchtigte in nicht geringem Maße den Erhaltungszustand sogar der metallenen Grabbeigaben, die durch das Feuer häufig bis zur Unkenntlichkeit deformiert wurden. Einen gewissen Ersatz dafür bieten (oft sehr kostbare) Einzelfunde — meist Opfergaben in Mooren und Flüssen. Sie bezeugen die handwerklichen Fertigkeiten ihrer Hersteller und geben darüberhinaus einen Hinweis auf die Existenz einer vermögenden Herrenkaste. Das einzig-
64. 65 artige Schwert aus Königsdorf, die Helme aus der Pockinger Heide und aus den
62 Mainablagerungen bei Ebing und der „Depotfund“ aus Prunkaxt und Prunklanze
61 von Krottenthal sind dafür charakteristische Beispiele.

Ein solcher Herr ist beim heutigen Hart an der Alz (Altötting) „in die Grube gefahren“. Sein Leichnam wurde auf einem reich mit bronzenem Zierat beschlagenen vierräderigen Wagen aufgebahrt. Unter den beigegebenenen Waffen befand sich ein bronzenes Vollgriffschwert. So ausgestattet wurde der Tote auf dem Scheiterhaufen verbrannt. Neben einer Reihe besonders sorgfältig gearbeiteter
53 Tongefäße stellte man zur Urne ein bronzenes Weinservice in das Grab, bestehend
aus Mischkesselchen, Siebgefäß und Trinkschale. Das glücklicherweise unverbrannt beigegebene Ensemble bezeugt (neben anderen), wie hohe Herren hierzulande südliche Trinksitten übernommen hatten. Der Wein (oder ein ähnliches alkoholisches Getränk) war mit aromatischen Pflanzen versetzt, die man beim Gelage erst abschöpfen mußte.

Unter den erhaltenen Schmuck- und Trachtbestandteilen gibt es ebenfalls eine
ganze Anzahl, die darauf hindeuten, daß erhebliche soziale Unterschiede bestan-
den haben müssen. Die großen Plattenfibeln stehen dabei am Anfang der Ent- 50
wicklung einer (zunächst noch zweiteiligen, bald aber schon eingliedrigen) Ge-
brauchsform, deren später Abkömmling unsere Sicherheitsnadel ist. Neben geo- 50. 52. 61.
metrischen Mustern auf Waffen und Geräten treten zunehmend figürliche Sym- 63—66
bole in Menschen- und Vogelgestalt auf. Ihre Bedeutung ist uns im einzelnen 46. 48. 49
ebenso unbekannt, wie die der Ritzungen auf den „Zeichensteinen“. Gewiß aber
hatten die figürlichen Anhänger den Träger zu schützen, nicht nur durch ihre be-
sondere Gestalt, sondern auch durch das Geräusch, das ihre Bewegung hervorrief.

Bereits um die Wende zum ersten Jahrtausend, also während der Urnenfelderzeit,
kam in Süddeutschland die Verwendung des Eisens auf. Vermehrt benutzt wurde
es aber erst während der auf sie folgenden *Hallstattzeit*, und zwar besonders für 68—90
alle die Waffen und Geräte, bei denen sich die größere Sprödigkeit des Gieß-
metalls nachteilig ausgewirkt hatte. Die Bronze (und ihr verwandte Metallegie-
rungen) blieb daneben aber stets im Gebrauch.

In den folgenden drei Jahrhunderten bis kurz nach der Mitte des ersten Jahr-
tausends v. Chr. verstärkten sich offenbar die während der Urnenfelderzeit ange-
bahnten Entwicklungen. In den Grabausstattungen wurden immer größere Un-
terschiede zwischen arm und reich sichtbar, wobei sich die Herrenkaste an den
Vorbildern ferner Fürstenhöfe orientierte. In mächtigen Grabkammern aus Holz
oder Stein wurde der mit seinen Waffen und oft sehr großen Services von Ton-
und Bronzegefäßen ausgestattete Tote auf einem Wagen aufgebahrt, dem als pars
pro toto das Geschirr der Pferde beigelegt wurde. Der Gürtel des Mannes war 85
besetzt mit einem breiten in Treibtechnik verzierten Bronzeblech, das figürliche 90
oder geometrische Muster trug. Das Gewand von Mann und Frau wurde auf der
Schulter von Bronzefibeln zusammengehalten, deren Bügel nicht selten die Ge- 77—80
stalt von Tieren (vor allem von Vögeln und Pferden) hatten. Nadeln wirken da- 81
neben bereits höchst altertümlich, doch kommt bei ihnen ebenfalls die Vorliebe
für barocke Übertreibungen zum Ausdruck. Vögel, Reiter und Hirsche zieren auch 70. 73
gelegentlich die Wandung von Tongefäßen, zu deren Schmuck zunehmend Farbe
Verwendung fand.

In jeder Hinsicht aus dem Rahmen des Üblichen fällt ein beutelförmiges Gefäß 73
aus Fischbach, für dessen besondere Form (ohne Standboden) es aus der Hall-
stattzeit bisher kein Vergleichsstück gibt. Seine gewölbte Vorderseite ist mit drei
Schmuckfriesen ausgestattet: in der obersten Reihe drei tanzende Strichmänn-
chen mit erhobenen Armen, in der untersten die entsprechende Zahl von gehörn-
ten Tieren (wohl Hirsche) und dazwischen eine Reihe von hängenden Dreiecken,
die an der Spitze mit Doppelhaken ausgestattet sind. Ohne Zweifel ist hier eine
Prozession von Tieren und Menschen dargestellt, wie sie im Mittelmeergebiet zur
gleichen Zeit u. a. auf Bronzekesseln viel naturalistischer abgebildet wurden.

Überhaupt wird während der Hallstattzeit verstärkt die Aufnahme südlicher An-
regungen sichtbar: Für das „Boot“ mit den beiden randständigen Männchen aus 71
Fischbach wurde ein Gegenstück in Etrurien gefunden. Der Leierspieler — wie- 72
derholt auf einem Tonservice vom nämlichen Fundort dargestellt — bezeugt
einen höfischen Brauch der Mittelmeerländer, und die Grabstele von Birkach hat 74
ihre nächsten Analogien in den mittelitalienischen Bergländern. Der Stein zeigt
ein Brustbild des Toten, dessen Gesicht mit einer Bronzemaske bedeckt ist. So
wurde der Verstorbene offenbar im Leichenzug getragen und sein steinernes Ab-
bild hernach auf den Grabhügel gestellt.

Überhaupt müssen die kultischen Gebräuche in dieser Periode äußerst vielfältig
gewesen sein. Davon zeugen neben den beschriebenen Darstellungen und neben

auf uns Heutige sonderbar wirkenden Übungen im Totenritual eine Reihe von
Amuletten, deren Symbolgehalt allerdings unenträtselt bleibt: Gelochte Ton- und
76 Knochenscheiben, Tonrädchen und hohle Tonkügelchen (die nach Art von Kinder-
rasseln mit kleinen Steinchen gefüllt sind) waren zweifellos ebenso über den Rang
75 des bloßen Spielzeugs erhoben wie der kleine plastische Phantasievogel aus De-
gerndorf, dessen steingefüllter Körper ebenfalls als Rassel diente, und dessen
mehrfach gelochte Wangenlappen einstmals mit Klapperblechen — ähnlich wie
80 an der Fibel von Wilzhofen — behängt gewesen sein dürften.

91—116 Während der *Latènezeit* treten die Bewohner des heutigen Bayern erstmals aus
der absoluten Anonymität. Dank den Aufzeichnungen griechischer Schriftsteller
und aus der Verbreitung bestimmter Sachfunde wissen wir, daß weite Teile Mit-
teleuropas nun von keltischen Stämmen bewohnt waren. Ihre Namen haben sich
in manchen Ortsnamen — wenn auch verstümmelt — bis heute erhalten. Daneben
gehen vor allem eine Reihe von Flußnamen auf keltischen Ursprung zurück. Die
Kelten ihrerseits mögen Nachkommen der hallstattzeitlichen, vielleicht sogar ur-
nenfelderzeitlichen Bewohner des Landes gewesen sein. Beim Fehlen jeglicher
schriftlicher Überlieferungen ist aber vorderhand keine Klarheit in dieser Frage
zu gewinnen.
Die Latènezeit brachte einige umwälzende Neuerungen. Zwar hatte es schon zu-
vor — besonders zur Hallstattzeit — stark ausgebaute Fürstensitze in Süddeutsch-
land gegeben, eine ausgesprochene Stadtkultur mit äußerst spezialisiertem Hand-
werk und Gewerbe kam aber erst im späteren ersten Jahrtausend vor Chr. Geb.
nördlich der Alpen auf. Die großflächigen Untersuchungen innerhalb des spätkel-
tischen Oppidums von Manching lassen allmählich erkennen, wie planmäßig ein
solcher Stammesvorort angelegt war. Er war geschützt von einer mächtigen (zwi-
schendurch radikal umgebauten) Mauer aus Steinen, Holzrahmen und Erde, für
deren Errichtung (ohne nennenswerte technische Hilfsmittel) eine kaum vorstell-
bare Arbeitsleistung vonnöten war. Die Organisation eines derartigen Unterneh-
mens und die Leitung eines solchen Gemeinwesens erforderten eine straffe Zen-
91. 92 tralgewalt. — In den Händen des Stammesfürsten lag die Münzhoheit, denn erst-
mals war man nun von der reinen Naturalwirtschaft zur Geldwirtschaft überge-
gangen. Dabei orientierte man sich am griechischen (hellenistischen) Vorbild. Das
kommt auch in den Münzbildern zum Ausdruck, die daneben allerdings stammes-
spezifische Symbole zeigen.
Die handwerklichen Fertigkeiten vor allem der Bronzegießer (und der erstmals
103 in nennenswertem Umfang nachweisbaren Glasindustrie) werden besonders an
Schmuckstücken und Trachtzubehör aus den Gräbern für uns erkennbar. Eine
100. 93 Phalere aus Manching und eine Fibel aus Kümmersbruck lassen dabei beispiel-
haft die beiden wesentlichsten Elemente der keltischen Ornamentik erkennen:
hier die Verwendung vexierbildartig miteinander verquickter Masken (von Tier
oder Mensch), dort das eigenartige Fischblasenmuster, das eine bis weit in das
Mittelalter hineinreichende Tradition begründete.
93. 94. 96. Die Vorliebe für die figurale Ausgestaltung zahlreicher Objekte muß mit den
110. 112-114 Glaubensvorstellungen der Kelten in Zusammenhang stehen, von denen wir uns
— dank einer längeren Tradition im westlichsten Europa — wenigstens andeu-
tungsweise ein Bild machen können. Sie waren stark der Natur verhaftet, der der
Mensch fast noch im gleichen Maße ausgeliefert war, wie am Anfang seiner Ge-
schichte, in der Steinzeit. Eine mächtige Priesterkaste war vermutlich eine we-
sentliche Komponente der damaligen Gesellschaft. Ihr Einfluß auf das Leben des
einzelnen Individuums kann wohl nicht groß genug eingeschätzt werden.
Wenn nicht in den bereits erwähnten Motiven auf Gebrauchsgegenständen des
115. 116 Alltags, so bestimmt in einigen kleinen Rundplastiken aus Bronze werden uns die

keltischen Götter oder deren Trabanten bildhaft vorgestellt. Das Stierfigürchen aus Weltenburg wurde wie ein ähnliches von Manching in der Nachbarschaft eines Oppidums gefunden, und der kleine Widder von Sempt stammt sogar aus der Umgebung eines keltischen Tempelbezirkes. Sofern diese Figürchen nicht Abbilder der Götter selbst darstellen, geben sie wenigstens die Tiere wieder, die diesen heilig waren. Sicher ist, daß es sich um Kultbilder handelt.

Es ist nicht recht abzuschätzen (und wird gewiß vielfach überschätzt), in welchem Umfange sich keltisches Erbe bis in die Gegenwart erhalten hat. Fest steht, daß die keltische Zivilisation bei der Eroberung des Landes durch die *Römer* in der Zeit um Christi Geburt ein ziemlich abruptes Ende fand. Die Besetzung ging in mehreren Etappen vor sich. Um die Mitte des 1. Jahrhunderts war die Donaulinie erreicht. Unter Kaiser Domitian (81—96 n. Chr.) erfolgte bereits eine weitere Grenzverschiebung nach Norden, deren bis heute sichtbare Markierung — der obergermanisch-rätische Limes — unter Kaiser Hadrian (117—138) ausgebaut wurde.

Zum Schutze der neu gewonnenen Provinzen Rätien und Noricum, zu denen fortan große Teile des heute bayerischen Staatsgebietes gehörten, wurden Besatzungstruppen stationiert. Als Standorte wurden feste Lager errichtet, die nach einheitlichem Schema konstruiert, aber natürlich der unterschiedlichen Größe der einzelnen Truppeneinheiten angepaßt waren. Um deren wirtschaftliche Versorgung sicherzustellen, vor allem auch, um im Notfall einen raschen Standortwechsel zu ermöglichen, mußte entlang der Grenze und von dort zum Hinterland ein Netz fester Straßen angelegt und unterhalten werden. Nach der Konsolidierung der römischen Herrschaft waren im Binnenland nur noch kleine Militärposten an wichtigen Straßenkreuzungen stationiert. Ziemlich rasch entstanden größere und kleinere Zivilsiedlungen mit Händlern und Kaufleuten. Sie gewährleisteten, daß man auch in der Provinz auf manchen Luxus nicht zu verzichten brauchte, an den man von der südländischen Heimat her gewöhnt war. Ein solcher Handelsplatz, der indessen schon bald weiter nach Norden verlegt wurde, war in der Frühzeit der Besetzung das antike Damasia auf dem Auerberg (Schongau).

Der Fund- und Denkmälerbestand aus der römischen Kaiserzeit verdeutlicht die 117—187
schlagartige Veränderung der zivilisatorischen und kulturellen Verhältnisse. Dies betrifft nicht einmal so sehr seine starke militärische Komponente (die wegen der sehr einseitig auf die Aufklärung historischer Sachverhalte und auf die Gewinnung geschichtlicher Daten ausgerichtete Arbeit der provinzialrömischen Archäologie überhöht erscheint), als vielmehr kulturgeschichtliche Erscheinungen. Sie werden immerhin als „Abfallprodukte“ dieser militär- und politikgeschichtlichen Forschung sichtbar. So ist die Geschichte des Kunsthandwerks der römischen Provinzen nördlich der Alpen noch nicht geschrieben. Nicht einmal die chronologische Einordnung der Funde ist oft genauer fixiert. Auch ist es in manchen Fällen schwierig, zwischen südlichem Import und bodenständiger Arbeit zu unterscheiden. Denn nicht immer ist der Unterschied zu dem klassischen Vorbild für viele Nachschöpfungen so augenfällig wie bei dem Marmortorso der Venus von Rau-
henlechsberg/Epfach (?) einerseits und dem provinziellen Kultbild des Mars aus 165. 164
einem Tempelchen auf dem Weinberg bei Eining. Weltweite Handelsbeziehungen und ein buntgewürfeltes Bild der Besatzungstruppen (die sich nicht nur aus dem Mutterland, sondern vor allem aus der Provinz rekrutierten) lassen damit rechnen, daß die verschiedensten Provinzen als Ursprungsländer mancher Objekte in
Betracht gezogen werden müssen. Das gleiche gilt für die religiösen Vorstellun- 172. 164. 161.
gen. Neben dem Bacchus, dem Mars und dem Sol, neben der Venus und der Vikto- 165. 179
ria, huldigte man Isis und Serapis auch in Rätien. Diese östlichen Kulte hatten 173
freilich auch in Rom längst Eingang gefunden.

In den allgemeinen Lebensumständen orientierte sich der romanische (oder romanisierte) Provinzbewohner gleichfalls am römischen Vorbild. Private und öffentliche Bauten wurden, wenn es die Verhältnisse gestatteten, in Stein aufgeführt
157—161 und mit Fresken und Mosaiken geschmückt. Die Künstler fanden ihre Motive dabei vielfach in der Mythologie oder in der Flora und Fauna des Mutterlandes. Die Tafel des Offiziers, des Patriziers und des reichen Kaufmannes zierte kostbares
143 Metallgeschirr, und allgemein verbreitet war das römische „Porzellan“, die soge-
149—151 nannte Terra Sigillata. Ihre Produktion wurde schließlich auch in der Provinz selbst aufgenommen (in Rätien vor allem bei Westerndorf/Rosenheim).
Freilich blieb die Provinz auch nicht von den Erschütterungen verschont, von denen Rom und sein Weltreich im Laufe seiner Geschichte heimgesucht wurden. Geschickt verstanden es die nördlichen Nachbarn — Germanen unterschiedlicher Stammeszugehörigkeit —, solche Perioden der Schwäche auszunutzen und bis tief in das römische Hinterland vorzudringen. Dies zwang die römische Führung schließlich, die Provinzgrenze während des dritten Jahrhunderts bereits wieder auf die Donaulinie zurückzuverlegen und auch weit ab von der Grenze befestigte Stützpunkte zu errichten. Noch einmal konsolidierten sich die Verhältnisse während der Regierungszeit Konstantins d. Gr., aber gegen Ende des vierten Jahrhunderts ging die römische Herrschaft zu Ende.
Schon während der späten Kaiserzeit waren offenbar zunehmend germanische Elemente in das Gebiet der Provinz eingedrungen, zumal ja nachweislich zahl-
185 reiche *Germanen* im römischen Heer dienten. Vor allem entstanden unmittelbar jenseits der Grenze germanische Niederlassungen, die in so exponierter Lage (wie etwa die durch ein großes Brandgräberfeld bezeugte Ansiedlung beim heutigen
184 Friedenhain/Straubing) von den Römern kaum geduldet worden wären, wenn man sie dort nicht in friedlicher Absicht gegründet hätte. Weiter im Hinterland wurden auf Seiten der Germanen allerdings neben offenen Siedlungen auch eine Reihe fest ausgebauter Höhenstützpunkte angelegt. Ein typisches Beispiel dafür ist der
186. 187 „Gelbe Berg“ bei Gunzenhausen, der durch einen doppelten Mauerring geschützt war und der Sitz eines alamannischen Stammeshäuptlings gewesen sein muß.
Im einzelnen sind die Verhältnisse in Bayern während des ersten Jahrhunderts nach dem Abzug der römischen Truppen weder mit literarischen noch mit archäologischen Quellen so recht zu durchleuchten. Für das Gebiet südlich der Donau ist sogar die politische Zugehörigkeit umstritten. Während vor allem in Mainfranken durch Grab- und Siedlungsfunde die Besiedlung einigermaßen gut zu erweisen ist, liegen die Verhältnisse im Gebiet der einstigen spätrömischen Provinz im
188. 189 Dunkeln. Wenige Funde von Einzelgräbern — wie das eines ostgermanischen Adeligen bei Fürst/Laufen (eines Zeitgenossen des Hunnenkönigs Attila) — bezeugen, daß es auf jeden Fall eine Zeit der Unruhe und des Umbruches gewesen sein muß.

Eine ruhigere Entwicklung trat erst seit dem Ende des 5. Jahrhunderts, mit Beginn des *frühen Mittelalters,* ein. Zunehmend wurden die fruchtbaren Siedlungskammern von bäuerlicher Siedlung erfaßt, deren Nachweis im einzelnen vor allem dank der damaligen Bestattungsgebräuche möglich ist: Die Toten wurden
190—255 dicht bei den Ansiedlungen mit Beigaben ausgestattet auf geschlossenen Friedhöfen begraben, für die sich im archäologischen Sprachgebrauch die Bezeichnung „Reihengräberfelder“ eingebürgert hat.
Die Siedlungen selbst sind schwerer nachzuweisen als die Gräber. Anders als die Römer waren es die Germanen gewohnt, ihre Häuser, Scheunen und Ställe aus Holz zu bauen. Die Spuren, die der Boden von den in den Untergrund eingegrabenen Hauspfosten bewahrt hat, sind so unscheinbar, daß sie nur in Ausnahmefällen erkannt und beachtet werden. Äußerst unscheinbar sind auch die Reste der damaligen Gebrauchsgegenstände — an erster Stelle Scherben einfacher grauer

Tongefäße —, die im Bereich der ehemaligen Wohnstätten gefunden werden kön- 216
nen. Überdies liegen die heutigen Städte und Dörfer vielfach genau an der Stelle
der frühmittelalterlichen Ansiedlungen. Denn viele Orte können ihre Geschichte
bis auf eine alamannische, bairische oder fränkische Hofgründung des sechsten
oder siebten Jahrhunderts zurückführen.
Auch hinsichtlich der stammesmäßigen Gliederung des jetzt zum Freistaat Bayern
gehörenden Gebietes wurden während des frühen Mittelalters die Grundlagen
geschaffen. Eine genaue Abgrenzung der drei Stammesgebiete allein nach den
Sachfunden ist allerdings außerordentlich schwierig. Denn Tracht und Bewaff-
nung unterschieden sich zur Merowingerzeit in Mitteleuropa nur unwesentlich.
Auch hinsichtlich der Herkunft der Siedler — beispielsweise im südbayerischen
Siedlungsgebiet der Bajuwaren oder im fränkischen Altsiedelland am Main —
sind die Aussagemöglichkeiten begrenzt. Weitreichende Handelsverbindungen
werden ebenso sichtbar, wie in anderen Fällen über halb Europa reichende fami-
liäre Beziehungen.
Die Grabbeigaben umfassen — wie in prähistorischen Zeiten — Tracht, Geräte und
Waffen aus dem persönlichen Besitz des Toten. Für die Erhaltungsbedingungen
gelten die gleichen Einschränkungen wie damals. Beliebter Schmuck- und Sym-
bolträger waren die Gürtelschließen und -beschläge, die zur Tracht und zum 190—201
Wehrgehänge des Mannes gehörten, und mit symbolhaftem Schmuck konnten
auch die Angriffs- und Verteidigungswaffen ausgestattet sein. Eine besondere 202—209
Vielfalt im Neben- und Nacheinander der Entwicklung ist jedoch vor allem am
Schmuck der Frauen und Mädchen zu beobachten. Anhänger, Arm- und Ohrringe,
Broschen in Tiergestalt, Nadeln, deren Bügel zu großen Platten erweitert und mit
kerbschnittartig eingetieften Band- und Flechtmustern bedeckt sind, und schließ-
lich Scheibenfibeln mit geometrischer oder figuraler Verzierung in unterschied-
lichen Techniken wurden in edlen und unedlen Metallen hergestellt und lösten
einander in rascher Folge ab. Neben ihrer allgemeinen kulturgeschichtlichen Be-
deutung sind diese Funde nicht zuletzt als Zeitindikatoren für die Rekonstruktion
von Besiedlungsvorgängen in einer noch so gut wie völlig schriftlosen Zeit wichtig.
Gelegentlich tritt uns in einem Grabfund eine Einzelpersönlichkeit besonders
plastisch vor Augen. Dies ist der Fall bei den fürstlichen Grabfunden aus Wittis- 243—248
lingen (Dillingen an der Donau), zu denen qualitätvollste Schmuckstücke gehör-
ten: Goldschmuck, teilweise byzantinischer Herkunft, eine fränkische Bügelfibel
mit einer langen lateinischen Inschrift auf der Rückseite, eine alamannische Gold-
scheibenfibel, ein langobardisches Goldblattkreuz, eine fränkische Silberkapsel
für christliche Phylakterien und eine heidnische Amulettscheibe wohl aus einer
alamannischen Werkstatt.
Ähnlich wie bei den genannten Wittislinger Funden wird während des 7. Jahr-
hunderts auch sonst das Nebeneinander heidnischer und christlicher Vorstellun-
gen sichtbar. An dem byzantinischen Pektoralkreuz aus Friedberg und an einem 250
kleinen einheimischen Eisenkreuz aus München-Giesing kann dabei ebenso wie 252
an manchem figural verzierten Schmuckstück gezeigt werden, wie mittelmeerische
Anregungen nördlich der Alpen aufgenommen und umgesetzt wurden. Nicht im-
mer ist der Symbolgehalt freilich so eindeutig, wie bei diesen oder anderen Mo-
tiven. Daß gelegentlich auch unscheinbare Kreuzzeichen in christlichem Sinne ver-
standen werden dürfen, zeigt ein Fund aus Walda: In einem mit einem langobar- 253. 254
dischen Kreuz aus dünnem Goldblech ausgestatteten Waffengrab fand sich u. a.
eine Riemenzunge aus Buntmetall. Sie ist auf einer Seite mit germanischem Tier-
ornament und einem kreuzförmig unterteilten Mittelmedaillon geschmückt. Erst
lange nach der Auffindung bemerkte man, daß das Riemenende nach Art eines
Griffelkastens zu öffnen war. Es enthielt zwei Wachsklümpchen, die entsprechend
frühchristlichem Brauchtum vom einstigen Besitzer als Berührungsreliquien von

einer Wallfahrtsstätte aus Italien mitgebracht sein müssen. Ähnlich mag der co-
251 dexförmige Goldanhänger von Merching (Friedberg) einst ein Wallfahrtsanden-
ken umschlossen haben. Er stammt aus einem Grab des 8. Jahrhunderts, zu dessen
260 Ausstattung eine Flügellanze und ein Eisenmesser mit kunstvoll verziertem Griff
gehörten.

Wachsender christlicher Einfluß führte gegen Ende der Merowingerzeit in den
meisten Teilen Bayerns zum Erlöschen der Beigabensitte. (Nur in Gebieten, die
der kirchlichen Organisation ferner lagen — besonders in Oberfranken und in der
Oberpfalz —, wurde das alte Totenbrauchtum noch für kürzere oder längere Zeit
weiter geübt.) Damit versiegte eine der wichtigsten Quellengattungen der Alter-
256—270 tumskunde. Allerdings liegen für die folgenden Jahrhunderte des *Mittelalters* in
zunehmendem Umfang direkte schriftliche Nachrichten vor. So ist die Archäologie
für diese Zeitspanne nur noch mit Teilaspekten befaßt, die im Rahmen der allgemeinen Siedlungs- und Kulturgeschichte von Belang sind. Vielfach hilft sie aber — wenn auch mehr mit lokalem Bezug —, einzelne historische Ereignisse zu rekonstruieren, die in der literarischen Überlieferung nicht oder nur undeutlich aufscheinen.

ABBILDUNGSVERZEICHNIS

Vorbemerkung

Das folgende Abbildungsverzeichnis kann über die einzelnen Gegenstände jeweils nur knappe Informationen bieten. Sie umfassen neben der allgemeinen Charakterisierung, der zeitlichen Einordnung und der Provenienz ein Längenmaß und die Inventarnummer der Prähistorischen Staatssammlung. Bei der Fundortangabe (bei Sammelaufnahmen in der Reihenfolge von links nach rechts und von oben nach unten) ist für kleinere Orte in Klammern die bis zur Verwaltungsreform des Jahres 1972 gültige Kreiszugehörigkeit vermerkt, die im allgemeinen auf Anhieb eine genauere Lokalisierung innerhalb der neuen größeren Verwaltungsbezirke ermöglicht, als es der Hinweis auf die heute zuständige Kreisstadt tun würde.

Von Literaturzitaten wurde in allen den Fällen abgesehen, wo die entsprechenden Informationen mühelos aus modernen zusammenfassenden Darstellungen bezogen werden können (für die vorgeschichtlichen Perioden: vor allem Torbrügge und Uenze 1966; für die Römerzeit: Kellner 1971). Dies hat freilich eine gewisse Unausgewogenheit zur Folge. Da für das frühe Mittelalter eine entsprechende Übersicht bisher fehlt, mußten dort ungleich mehr Literaturzitate gebracht werden als für die vorausgehenden Abschnitte.

Eine ganze Reihe wichtiger Funde, die hier berücksichtigt werden konnten, sind bislang noch nicht abschließend publiziert oder überhaupt unveröffentlicht. Dem großen Entgegenkommen der Ausgräber und Bearbeiter ist es zu danken, daß diese Objekte trotzdem abgebildet werden durften.

Abkürzungen

Kat.PStslg.	=	Kataloge der Prähistorischen Staatssammlung
Materialhefte	=	Materialhefte zur bayerischen Vorgeschichte
MBV	=	Münchner Beiträge zur Vor- und Frühgeschichte

1. Elfenbeinplatte mit Ritzzeichnung eines Mammuts. Magdalénien. Obere Klause bei Neuessing (Kelheim). Länge der Platte 9,5 cm (1914, 1118).

2. Fruchtbarkeitsidol aus Kalkstein. Jungpaläolithikum. Weinberghöhlen bei Mauern (Neuburg a. d. Donau). Höhe 7,0 cm (1949, 557).

3. Ausschnitt von figürlich verziertem „Kommandostab". Magdalénien. Mittlere Klause bei Neuessing (Kelheim). Länge des Ausschnittes etwa 11 cm (1914, 1072).

4. Kalksteinplatte mit Ritzzeichnungen von Wildpferden und stilisierten Frauenfigürchen. Magdalénien. Hohlensteinhöhlen bei Ederheim (Nördlingen). Höhe 30,5 cm (1914, 543. 544). H. Dannheimer, „Neue Gravierungen der Altsteinzeit aus Bayern. Archäologisches Korrespondenzblatt 3, 1973, 7 ff. mit Taf. 1 u. 2. — Dazu nachträgliche (noch unpublizierte) Ermittlungen von G. Bosinski (Köln), unter dessen Anleitung die Abbildungsvorlage durch Frau G. Fischer angefertigt wurde.

5. Kalksteinplatte mit Ritzzeichnungen eines Wildpferdes. Magdalénien. Mittlere Klause bei Neuessing (Kelheim). Breite der Platte entlang der Bruchstelle 12 cm (1914, 1071; 1957, 528).
Neuerdings Ergänzungen durch H. Dannheimer (unveröffentlicht). Zeichnung. G. Fischer (Köln).

6. Frauenfigürchen und Pferdelauf. Ausschnitt der Kalksteinplatte auf Abbildung 4 (rechte Hälfte oben).

7. Zwei ineinander gezeichnete Pferdeköpfe und ein Frauenfigürchen. Ausschnitt von der Kalksteinplatte Abbildung 4 (links oben am Rand).

8. Faustkeil aus hellgrauem Silex. Mittelpaläolithikum. Speckberg bei Zell a. d. Speck (Eichstätt). Länge 9,8 cm (1962, 913).

9. Zwei Blattspitzen aus grauem bzw. braunem Silex. Mittelpaläolithikum. Weinberghöhlen bei Mauern (Neuburg a. d. Donau). Länge der Kerbspitze 10,6 cm (1949, 786; 1951, 602).

10. Zwei Faustkeile aus graubraunem Silex. Micoquien. Klausenhöhlen bei Neuessing (Kelheim). Länge des rechten Keiles 18,0 cm (1914, 1048. 1049).

11. Knochengeräte, u. a. Harpunen und Nähnadeln. Magdalénien. Klausenhöhlen bei Neuessing (Kelheim). Länge der längeren Nadel 5,0 cm (1949, 1092. 1093. 1096. 1107. 1109. 1112; 1057, 420; 1973, 379).

12. Mikrolithen aus verschiedenfarbigem Silex. Mesolithikum. Schwimbach (Hilpoltstein). Länge durchschnittlich 1,5 cm (1967, 1808 b).

13. Kalksteinplatte mit roten Fingertupfenreihen. Magdalénien. Obere Klause bei Neuessing (Kelheim). Länge 14,7 cm (1914, 1115).

14. Tiergestaltiges Gefäß aus dunkelgrauem Ton. Linearbandkeramik. Hienheim (Kelheim). Höhe 6 cm (E 1974, 76).
J. R. Modderman, Jahresbericht der Bayerischen Bodendenkmalpflege 10, 1969, 13 mit Abb. 5.

15. Kumpf aus grauem Ton mit Reliefdarstellung eines „Oranten". Bandkeramik. Gneiding (Landau a. d. Isar). Höhe der Figur 7,5 cm (1962, 550).

16. Kümpfe aus graubraunem bzw. grauem Ton. Linearbandkeramik. Tiefenellern (Bamberg), Napoleonstein bei Regensburg, Kothingeichendorf (Landau a. d. Isar). Mündungsdurchmesser des linken Gefäßes 12 cm (1968, 534; 1966, 1452; 1924, 455).

17. Kumpf aus grauem Ton. Linearbandkeramik. Wallersdorf (Landau a. d. Isar). Höhe 11,7 cm (1954, 118).

18. Ausschnitt der Einstichverzierung eines dunkelgrauen Tongefäßes. Mittelneolithikum. Kothingeichendorf (Landau a. d. Isar). Höhe des Ausschnittes etwa 7 cm (1924, 338).

19. „Schuhleistenkeile" aus geschliffenem dunkelgrauen Felsgestein. Älteres Neolithikum. Königsfeld (Ebermannstadt). Länge des durchbohrten Keiles 38 cm (EM 257. 258).

20. Prunkaxt aus dunkelgrauem Felsgestein mit ovalem Schaftloch. Endneolithikum. Aus der Donau bei Neßlbach (Deggendorf). Länge 30,2 cm (1961, 861).

21. Axt aus der Schaufel eines Elchgeweihes. Zeitstellung unbekannt. Aus der Moosach bei Dorfen (Ebersberg). Länge 20 cm (1925, 32).

22. Sichelmesser aus hellgrauem bzw. graubraunem Plattensilex. Jungneolithikum. Oben: Baiersdorf (Riedenburg); unten: Auhögl bei Au (Laufen). Länge des Baiersdorfer Sichelmessers 19,3 cm (1969, 1246; 1903, 5).

23. Geschliffene Äxte aus Felsgestein, z. T. noch ohne Bohrung bzw. mit unfertiger Bohrung. Spätneolithikum. Tauberfeld (Eichstätt), „Oberbayern", Auhögl bei Au (Laufen), Winkl (Landsberg a. Lech). Länge der facettierten Streitaxt (oben) 20,4 cm (A 403; 1949, 80; 1903, 5; 1972, 30).

24. Dolchklingen aus braunem bzw. grauem Plattensilex. Spätneolithikum. Eichendorf

(Landau a. d. Isar), Fahlenbach (Pfaffenhofen a. d. Ilm). Länge des linken Dolches 15,0 cm (1961, 859; 1963, 273).

25.Armschutzplatten aus grauem bzw. dunkelrotem Stein. Endneolithikum. München, Reusch (Uffenheim), Großmehring (Ingolstadt). Länge der Platte links 11,4 cm (1906, 638; 1903, 31; 1904, 182).

26. Griffplattendolche aus Kupfer und grauem bzw. dunkelrotem Silex. Endneolithikum. Kupferdolch: München; Silexdolche aus dem Main bei Bamberg. Länge des größten Stückes rechts 9,9 cm (1906, 641; 1966, 1496).

27. Becher aus grauem Ton. Endneolithikum. Aus dem Striethwald bei Aschaffenburg bzw. von Pflaumheim (Obernburg). Höhe des linienverzierten Gefäßes 15,3 cm (1898, 6; 1904, 172).

28. Hohes Vorratsgefäß aus braunem Ton. Endneolithikum. Dobl (Rosenheim). Höhe 41, 5cm (1973, 916).
Unveröffentlicht.

29. „Glockenbecher“ aus lederbraunem Ton. Endneolithikum. München-Zamdorf. Höhe 11,3 cm (1934, 79).

30. Scheibenkopfnadeln und Rudernadel aus Bronze. Frühe Bronzezeit. München-Solln, München (Innenstadt), Manching (Ingolstadt), Heroldingen (Nördlingen). Größte Breite der Rudernadel 5,3 cm (1972, 1201 a; 1967, 1396; 1958, 710; 1909, 1).

31. Mohnkopfnadeln aus Bronze. Späte Bronzezeit. Zwischen Birkeneck und Wildschwaige (Freising). Durchmesser des Kopfes 2,5 bzw. 2,8 cm (NM 3357).

32. Zweiteilige Bronzenadeln mit treibverzierten Scheibenköpfen. Jüngere Bronzezeit. München-Obermenzing, Unterbrunnham (Traunstein). Durchmesser der rechten Scheibe 8 cm (1924, 281; 1950, 173).

33. Durchbrochene Anhänger und Nadeln aus Bronze. Mittlere Bronzezeit. Herzförmiger Anhänger: Parsberg; Radanhänger: vielleicht Mühlthal/Leutstetten (Starnberg); Radnadeln: Raigering (Amberg), Neuhof (Parsberg). Länge der größten Nadel 26,1 cm (1890, 196; IV 383.39).

34. Zwei verzierte Gefäße aus dunkelgrauem Ton. Mittlere Bronzezeit. Parsberg, Wissing (Parsberg). Mündungsdurchmesser der Fußschale 17 cm (IV 698; 1894, 158).

35. Doppelkonischer Henkelbecher aus braunem Ton. Ältere Bronzezeit. Landsberg a. Lech. Höhe 17,9 cm (1971, 462).
H. Koschik, Landsberger Geschichtsblätter 1970/71, 7 ff.

36. Bronzedolche. Bronzezeit. Anzing (Ebersberg), München-Valleyplatz, München-Untermenzing, München-Allach, Höhenrain (Wolfratshausen). Länge des Dolches mit durchbrochenem Griff 19,6 cm (1971, 420; 1919, 67; 1928, 37; 1892, 184; HV 2221).
Anzing: R. A. Maier, Ein frühbronzezeitlicher Grabdolch mit Griffknauf. Germania 50, 1972, 253 mit Abb. 1,1.

37. Schaftlochaxt aus Bronze. Mittlere Bronzezeit. Stoffersberg (Landsberg). Länge 13,7 cm (HV 114).

38. Becher aus grauem Ton mit engmaschigem Stempeldekor. Mittlere Bronzezeit. Marnbach (Weilheim). Höhe 14,8 cm (1966, 284).

39. Verzierte Schwertgriffe aus Bronze. Mittlere Bronzezeit. Spatzenhausen (Weilheim), Kirchbichl (Bad Tölz). Länge des rechten Fragmentes 14,5 cm (1913, 36; 1969, 248).

40. Oberteil eines Vollgriffschwertes aus Bronze. Mittlere Bronzezeit. Gradhof bei Kösching (Ingolstadt). Länge des Ausschnittes 19,5 cm (1918, 1).

41. Beilklingen aus einem Sammelfund, Bronze. Frühe Bronzezeit. Langquaid (Rottenburg). Länge 14,4—20,2 cm (1908, 71—77).

42. Gürtelhaken aus tordiertem Bronzedraht. Jüngere Bronzezeit. München-Obermenzing. Länge 16,4 cm (1924, 280).

43. Gerippte Bronzearmringe. Späte Bronzezeit. Riegsee (Weilheim). Größter Durchmesser 8,2 cm (1890, 305. 306).

44. Gußformen aus Sandstein und Lanzenspitze aus Bronze. Bronzezeit. Formen: Margarethenberg a. d. Alz (Altötting); Lanze: Aus dem Sammelfund von Langquaid (vgl. Abbildung 41). Länge der linken Gußform 20 cm (IV 674. 675; 1908, 78).

45. Drei „Zeichensteine“ von einer kreisförmigen Grabeinfriedung, Sandstein. Urnenfelderzeit. Mark-Forst bei Baiersdorf (Höchstadt a. d. Aisch). Höhe des oberen Steines 49 cm (1962, 717. 718. 715).

46. Bronzegehänge mit stilisierten menschengestaltigen Anhängern. Späte Bronzezeit oder frühe Urnenfelderzeit. Erben (Griesbach). Höhe der Anhänger 4,8 cm (1950, 99).

47. Verzierte Hirschhornscheibe mit dunkler Inkrustation. Vorgeschichtliche Metallzeit, genaue Zeitstellung nicht bestimmbar. Roseninsel im Starnberger See (Starnberg). Größter Durchmesser 10 cm (EM 1020).

48. Schlangenförmig gebogene Spiralnadel mit drei anthropomorphen Anhängerpaaren, Bronze. Frühe Urnenfelderzeit. Eßlingen (Weißenburg). Länge der Nadel 17,5 cm (1896, 253).

49. Bronzering mit „Vogelbarke". Ältere Urnenfelderzeit. Grünwald (München). Höhe 3,8 cm (1911, 760).

50. Zweiteilige Bronzefibeln. Mittlere Urnenfelderzeit. Oberpöring (Vilshofen), Utzwingen (Nördlingen), Reisen (Erding). Länge der größten Fibel 35,5 cm (1971, 334 a; 1936, 112; 1950, 58).

51. „Etagengefäße" aus dunkelgrauem bzw. dunkelbraunem Ton. Ältere und mittlere Urnenfelderzeit. Burglengenfeld, Beilngries. Höhe des vorderen Gefäßes 17,6 cm (1933, 36; 1920, 221).

52. Zylinderhalsurne aus bräunlich-grauem Ton. Ältere Urnenfelderzeit. Oberfahlheim (Neu-Ulm). Mündungsdurchmesser 35 cm (1961, 1049).

53. Weinservice, bestehend aus Bronzeeimerchen, Tasse und Sieb. Früheste Urnenfelderzeit. Hart a. d. Alz (Altötting). Größter Durchmesser des Siebes 19,2 cm (1953, 624—626).

54. Saugfläschchen aus grauem Ton mit Bronzenagelung. Urnenfelderzeit. München-Englschalking. Länge 17,5 cm (1954, 153).

55. Fußschälchen aus graubraunem Ton. Urnenfelderzeit. Gernlinden (Fürstenfeldbruck). Durchmesser des größeren Schälchens 14,8 cm (1928, 42 b. c).

56. Etagenurne aus braunem Ton. Mittlere Urnenfelderzeit. Marzoll (Berchtesgaden). Höhe 36 cm (1964, 892).

57. Zwei Rasiermesser aus Bronze. Ältere Urnenfelderzeit. Unterhaching (München), Tüchersfeld (Pegnitz). Länge des linken Messers 11,4 cm (1934, 132; 1903, 43).

58. Bronzemesser mit Vollgriff. Urnenfelderzeit. Rottau (Traunstein). Länge 28,1 cm (1935, 5).

59. Zweiteilige Bronzegußform für ein Lappenbeil. Späte Urnenfelderzeit. Gössenheim (Gemünden). Länge 18,5 cm (A 491. 492).

60. Lappenbeil aus Bronze. Jüngere Urnenfelderzeit. Manglham (Wasserburg). Länge 28,1 cm (1903, 10).

61. Prunkaxt und Lanze aus Bronze. Frühe Urnenfelderzeit. Krottenthal (Dingolfing). Länge der Lanzenspitze 33,7 cm (IV 587. 646).

62. Zwei Helme aus Bronzeblech. Ältere Urnenfelderzeit. Pockinger Haid (Griesbach), Ebing (Staffelstein). Höhe des kleineren Helmes 22,8 cm (IV 567; 1967, 1279).

63. Drei Lanzenspitzen aus Bronze. Urnenfelderzeit. Aiglsbach (Mainburg), Bernhaupten (Traunstein), „Chiemgau". Länge der unteren Spitze 17,7 cm (1953, 2; IV 594; 1922, 94).

64. Schalenknaufschwert aus Bronze. Mittlere Urnenfelderzeit. Königsdorf (Wolfratshausen). Länge 61,8 cm (1950, 10).

65. Knaufschale des Schwertes von Königsdorf. Größter Durchmesser 7,0 cm (vgl. Abbildung 64).

66. Griff eines „Antennenschwertes" aus Bronze. Späte Urnenfelderzeit. München. Breite des Knaufs 7,1 cm (NM 3543).

67. Dreiteilige Bronzegußform für einen Schwertgriff und Griff eines „Dreiwulstschwertes". Späte Urnenfelderzeit. Form: Erlingshofen (Eichstätt); Schwert: Wald a. d. Alz (Altötting). Breite der Formschale am unteren Ende 9,4 cm (1937, 40; HV 84).

68. Stufenschale aus schwarzem Ton. Jüngere Hallstattzeit. Beilngries. Größter Mündungsdurchmesser 25 cm (1900, 72 y).

69. Terrine aus graubraunem Ton mit Stempelverzierung, rot und schwarz bemalt. Hallstattzeit. Bei Lengenfeld (Parsberg). Höhe 24 cm (1898, 68).

70. Beutelförmiges Gefäß aus bräunlich-grauem Ton mit figürlicher Rollrädchenverzierung (Adoranten und Tiere); die weiße Inkrustation modern ergänzt. Hallstattzeit. Fischbach (Burglengenfeld). Höhe 25 cm (1966, 1519).

71. Ovale Schale aus graubraunem grafitierten Ton, auf dem Rand zwei vollplastische Männchen. Hallstattzeit. Fischbach (Burglengenfeld). Länge 21,6 cm (E 1971).
W. Torbrügge, Hallstattzeitliche Terrakotten von Fischbach-Schirndorf in der Oberpfalz. In: Festschrift f. J. Werner, herausgeg. v. G. Kossack u. G. Ulbert (1974) 57 ff. Abb. 1.

72. Leiermann in Rollrädchentechnik, von der Innenseite einer braunen Tonschale, Hallstattzeit. Fischbach (Burglengenfeld). Höhe des Strichmännchens etwa 6 cm (E. 1971). Vgl. W. Torbrügge, Festschrift f. M. Spindler (1969) 12 Abb. 9.

73. Reiterdarstellung in Rollrädchentechnik auf einem schwarzbraunen Tonbecher. Ältere Hallstattzeit. Beilngries. Länge des Pferdes etwa 5 cm (1920, 723).

74. Anthropomorphe Grabstele aus Sandstein, in zweiter Verwendung als Grundstein eines Hauses benutzt. Ältere (?) Hallstattzeit. Die teilweise kopfständige Inschrift aus dem Jahre

1572 nennt als Bauherrn I[ohann] K[nauer] v[on] B[irkach]. Birkach (Rothenburg o. d. Tauber). Höhe 105 cm (1969, 500).

H. Dannheimer, Die Steinstele aus Birkach, Ldkr. Rothenburg o. T. (Mittelfranken) und verwandte Denkmale aus Bayern. Bayerische Vorgeschichtsblätter 34, 1969, 41 ff. mit Taf. 4 u. 5.

75. Rassel in Gestalt eines Vogels, grauer Ton. Hallstattzeit. Degerndorf (Parsberg). Höhe 11,2 cm (1893, 61).

76. Amulette: Drei Tonrasseln, drei Tonrädchen, eine gelochte Knochenscheibe, zwei gelochte Tonscheiben. Hallstattzeit. Kugeln: Staufersbuch (Beilngries), Degerndorf (Parsberg), Beilngries; Rädchen: Neuhaus (Beilngries), Beilngries (2 Exemplare); Knochenscheibe: Staufersbuch (Beilngries); Tonscheibchen: Beilngries. Durchmesser des aufgestellten Rädchens 7,6 cm (1891, 175; 1893, 61; 1920, 569; 1900, 84; 1920, 1030.499; 1891, 98; 1920, 1031. 1032).

77. Pferdchenfibel aus Bronze. Jüngere Hallstattzeit. Pillhausen/Kastlhof (Riedenburg). Länge der Nadel 3,8 cm (1917, 84).

78. Bügel einer Pferdchenfibel aus Bronze. Jüngere Hallstattzeit. Bechthal (Weißenburg). Länge 2,7 cm (IV 305).

79. Bügel einer Bronzefibel mit Pferdekopf als Fußzier. Jüngere Hallstattzeit. Grafrath (Fürstenfeldbruck) Länge 6,75 cm (1896, 186).

80. Bronzefibel mit Tierfiguren und Klapperblechen. Jüngere Hallstattzeit. Wilzhofen (Weilheim). Größte Länge der Platte 10,5 cm (1888, 157).

81. Große Brillennadeln aus Bronze. Mittlere Hallstattzeit. Rott a. Inn (Wasserburg) bzw. „Öttinger Forst" (Altötting). Breite der vorderen Nadel 22 cm (NM 2531; HV 224).

82. Bronzekännchen mit Hörnergriff. Jüngere Hallstattzeit. Au (Aichach). Höhe ohne Griff 12,5 cm (1952, 496).

83. Antennendolche, Klingen Eisen, Griffe und Scheiden aus Bronze. Jüngere Hallstattzeit. Unterach (Aichach), Grafrath (Fürstenfeldbruck). Länge des rechten Dolches 39,7 cm (1896, 397. 195).

84. Verziertes Bronzebeil mit oberständigen Randlappen. Jüngere Hallstattzeit. Eglfing (Weilheim). Länge 12,5 cm (1888, 187).

85. Pferdegeschirrzubehör aus Bronze. Ältere Hallstattzeit. Beilngries. Länge der gebogenen Trensenknebel 13,5 cm (1920, 512—530).

86. Pilzknaufschwert aus Bronze. Ältere Hallstattzeit. Kemmathen (Forchheim). Länge 86 cm (1950, 11).

87. Drei Ortbänder von Schwertscheiden, Bronze. Ältere Hallstattzeit. Beratzhausen (Parsberg), Haßlach (Pegnitz), Pruppach (Sulzbach-Rosenberg). Flügelspannweite des unteren Ortbandes 15,2 cm (1894, 171; L 253; 1896, 418).

88. Kerbschnittartig verzierte Bronzescheibe mit Tülle. Jüngere Hallstattzeit. Uffing (Weilheim). Durchmesser 3,9 cm (A 1205).

89. „Turbanring" aus Bronze mit Resten des Tonkerns. Ältere Hallstattzeit. Wahrscheinlich bei Planegg (München) gefunden. Durchmesser 16,6 cm (1910, 194).

90. Ausschnitt eines getriebenen Gürtelbleches aus Bronze. Jüngere Hallstattzeit. Zwischen Traubing und Machtlfing (Starnberg). Breite 8,1 cm (1897, 213).

91. Keltische Potinmünze mit stilisiertem Pferd. Jüngere Latènezeit. Manching (Ingolstadt). Durchmesser 1,9 cm (1959, 329).

92. Keltische Goldmünzen („Regenbogenschüsselchen"). Jüngere Latènezeit. Gaukönigshofen (Ochsenfurt), „Oberbayern", Oberübermoos (Wasserburg), „Oberbayern". Größter Durchmesser der rechten Münze 1,5 cm (1965, 450; 1956, 1255; 1965, 199; 1956, 1256).

93. Tierkopffibel aus Bronze. Frühe Latènezeit. Kümmersbruck (Amberg). Länge 4,8 cm (1898, 3).

94. Gürtelkette aus Bronze (Ausschnitt) mit stilisiertem Tierkopf als Verschlußhaken. Mittlere Latènezeit. Wahrscheinlich aus dem Chiemsee (Traunstein). Länge der Ringglieder 4,3 cm (1904, 210).

95. Einteilige Fibeln aus Bronze. Latènezeit. Obere Reihe: Langengeisling (Erding), wohl Merkershausen (Königshofen), Dollmannsberg (Sulzbach-Rosenberg); 2. Reihe: Hohenfels (Parsberg), Regenstauf (Regensburg), Manching (Ingolstadt); 3. Reihe: Högen/Haunritz (Sulzbach-Rosenberg), Manching (2 Exemplare); 4. Reihe: Leidingshof (Ebermannstadt), Manching; unterste Reihe: Manching, Högen/Haunritz, Thann (Beilngries). Länge der größten Fibel rechts unten 10,5 cm (1928, 242; 1912, 600; 1902, 66; 1888,18; 1902, 22; 1903, 21; 1897, 148; 1893, 81. 78; IV 341; 1893, 81; 1903, 17; 1897, 149; 1960, 654).

96. Stabgürtelhaken aus Bronze mit stilisiertem Tierkopf, nachträglich verbogen. Späte Latènezeit. Eining (Kelheim). Länge des Tierköpfchens 2,4 cm (1966, 389).

W. Krämer, Ein endlatènezeitlicher Stabgürtelhaken aus Eining in Niederbayern. Bayerische Vorgeschichtsblätter 33, 1968, 81 ff. mit Taf. 2, 1; 3, 1.

97. Drei Gefäße aus grauem bzw. graubraunem Ton. Mittlere Latènezeit. Manching (Ingolstadt). Höhe des Pokals 20,6 cm (1903, 13; 1902, 29; 1903, 22).

98. „Linsenflasche" aus grauem Ton. Frühe Latènezeit. Atzlricht (Amberg). Höhe 18,8 cm (1895, 182).

99. Bemalte keltische Keramik. Späte Latènezeit. Manching (Ingolstadt). Höhe des mittleren Gefäßes 29 cm (1958, 227; 1959, 282; 1958, 305).

100. Ausschnitt einer kleinen gegossenen Bronzescheibe. Jüngere Latènezeit. Manching (Ingolstadt). Durchmesser des Kreises 6,0 cm (1958, 528).

101. Mit Stempeleindrücken verzierte Randscherbe eines großen Vorratsgefäßes aus Grafitton. Ältere Latènezeit. München-Untermenzing. Länge 13,5 cm (1952, 854).

102. Zwei mit „Würfelaugen" verzierte Leisten unbekannter Verwendung aus Hirschhorn. Frühe Latènezeit. Höfen (Weißenburg). Länge 19,6 cm (1956, 1648).

103. Armringe aus Sapropelit und buntem Glas. Mittlere Latènezeit. Nr. 1 u. 2 Manching (Ingolstadt), Nr. 3 Langengeisling (Erding), Nr. 4—7 Manching, Nr. 8 München-Moosach, Nr. 9 u. 10 Sulzbach a. Inn (Passau). Durchmesser des kleinsten Sapropelitringes (3. v. links) 5,2 cm (1902, 70; 1903, 18; 1928, 242; 1903, 14. 25; 1893, 79; 1902, 28; 1913, 25; 1973, 225. 227).

104. Drei Armringe aus Bronze. Frühe bzw. mittlere Latènezeit. Manching (Ingolstadt), Langengeisling (Erding), Högen/Haunritz (Sulzbach-Rosenberg). Durchmesser des oberen Ringes 7,5 cm (1903, 17; 1928, 242; 1897, 151).

105. Ringamulett aus Bronze. Jüngere Latènezeit. Aus der Iller bei Fellheim (Memmingen). Durchmesser 10,3 cm (1927, 11).

106. Helm aus Bronzeblech mit antiker Reparatur. Ausgehende Latènezeit. Saulgrub (Garmisch-Partenkirchen). Höhe 22,6 cm (A 110).

107. Ortband einer Schwertscheide aus Bronze. Späte Latènezeit. Manching (Ingolstadt). Länge 34,2 cm (1967, 1995).

108. Drei Lanzenspitzen und ein Schildbuckel aus Eisen. Mittlere Latènezeit. Manching (Ingolstadt). Länge der größten Spitze links 40,2 cm (1905, 140; 1898, 20; 1893, 80. 3—4).

109. Zwei eiserne Hiebmesser. Frühe Latènezeit. Höresham (Altötting), Roseninsel im Starnberger See (Starnberg). Länge des oberen Messers 41,5 cm (1960, 773; EM 302).

110. Oberteil einer eisernen Schwertscheide mit Vogeltriskele. Mittellatènezeit. München-Obermenzing. Breite 4,5 cm (1910, 203).

111. Eisernes Kurzschwert mit Goldblecheinlagen, Sonnenscheibe ergänzt. Frühere Latènezeit. München-Allach. Länge 51,4 cm (1892, 158).

112. Zwei eiserne Radnabenstifte mit Raubvogelköpfen aus Bronze. Spätlatènezeit. Manching (Ingolstadt). Größte Breite des rechten Kopfes 3,6 cm (1967, 748).
W. Krämer in: Ingolstadt, herausgeg. von T. Müller u. W. Reißmüller 1 (1974) 29 Abb. 7.

113. Bleigewicht mit dem Brustbild eines keltischen Gottes. Spätlatènezeit. Manching (Ingolstadt). Höhe 4,9 cm (1962, 150). Wie Nr. 112 S. 37 Abb. 13.

114. Jochaufsatz aus Bronze mit zwei Tierköpfen. Spätlatènezeit. Manching (Ingolstadt). Höhe 9,0 cm (1958, 233). Wie Nr. 112 S. 31 Abb. 9.

115. Ausschnitt einer Stierplastik aus Bronze. Jüngere Latènezeit. Weltenburg (Kelheim). Spannweite der Hörner 5,0 cm (1950, 85).

116. Bronzene Kultfigürchen von Eber und Widder. Jüngere Latènezeit. Umgebung von Lindau, Sempt (Ebersberg). Länge des Ebers 7,7 cm (E 1969, 52; NM 2432).
Der Eber unveröffentlicht.

117. Zwei Gürtelhaken aus Bronze. Spätkeltisch, frühes 1. Jahrhundert n. Chr. Perchting (Starnberg), Bairawies (Bad Tölz). Länge des linken Exemplares 10,2 cm (1900, 10; 1949, 72).

118. Drei „Flügelfibeln" aus Bronze. Frühe Kaiserzeit. Bairawies (Bad Tölz), Hörafing (Laufen). Länge der vorderen Fibel 12,8 cm (1949, 70; 1963, 208).

119. Zwei „Krausenfibeln" aus Bronze. Frühe Kaiserzeit. Angeblich München-Haidhausen. Länge 10,0 cm (IV 1279. 1280).

120. Zierbesatz aus Bronze, Oberseite mit Weißmetallüberzug. Mittlere Kaiserzeit. Wessling (Starnberg). Länge 5,1 cm (1962, 564a).

121. Messingschnalle mit schmalem Beschläg, nielliert. Frühe Kaiserzeit. Auerberg bei Bernbeuren (Schongau). Bügelbreite 3,15 cm (1905, 3).

122. Offiziersdolch aus Eisen, Griff und Scheide mit Silbereinlagen verziert, auf der Parierstangenrückseite die Inschrift C · ANTONIVS · FECIT. Frühe Kaiserzeit. Oberammergau (Garmisch-Partenkirchen). Länge 23,7 cm (NM $^{31}/_{345}$).
G. Ulbert, Gaius Antonius. Der Meister des silbertauschierten Dolches von Oberammergau. Bayerische Vorgeschichtsblätter 36, 1971, 44 ff. mit Taf. 5 u. 6.

123. Zwei Kurzschwerter und zwei Dolche, Eisen, aus einem großen Waffenfund (vgl. Abbildungen 124 u. 125). Mittlere Kaiserzeit. Künzing (Vilshofen). Länge des linken Schwertes 52,3 cm (1967, 2004. 2048. 2061. 2080. 2001).
F.-R. Herrmann, Die Ausgrabungen in dem Kastell Künzing/Quintana. Kleine Schriften des Limes-Museums Aalen 8 (1972) Abb. 9 ff.

124. Drei Ketten für Gefangene, Eisen. Wie die Waffen und Geräte Abbildung 123 u. 125 aus dem Waffenfund von Künzing. Durchmesser der mittleren Handschelle 6,5 cm; Länge der gesamten Kette um 2 m (1967, 2366. 2390. 2385).
Vgl. Nr. 123.

125. Drei Kreuzhauen, vier Zeltheringe und zwei Haumesser aus Eisen. Aus dem Waffenfund von Künzing (vgl. Abbildung 123 u. 124). Länge der obersten Haue 23,8 cm (1967, 2214. 2191. 2189. 2307. 3304. 2306. 2301. 2261. 2240).
Wie Nr. 123.

126. Panzerbeschläg einer Paraderüstung mit Büste des Mars, Bronze. Mittlere Kaiserzeit. Manching (Ingolstadt). Höhe 14,7 cm (1956, 171).

127. Legionärshelm aus Bronze. Frühe Kaiserzeit. Burlafingen (Neu-Ulm). Länge 31,4 cm (1965, 801).

128. Gesichtsmaske aus Bronze von einer Turnierrüstung. Mittlere Kaiserzeit. Straß (Neuburg a. d. Donau). Höhe 22,5 cm (1951, 827).

129. Außenseite der Tafel II von einem römischen Militärdiplom, Bronze. 107 n. Chr. Weißenburg. Höhe 13,2 cm (E 1961, 56).

130. Außenseite der Tafel I des Militärdiploms von Weißenburg (vgl. Abbildung 129). Höhe 16,5 cm (E 1961, 56).

131. Dupondius des Trajan, geprägt in Rom. 114/117 n. Chr. Gauting (Starnberg). Größter Durchmesser 2,8 cm (MK 371).

132. Sesterz des Marc Aurel, geprägt in Rom. 164/165 n. Chr. Ruffenhofen/Wittelshofen (Dinkelsbühl). Durchmesser 3,2 cm (MK 3016).

133. Silbermünze des Theodosius I. oder II., geprägt in Trier. Spätes 4. oder 1. Hälfte 5. Jahrhundert. Hammelburg. Größter Durchmesser 1,7 cm (NM 3497).

134. Amethystfarbene Glaspaste mit Bildnis des jugendlichen Herkules. Frühe Kaiserzeit. Auerberg bei Bernbeuren (Schongau). Größter Durchmesser 1,75 cm (1971, 544).
G. Ulbert, Römische Gemmen u. Glaspasten vom Auerberg. Mit einem Beitrag von E. M. Schmidt. Bayerische Vorgeschichtsblätter 35, 1970, 83 ff., bes. 91 ff. mit Taf. 2.

135. Gemme aus dunkelgrünem Jaspis mit galoppierendem Viergespann. Mittlere Kaiserzeit. Mangolding (Regensburg). Größter Durchmesser 1,57 cm (1971, 1201).
E. M. Schmidt, Gemmen und Glaspasten in der Prähistorischen Staatssammlung München. Bayerische Vorgeschichtsblätter 36, 1971, 226 Nr. 18 mit Taf. 22, 18.

136. Gemme aus rotem Jaspis mit einem von einem Hirsch gezogenen Karren, der von einem Hund gelenkt wird. 3. Jahrhundert n. Chr. Eining (Kelheim). Größter Durchmesser 1,26 cm (1958, 612).
Wie Nr. 135: S. 222 Nr. 10 mit Taf. 21, 10.

137. Zierblech mit drei Grazien, von der Rückseite eines Spiegels, Bronze. Mittlere Kaiserzeit. Forchheim/Pförring (Riedenburg). Durchmesser 9,3 cm (1974, 3898).
H.-J. Kellner, Drei Grazien aus Bayern. In: Festschrift für J. Werner (1974) 191 ff. Taf. 12,1.

138. Zwei Spiegel aus Bronze, Oberfläche mit Weißmetall überzogen. Mittlere Kaiserzeit. Reichling (Schongau), Eining (Kelheim). Durchmesser der rechten Spiegelscheibe 11,1 cm (1960, 70; 1965, 1085).

139. Großer Ziernagel mit Gorgonenhaupt, Bronze. Mittlere Kaiserzeit. Kellmünz (Illertissen). Größter Durchmesser 7,6 cm (NM 2537).

140. Möbelbeschlag aus Bronze mit geflügeltem Eroten auf Phallus. Mittlere Kaiserzeit. Seebruck (Traunstein). Durchmesser 5,7 cm (1960, 501).

141. Gürtelbeschläg aus Bronze mit der römischen Wölfin. Frühe Kaiserzeit. Oberstimm (Ingolstadt). Seitenlänge 4,7 cm (1970, 360).
H. Schönberger, Bayerische Vorgeschichtsblätter 37, 1972, Taf. 1,1.

142. Büste einer Bacchantin von einem bronzenen Vierfußgestell. Mittlere Kaiserzeit. Wehringen (Augsburg). Höhe der Büste 9 cm (1970, 200).
Münchner Jahrbuch der Bildenden Kunst 16, 1965, 268 Abb. 8.

143. Silbernes Tablett. Mittlere Kaiserzeit. Manching (Ingolstadt). Länge 34 cm (1956, 940).

144. Becken mit Fußgestell, Bronze. Mittlere Kaiserzeit Wehringen (Augsburg). Höhe 97 cm (1970, 199).
Wie Nr. 142.

145. Durchbrochene Scheibenfibel aus Bronze. Mittlere Kaiserzeit. München-Englschalking/ Johanneskirchen. Durchmesser 4,4 cm (HV 1363).

146. Tonlämpchen mit menschlichem Paar, Schnauze ergänzt. Frühe Kaiserzeit. Lorenzberg bei Epfach (Schongau). Länge 10,1 cm (1958, 1910).

147. Zwei Schröpfköpfe aus Bronze. Römische Kaiserzeit. Straß (Wasserburg), Karlstein (Berchtesgaden). Mündungsdurchmesser des linken Büchschens 3,5 cm (1965, 850; NM 3057).

148. Zwei Eisenmesser mit Knochen- oder Horngriffen. Römische Kaiserzeit. Eining (Kelheim). Länge des linken Messers 13,0 cm (1959, 705. 519).

149. Ausschnitt von Terra-Sigillata-Gefäß mit bacchantischer Szene. Frühe Kaiserzeit. Burghöfe (Donauwörth). Höhe der Figuren etwa 3,0 cm (1955, 161).

150. Ausschnitt von Terra-Sigillata-Gefäß aus der Manufaktur des Comitialis mit zwei „Stabträgern“ und Triton. Mittlere Kaiserzeit. Westerndorf (Rosenheim). Höhe der Figuren 5,5 cm (HV 889).
H.-J. Kellner, Die Sigillatatöpfereien von Westerndorf und Pfaffenhofen. Kleine Schriften des Limes-Museums Aalen 9 (1973) Abb. 9.

151. Zweihenkliger Terra-Sigillata-Krug mit Rankenmuster. Mittlere Kaiserzeit. Fürstenfeldbruck. Höhe 19,6 cm (HV 557).

152. Eisenschlüssel mit Löwengriff aus Bronze. Mittlere Kaiserzeit. Westerhofen (Ingolstadt). Länge 9,8 cm (1971, 1214).

153. Eiförmiger Becher aus grauem Ton. Frühe Kaiserzeit. Lorenzberg bei Epfach (Schongau). Höhe 10,2 cm (1958, 1830).

154. Becher mit Schuppenmuster, gelblich-hellgrauer Ton. Frühe Kaiserzeit. Lorenzberg bei Epfach (Schongau). Durchmesser der Mündung 9,8 cm (1958, 1878).

155. Dreihenkliges Gefäß aus bräunlichem Ton, Oberfläche schwarz geschmaucht, mit drei Ausgüssen und apotropäischer Maske. Frühe Kaiserzeit. Burghöfe (Donauwörth). Höhe 30,9 cm (1955, 181).

156. Römische Glasgefäße. Kaiserzeit. Saugfläschchen: Karlstein (Berchtesgaden); Fußschale: Oberstimm (Ingolstadt); Henkelflaschen: Pestenacker (Landsberg), Lauingen (Dillingen). Höhe der vorderen Flasche 29,2 cm (NM 2905; 1975, 28; HV 592; E 1965, 76).

157. Jagdszene aus einem Fußbodenmosaik. Mittlere Kaiserzeit. Westerhofen (Ingolstadt). Höhe der Figur mit der Lanze 50 cm (IV 794).

158. Delphin mit Fisch vom nämlichen Fußbodenmosaik aus Westerhofen wie Nr. 157. Länge des Delphins etwa 85 cm (IV 794).

159. Feld eines Wandfreskos mit Pfau. Mittlere Kaiserzeit. Aus dem nämlichen Gebäude wie Nr. 160 u. 161. Höhe des innersten Rahmens 54 cm (E 1968/69).

160. Fragment von Wandfresko mit mythologischer Szenen. Aus dem nämlichen römischen Gebäude wir Nr. 161. Größte Breite des Bruchstückes etwa 34 cm (E 1968/69).

161. Fragment von Wandfresko. Mittlere Kaiserzeit. Schwangau (Füssen). Höhe der Büste 28,5 cm (E 1968/69).

162. Bruchstück eines Kalksteinreliefs mit männlichem Kopf. Mittlere Kaiserzeit. Moosberg bei Murnau (Weilheim). Höhe des Kopfes 19,5 cm (1966, 379).

163. Familiengrabstein aus Kalkstein, errichtet von den noch lebenden Eltern Claudius Donatus und Pedania Profutura für die verstorbenen Töchter Claudia Ursa und Gesatia Lucia. Mittlere Kaiserzeit. Regensburg. Höhe 70 cm (IV 763).

164. Kleine Kalksteinstatue des Mars. Mittlere Kaiserzeit. Weinberg bei Eining (Kelheim). Höhe ohne Sockel noch 36,4 cm (NM $^{20}/_{357}$).

165. Torso einer kleinen Marmorstatue der Venus. Mittlere Kaiserzeit. Angeblich Epfach (Schongau). Höhe 40 cm (1972, 1200).

166. Kopf einer kleinen Kalksteinstatue. Mittlere Kaiserzeit. Pförring (Ingolstadt). Höhe 14 cm (NM 3754).

167. Oberteil eines Genius, Kalkstein. Mittlere Kaiserzeit. Pförring (Ingolstadt). Höhe des Kopfes 11,5 cm (1951, 1).

168. Kalksteinstatue eines mit der Toga bekleideten Mannes. Mittlere Kaiserzeit. Nassenfels (Eichstätt). Höhe ohne Sockel noch etwa 120 cm (1962, 580).

169. Ausschnitt von einem kleinen Tropaion aus Bronze. Mittlere Kaiserzeit. Ketterschwang (Kaufbeuren). Höhe der Rüstung 9,2 cm (NM $^{16}/_{72}$).

170. Bronzegewicht einer Waage in Form einer Büste des Herkules. Mittlere Kaiserzeit. Axtham (Rosenheim). Höhe 10 cm (HV 816).

171. Bronzestatuette eines sitzenden Merkur mit Schale. Mittlere Kaiserzeit. Kempten. Höhe 14,1 cm (1948, 8).

172. Bronzestatuette des Bacchus. Mittlere Kaiserzeit. Bei Anzing im Ebersberger Forst gefunden (Ebersberg). Höhe 22 cm (E 1961, 51).

173. Marmorplastik der Kybele. Mittlere Kaiserzeit. Gauting (Starnberg). Höhe 18,5 cm (E 1961, 53b).

174. Bronzestatuette der Minerva, die Rosetten am rechten Oberarm Silber. Frühe Kaiserzeit. Putzmühle (Fürstenfeldbruck). Höhe 14,5 cm (1956, 1647).

175. Bronzestatuette eines Genius. Mittlere Kaiserzeit. Künzing (Vilshofen). Höhe ohne Sockel 20,5 cm (E 1961, 55).

176. Bronzefigürchen einer Maus. Frühe Kaiserzeit. Oberstimm (Ingolstadt). Länge 5 cm (1970, 305).
Wie Nr. 141 Taf. 2,4.

177. Bronzestatuette einer Pantherin. Mittlere Kaiserzeit. Straubing. Länge der Standplatte 10,7 cm (NM $^{28}/_{3008}$).
A. Radnóti, Eine römische Pantherstatuette aus Straubing. Bayerische Vorgeschichtsblätter 28, 1963, 67 ff. mit Taf. 7.

178. Fingerring aus Gold. Mittlere Kaiserzeit. Meinheim (Gunzenhausen). Größter Durchmesser 3,0 cm (IV 1321).

179. Drei Statuetten der Venus, weißer Pfeifenton. Mittlere Kaiserzeit. Gauting (Starnberg). Höhe der mittleren Figur 18,9 cm (1947, 5. 4. 2).

180. Zwei Reiterstatuetten aus grauem Ton. Ältere Kaiserzeit. Karlstein (Berchtesgaden). Höhe des rechten Pferdes 12,7 cm (NM 2767. 2910).

181. Römischer „Faltenbecher" aus ziegelfarbigem Ton, Oberfläche mit dunkelgrauem Firnisüberzug. Mittlere Kaiserzeit. Westerndorf (Rosenheim). Höhe 13,7 cm (IV 1107).

182. Germanische Imitation eines römischen „Faltenbechers", graubrauner Ton. Jüngere Kaiserzeit. Laisacker (Neuburg a. d. Donau). Höhe 9,3 cm (IV 1110).

183. Zwei Dreifußnäpfe aus dunkelgrauem Ton. Germanisch, mittlere Kaiserzeit. Straubing. Mündungsdurchmesser des rechten Gefäßes 20,0 cm (1969, 116. 119).
H. Dannheimer, Bayerische Vorgeschichtsblätter 40, 1975.

184. Schale aus grauem Ton. Oberfläche glänzend. Germanisch, späte Kaiserzeit. Friedenhain (Straubing). Mündungsdurchmesser 25 cm (1964, 706).
B. Svoboda, Bayerische Vorgeschichtsblätter 28, 1963, 97 ff. mit Taf. 17 u. 18.

185. Kerbschnittschnalle aus Bronze. Späte Kaiserzeit. Weßling (Starnberg). Breite 7,5 cm (1966, 1451).

186. Kerbschnittscheibe aus Bronze von einem Gürtel. Späte Kaiserzeit. Gelber Berg b. Dittenheim (Gunzenhausen). Größter Durchmesser 7,0 cm (1937, 66).

187. Zwei Knochenkämme. Späte Kaiserzeit. Gelber Berg b. Dittenheim (Gunzenhausen), Künzing (Vilshofen). Länge des Dreieckkammes 16,2 cm (1937, 64; 1914, 1123).

188. Silber-, Glas- und Bernsteinschmuck einer germanischen Dame. Späte Kaiserzeit. Bergheim (Dillingen). Länge der teilweise vergoldeten Nadel 17,9 cm (NM $^{30}/_{508-512}$).

189. Goldener Armreif und drei Goldschnallen mit Almandin- und Glaseinlagen. Späte Völkerwanderungszeit. Fürst (Laufen). Größter Durchmesser des Armringes 7,0 cm (IV 1517—1520).
J. Werner, Die frühgeschichtlichen Grabfunde vom Spielberg bei Erlbach, Ldkr. Nördlingen, und von Fürst, Ldkr. Laufen a. d. Salzach. Bayerische Vorgeschichtsblätter 25, 1960, 164 ff. mit Taf. 15.

190. Schnalle mit nierenförmigem Beschläg, Stege des Zellwerkes Gold, Einlagen Almandin. Ältere Merowingerzeit. München-Aubing. Breite des Schnallenbügels 3,9 cm (1939, 549).
J. Werner, Kölner Jahrbuch für Vor- und Frühgeschichte 3, 1958, 55 ff. mit Taf. 11, 11.

191. Verzierte Bronzeschnalle. Jüngere Merowingerzeit. Puchheim (Fürstenfeldbruck). Breite 6,0 cm (1965, 1132).
Unveröffentlicht.

192. Zwei Schnallen aus Bergkristall, Dorne aus vergoldeter Bronze. Ältere Merowingerzeit. Klettham (Erding). Breite des größeren Bügels 5,1 cm (E 1974).
W. Sage, Gräber der älteren Merowingerzeit aus Altenerding, Ldkr. Erding (Oberbayern). Bericht der Römisch-Germanischen Kommission 54, 1974, 219 ff. Abb. 4, 2. 3 u. 236 f. Abb. 13, 1.

193. Silber- und messingtauschierte Eisenschnalle mit Tierornamentik. Jüngere Merowingerzeit. München-Untermenzing. Bügelbreite 5,8 cm (1892, 111).

194. Durchbrochene Bronzeschnallen, teilweise mit angegossener Riemenschlaufe. Jüngere Merowingerzeit. Waging (Laufen), Aufham (Berchtesgaden), Germering (Rosenheim), Leonhardspfunzen (Rosenheim), Waging. Größte Breite der Schnalle mit den antithetischen Hunden 4,5 cm (HV 1490; 1935, 72; EM 310; HV 832; 1904, 187).
S. Uenze, Die Schnallen mit Riemenschlaufe aus dem 6. und 7. Jahrhundert. Bayerische Vorgeschichtsblätter 31, 1966, 142 ff. mit Taf. 20—24.

195. Mittelteil von Scharnierbesatz eines Gürtelgehänges, Bronze. Jüngere Merowingerzeit. Krailling (Starnberg). Länge 5,8 cm (1957, 111).

196. Bronzeschnalle mit durchbrochenem Beschläg, verziert mit einem Greif, der aus einem Kelch trinkt. Jüngere Merowingerzeit. Klettham (Erding). Bügelbreite 4,3 cm (E 1974).
Wie Nr. 192 S. 229 f. Abb. 9, 1.

197. Silbertauschierte Eisenschnalle mit zwei menschlichen Masken. Jüngere Merowingerzeit. München-Aubing. Bügelbreite 6,0 cm (1963, 428).
Unveröffentlicht.

198. Riemenzunge von der Beinbekleidung einer Frau, Zierfeld der Vorderseite Silberblech, Rahmen Bronze. Jüngere Merowingerzeit. Burggen (Schongau). Länge 16,0 cm (1963, 148).

199. Silber- und messingtauschierte eiserne Riemenzunge von einem vielteiligen Gürtel, verziert mit einem Maskenkopf und mit zwei „Porträts". Jüngere Merowingerzeit. München-Feldmoching. Länge 11,2 cm (1952, 1006).

200. Silberplattierte und messingtauschierte eiserne Riemenzunge mit Tierornament und leicht verderbter christlicher Inschrift: +DEVS IN ADIVTARIVM TVO INIEN+ (Psalm 69,2); am oberen Ende anoxydierte Riemenschlaufe. Jüngere Merowingerzeit. Ebenhofen (Marktoberdorf). Länge 7,6 cm (1902,45).

201. Silberplattierte und messingtauschierte eiserne Riemenzunge mit stark stilisiertem Tierornament. Jüngere Merowingerzeit. Aschheim (München). Länge 14,6 cm (1936, 126).

202. Griffe zweier Spathas, Eisen mit Silber- und Messingeinlagen. Jüngere Merowingerzeit. München-Giesing. Länge des linken Knaufes 7,5 cm (1915, 246. 193).

203. Zwei Franzisken (Wurfäxte), Eisen. Ältere Merowingerzeit. Unterigling (Landsberg). Größte Länge der unteren Axt 20,5 cm (1973, 352. 353).
Unveröffentlicht.

204. Ortband einer Saxscheide, feuervergoldete Bronze. Späte Merowingerzeit. St. Jakob b. Polling (Weilheim). Länge 24,6 cm (NM 24/297).

205. Schildbuckel und tiergestaltige Schildbeschläge, Eisen bzw. feuervergoldete Bronze. Jüngere Merowingerzeit. Ischl a. d. Alz (Traunstein). Durchmesser 19,5 cm (HV 1947-1950).
J. Werner, Ein langobardischer Schild von Ischl a. d. Alz, Gem. Seeon (Oberbayern). Bayerische Vorgeschichtsblätter 18/19, 1951/52, 45 ff. mit Taf. 3 u. 4.

206. Vier pferdegestaltige Saxscheidennägel aus Bronze. Jüngere Merowingerzeit. Oberwarngau (Miesbach). Länge 2,8 cm (1953, 245).

207. Eiserne Lanzenspitze mit „Aufhaltern". Frühe Merowingerzeit. Hammelburg. Länge ohne die Aufhalter 33,5 cm (NM 3478).

208. Eiserne Lanzenspitze mit tiergestaltigen „Aufhaltern" und stempelverzierter Tülle. Ältere Merowingerzeit. Wettringen (Rothenburg o. T.). Länge 34,8 cm (1969, 2709 f.).
H. Dannheimer, Jahrbuch für Fränkische Landesforschung 31, 1971, 84 ff. mit Abb. 11 u. Taf. A, 10.

209. Verzierte eiserne Lanzenspitze. Jüngere Merowingerzeit. Ebenhofen (Marktoberdorf). Länge 47,9 cm (1902, 37).

210. Byzantinische Bronzeschüssel mit durchbrochenem Standring. Jüngere Merowingerzeit. Aschheim (München). Mündungsdurchmesser 25,5 cm (1936, 132).
H. Dannheimer, Aschheim im frühen Mittelalter (in Vorbereitung).

211. Drei Bronzesporen. Späte Merowingerzeit. Aschheim (München), Pappenheim/Rothenstein (Weißenburg). Größte Spannweite bei dem Einzelstück 9,3 cm (1936, 158. 159; IV 180).

212. Gefäß mit Tierritzung, schiefergrauer Ton. Merowingerzeit. Fundort unbekannt, wohl Franken. Höhe 8,4 cm (IV 1955).

213. Mit Stempelreihen verzierter Becher aus graubraunem Ton. Merowingerzeit. München-Untermenzing. Höhe 11,7 cm (1892, 148).

214. Hoher Becher aus rotbraunem Ton, mit Radstempeln verziert. Jüngere Merowingerzeit. Dittenheim (Gunzenhausen). Höhe 23,2 cm (E 1968).
H. Dannheimer, Jahrbuch für Fränkische Landesforschung 31, 1971, 78 ff. mit Taf. D, 8.

215. Tiergestaltiges Gefäß aus graubraunem Ton. Frühe Merowingerzeit. Klettham (Erding). Länge 15,9 cm (E 1974).
Unveröffentlicht.

216. Drei Gefäße aus grauem Ton, z. T. stempelverziert. Späte Merowingerzeit/Karolingerzeit. Burgheim (Neuburg a. d. Donau). Durchmesser des großen Napfes rechts 20,7 cm (1952, 911; 1949, 797. 801).
W. Krämer, Bayerische Vorgeschichtsblätter 18/19, 1951/52, 200 ff. mit Taf. 26.

217. Linienverzierte Kanne aus dunkel-graubraunem Ton. Merowingerzeit. Sulzheim (Gerolzhofen). Höhe 41,8 cm (1974, 335 f.).
Unveröffentlicht.

218. Kochtopf aus graubraunem Ton. Jüngere Merowingerzeit. Dittenheim (Gunzenhausen). Höhe 20,0 cm (E 1968).

219. Becher aus bläulichem bzw. bräunlichem durchsichtigen Glas. Ältere und jüngere Merowingerzeit. Ebenhofen (Marktoberdorf), Thaining (Landsberg), Müdesheim (Karlstadt), Hammelburg. Höhe des Spitzbechers 21,0 cm (1902, 46; 1937, 97; E 1971, 12; NM 3489).

220. Zwei „Rüsselbecher“ aus honigfarbigem Glas. Ältere Merowingerzeit. München-Aubing, Nordendorf (Donauwörth). Höhe des stehenden Bechers 15,5 cm (1939, 830; IV 1637). Der Becher aus Aubing unveröffentlicht.

221. Goldener Anhänger mit Tierdarstellung im Flachrelief, das Auge mit planem Almandin belegt. Jüngere Merowingerzeit. Regensburg-Sallern. Durchmesser ohne Öse 3,1 cm (IV 1930).

222. Goldener Anhänger mit Spiralmuster. Merowingerzeit. Nordendorf (Donauwörth). Durchmesser 2,1 cm (IV 1582).

223. Drei gegossene Armringe, Bronze mit Almandineinlagen. Jüngere Merowingerzeit. Altstädten (Sonthofen), Klettham (Erding). Größter Durchmesser des Einzelstückes 7,9 cm (1889, 13; IV 1925).

224. Armreif aus Silberblech. Jüngere Merowingerzeit. Mühlthal/Epolding (Wolfratshausen). Größter Durchmesser 5,8 cm (1923, 44).

225. Acht Ohrringpaare aus Gold, einmal mit Almandineinlagen, ein anderes Paar mit Amethysten. Jüngere und späte Merowingerzeit. Oben: Freilassing-Salzburghofen (Laufen); 2. Reihe: Pössing (Landsberg), Aschheim (München); 3. Reihe: Aham (Wasserburg), Walda (Neuburg a. d. Donau); 4. Reihe: Freilassing-Salzburghofen (Laufen), Lorenzberg b. Epfach (Schongau); ganz unten: Waging (Laufen). Länge der Anhänger des Paares von Aham (Bildmitte) 4,4 cm (1966, 505; HV 1556; 1969, 80; HV 1570; NM 22/94; 1966, 517; 1958, 1239; 1895, 214).

226. Drei Bronzeohrringe. Späte Merowingerzeit. München-Giesing, Wallersdorf (Landau), Inzing (Griesbach). Höhe des Ohrringes von Inzing rechts oben 4,0 cm (1900, 63; E 1927; 1900, 71).

227. Zikadenfibeln aus Gold mit roten Einlagen. Ältere Merowingerzeit. Bittenbrunn (Neuburg a. d. Donau), Klettham (Erding). Länge des linken Paares 3,1 cm (E 1974).
Bittenbrunn: R. Christlein, Jahresbericht der Bayerischen Bodendenkmalpflege 8/9, 1967/1968, 91 Abb. 4, 5. 6; Klettham: wie Nr. 192 S. 219 Abb. 2, 1. 2 u. Taf. 70, 9. 10.

228. Vogelfibeln, feuervergoldeter Silberguß mit Almandineinlagen. Ältere Merowingerzeit. München-Aubing. Länge des Einzelstückes links 3,1 cm (1939, 947. 948. 98. 861. 862. 645. 646).

229. S-Fibel aus vergoldetem Silber, Einlagen ausgefallen. Ältere Merowingerzeit. Nordendorf (Donauwörth). Länge 2,9 cm (IV 1372).

230. S-förmige Tierfibel aus vergoldeter Bronze mit Almandineinlagen. Ältere Merowingerzeit. München-Aubing. Länge 2,3 cm (1939, 985).

231. Bügelfibeln aus vergoldetem Silber, z. T. mit Nielloeinlagen. Ältere Merowingerzeit. München-Aubing. Länge des Einzelstückes rechts 9,4 cm (1939, 732. 733. 665. 666. 821).

232. Fibelpaar, vergoldetes Silber mit mugeligen Almandineinlagen. Ältere Merowingerzeit. Klettham (Erding). Länge 12,6 cm (E 1974).
Wie Nr. 192 S. 226 f. Taf. 71, 2. 3.

233. Fibelpaar, vergoldetes Silber mit Nielloeinlagen. Merowingerzeit. Klettham (Erding). Länge 10,4 cm (E 1974).
Wie Nr. 192 S. 238 ff. Taf. 73, 3. 4.

234. Drei Bügelfibeln aus vergoldetem Silber, nielliert, die Schlußknöpfe der Fußplatten als „grimmige“ Tierköpfe ausgebildet. Mittlere Merowingerzeit. Thalmässing (Hilpoltstein). Länge des Einzelstückes rechts 12,6 cm (1894, 10. 11; 1892, 200).

235. Tierkopf an der Fußplatte einer Bügelfibel von Nordendorf (vgl. Abbildung 236). Länge des Kopfes etwa 2,2 cm (IV 1587).

236. Fibelpaar aus vergoldetem Silber, nielliert, besonders auf den Fußplatten Masken und Tierköpfe (vgl. Abbildung 235). Ältere Merowingerzeit. Nordendorf (Donauwörth). Länge 12,8 cm (IV 1587).
H. Vierck, Ein Relieffibelpaar aus Nordendorf in Bayerisch-Schwaben. Bayerische Vorgeschichtsblätter 32, 1967, 104 ff. mit Taf. 11—13.

237. Preßblechfibel mit rückblickendem Vogel, Bronze. Jüngere Merowingerzeit. München-Giesing. Durchmesser 2,9 cm (1915, 293).

238. Scheibenfibel mit Perlmutt- und bunten Glaseinlagen. Jüngere Merowingerzeit. Peiting (Schongau). Durchmesser 4,5 cm (A 1092).

239. Goldenes Preßblech von einer Scheibenfibel mit figürlicher Darstellung. Jüngere Merowingerzeit. Fundort unbekannt. Durchmesser 3,2 cm (NM 28/64).

240. Silbergefaßte Scheibenfibel mit Preßblechauflage aus Gold, darauf dargestellt zwei Personen beidseits von einem Kreuz. Jüngere Merowingerzeit. Dittenheim (Gunzenhausen). Durchmesser 3,2 cm (E 1968, 14 a).
Unveröffentlicht.

241. Preßblechauflage einer Scheibenfibel, Bronze, vergoldet, mit zwei Tieren beidseits von einem Kreuz. Jüngere Merowingerzeit. Inzing (Griesbach). Durchmesser 3,5 cm (1901, 309).

242. Bronzescheibenfibel mit tierornamentierten Preßblechauflagen aus Gold und Emaileinlage (Vogel) in noch einem Feld. Jüngere Merowingerzeit. Oberpöringermoos (Vilshofen). Durchmesser 6,1 cm (1961, 851).
J. Werner, Münchner Jahrbuch der Bildenden Kunst 3. Folge 5, 1954, 23 ff. mit Taf. 1, 1 u. 2, 1.

243. Acht Goldscheibenfibeln mit Filigran und bunten Glas- und Steineilagen. Jüngere Merowingerzeit. Dittenheim (Gunzenhausen), München-Untermenzing/Allach, Walda (Neuburg a. d. Donau), München-Sendling, Wittislingen (Dillingen), München-Aubing, Ebenhofen (Marktoberdorf), Dittenheim (Gunzenhausen). Durchmesser der mittleren Scheibe 8,3 cm (E 1972, 68; 1892, 165; NM 22/93, 1906, 518; IV 1905; 1963, 419; 1902, 46; E 1971, 47).
Teilweise unveröffentlicht.

244. Kettenfragmente und Nadelbruchstück, Gold. Jüngere Merowingerzeit. Wittislingen (Dillingen). Länge des mittleren Kettchens noch 5,0 cm (NM 3556—3558).
J. Werner, Das alamannische Fürstengrab von Wittislingen (1950).

245. Ausschnitt von der Rückseite der Bügelfibel von Wittislingen (Abbildung 248) mit der Grabinschrift der Uffila (wohl der Mutter der Fibelbesitzerin) und der Meistersignatur WIGERIG FETCIT am Ende. Länge der Fußplatte 8,0 cm.
Vgl. Nr. 244.

246. Gegenbeschläg von einer Gürtelgarnitur, feuervergoldeter Silberguß mit Niello- und Almandineinlagen. Jüngere Merowingerzeit. Wittislingen (Dillingen). Länge 8,0 cm (IV 1912).
Vgl. Nr. 244.

247. Silbervergoldete Amulettkapsel mit Tierornament. Jüngere Merowingerzeit. Wittislingen (Dillingen). Größter Durchmesser 5,3 cm (IV 1918).
Vgl. Nr. 244.

248. Vier durchbrochene Amulettscheiben mit figürlichen Darstellungen, rechts oben Eisen mit Silber- und Messingtauschierung, sonst Bronze. Jüngere Merowingerzeit. Nr. 1: Gauting (Starnberg), Nr. 2 u. 3: Mühlthal/Epolding (Wolfratshausen), Nr. 4: Nordendorf (Donauwörth). Durchmesser 8,0; 10,1; 7,0; 8,3 cm (HV 1663; 1923, 64. 210; IV 1743).

249. Bügelfibel aus vergoldetem Silber, nielliert, mit Almandin- und bunten Glaseinlagen, auf der Rückseite die lateinische Inschrift Abbildung 245. Jüngere Merowingerzeit. Wittislingen (Dillingen). Länge 16,0 cm (IV 1891).

250. Byzantinisches Silberblechkreuzchen mit goldgefaßter Glaseinlage. Jüngere Merowingerzeit. Friedberg. Höhe noch 5,35 cm (E 1974).
R. Christlein, Kölner Römer-Illustrierte 2, 1975, 227 Abb. 323.

251. Reliquiar oder Eulogienbehälter als Anhänger in Form eines Codex, Gold mit Almandineinlagen. Späte Merowingerzeit. Merching (Friedberg). Höhe des Codex 2,65 cm (HV 1871).
G. Haseloff, Bayerische Vorgeschichtsblätter 18/19, 1951/52, 95 mit Taf. 12 f.

252. Silbertauschiertes Eisenkreuzchen (ein Arm ergänzt). Jüngere Merowingerzeit. München-Giesing. Höhe 4,8 cm (1915, 388).

253. Zweiteilige Messingriemenzunge als Behälter für italische Berührungsreliquien (Bienenwachsklümpchen von Kerzen). Jüngere Merowingerzeit. Walda (Neuburg a. d. Donau). Länge des Deckels 7,3 cm (1914, 15).
H. Dannheimer, Ein spätmerowingischer Eulogienbehälter aus Walda. Germania 44, 1966 (1967), 338 ff. mit Taf. 27, 1.

254. Anhänger und Applikationen aus Goldblech. Jüngere Merowingerzeit. Anhänger: Nr. 1 München-Aubing, Nr. 2 u. 3 München-Denning; Goldblattkreuze (von oben nach unten): Freilassing (Laufen), Walda (Neuburg a. d. Donau), Wittislingen (Dillingen); Preßblechscheibe: Gegend von Pfaffenhofen a. d. Ilm. Größter Durchmesser der Blechscheibe 6,4 cm (1965, 4; 1953, 794. 796; 1927, 56; 1914, 11; IV 1892; 1969, 1491).

255. Ausschnitt von einer golddurchwirkten Vitta mit Kreuz- und Swastikamuster, Textilteile neu ergänzt. Späte Merowingerzeit. Aschheim (München). Breite 2,0—2,3 cm (1969, 77a).
H. Dannheimer, Aschheim im frühen Mittelalter (in Vorbereitung).

256. Korinthisierendes Kapitell aus Sandstein. Wohl karolingisch, wohl spätes 8. Jahrhundert. Tegernsee, Krypta der ehemaligen Klosterkirche. Höhe 34 cm (E 1974, 72).
Ausstellungskatalog Bayern — Kunst und Kultur (1972) 310 Nr. 37 (R. Strobel).

257. Schrankenplatte mit Flechtwerkverzierung, Sandstein. Karolingisch. Ilmmünster (Pfaffenhofen a. d. Ilm), Pfarrkirche. Breite 100,0 cm (E 1974, 78).

258. Löwenkopf aus Kalkstein. Ottonisch, wohl 950/955. Regensburg, Niedermünster. Höhe um 10 cm (E 1969).
K. Schwarz, Die Ausgrabungen im Niedermünster zu Regensburg. Führer zu archäologischen Denkmalen in Bayern 1 (1971) 45 Abb. unten.

259. Säule aus Sandstein (Werkstück), sog. Heunensäule. Wohl romanisch, vielleicht frühes 11. Jahrhundert. Miltenberg. Höhe 749 cm (IV 793).
J. Röder, Teutonenstein und Heunensäulen bei Miltenberg (1960).

260. Eisenmesser mit verziertem Knochengriff. Späte Merowingerzeit. Merching (Friedberg). Länge 24,1 cm (HV 1870).
Wie Nr. 251 Taf. 12, a—d.

261. Scheibenfibeln aus Bronze, z. T. mit Emaileinlagen. Karolingerzeit. Unbekannt (2 Exemplare oben), Palzing (Freising). Durchmesser der Scheibe rechts oben 4,1 cm (NM 25/47—49).

262. Bronzeleuchter, gegossen. Romanisch. Altenstadt (Schongau). Höhe 7,2 cm (E 1975, 12).
Unveröffentlicht.

263. Ohrgehänge aus Silber. Karolingisch. Regensburg, Friedhof beim Niedermünster. Größte Breite des Halbmondgehänges 2,4 cm (E 1969).
Wie Nr. 258 S. 39 Abb. oben.

264. Ohr- und Schläfenringe aus Gold (links), Silber (rechts) und Bronze. Karolingerzeit. Oben links: Staffelstein; rechts: Gesees (Bayreuth). Durchmesser der Goldringe 3,3 cm (1962, 807; 1938, 76. 77; 1888, 103. 104).

265. Sporen, Flügellanze und Axt aus Eisen. Karolingerzeit. Pullach (München). Länge der Lanzenspitze 40,7 cm (NM 3653. 3665. 3659).

266. Pilgerzeichen aus Blei mit den Aposteln Petrus und Paulus. 13. Jahrhundert. Vohburg (Pfaffenhofen a. d. Ilm), Burggelände. Höhe (ohne Öse) 3,2 cm (E 1974, 75).
Unveröffentlicht.

267. Steckkreuzchen und andere Symbolzeichen aus Eisen. Mittelalter. „Weinberg" bei Eining (Kelheim). Länge des mittleren Steckers 13 cm (NM $^{21}/_{30.35}$).
H. Dannheimer u. L. Kriss-Rettenbeck, Die Eininger Eisenkreuze, ihre Deutung und Datierung. Bayerische Vorgeschichtsblätter 29, 1964, 192 ff.

268. Ofenkachel aus rötlich-gelbem Ton. Um 1240/50 als Behälter für einen Münzschatz verwendet. Mönchsroth (Dinkelsbühl). Höhe 15,0 cm (1964, 1390).
H. Dannheimer, Kat. PStslg. Nr. 11, 61 f. Abb. 10.

269. Drei Münzschatzgefäße aus ziegelrotem, graubraunem bzw. gelblich-hellgrauem Ton, z. T. mit roten Linien bemalt. Mittelalter bzw. frühe Neuzeit. Alerheim (Nördlingen; vergraben nach 1546/48), Neudorf (Lichtenfels; vergraben ab 1291), Alerheim (Nördlingen; vergraben ab 1496). Höhe des Becherchens rechts 6,5 cm (1963, 125. 126. 124).
Bayerische Vorgeschichtsblätter 18/19, 1951/52, 303; 21, 1956, 337. 343.

270. Schultertopf aus mittelbraunem Ton. Spätes Mittelalter. Untermeitingen (Schwabmünchen). Höhe 37 cm (1974, 4401).
Unveröffentlicht.

LITERATUR ZUR BAYERISCHEN VOR- UND FRÜHGESCHICHTE
(Auswahl)

A. Gedruckte Inventare, Kataloge und Führer der Prähistorischen Staatssammlung

1 Inventare

G. Hager u. J. A. Mayer, Die vorgeschichtlichen, römischen und merowingischen Alterthümer des Bayerischen Nationalmuseums. Kataloge des Bayerischen Nationalmuseums IV (1892) [Inventarnummern mit der vorgesetzten Ziffer „IV" beziehen sich auf dieses gedruckte Inventar]

2 Kataloge

a) Kataloge der Prähistorischen Staatssammlung,
herausgegeben von H.-J. Kellner [begründet von O. Kunkel]
Nr. (1) H. Müller-Karpe, Münchener Urnenfelder (1957) — Nr. (2) F. Wagner, Denkmäler und Fundstätten der Vorzeit Münchens und seiner Umgebung (1958) — Nr. (3) H. Müller-Karpe, Funde von bayerischen Höhensiedlungen (1959) — Nr. (4) H. Dannheimer u. W. Torbrügge, Vor- und Frühgeschichte im Landkreis Ebersberg (1961) — Nr. (5) W. Torbrügge, Oberpöring. Katalog zur Vorgeschichte einer Ortsmarkung (1963) — Nr. (6) J. Pätzold und H. P. Uenze, Vor- und Frühgeschichte im Landkreis Griesbach (1963) — Nr. 7 Otto von Hessen, Die Funde der Reihengräberzeit aus dem Landkreis Traunstein (1964) — Nr. 8 W. Torbrügge, Beilngries. Vor- und Frühgeschichte einer Fundlandschaft (1964) — Nr. 9 H. P. Uenze u. J. Katzameyer, Vor- und Frühgeschichte in den Landkreisen Bad Tölz und Miesbach (1972) — Nr. 10 G. Nicolini, Die iberischen Bronzevotive (1967) — Nr. 11 H. Dannheimer u. F.-R. Herrmann, Rothenburg o. T. Katalog zur Vor- und Frühgeschichte in Stadt und Landkreis (1968) — Nr. 12 K. Radunz, Vor- und Frühgeschichte im Landkreis Lichtenfels (1969) — Nr. 13 Die Nabatäer. Ein vergessenes Volk am Toten Meer 312 v. — 106 n. Chr. (1970) — Nr. 14 H. P. Uenze, Vor- und Frühgeschichte im Landkreis Schwabmünchen (1971) — Nr. 15 H. Dannheimer, Keramik des Mittelalters aus Bayern (1973) — Nr. 16 W. Czysz, Der römische Gutshof in München-Denning und die römerzeitliche Besiedlung der Münchner Schotterebene (1974) [1975] — Heft 17 G. Zahlhaas, Römische Reliefspiegel (1975) — (Die Reihe wird fortgesetzt)

b) Ausstellungskataloge der Prähistorischen Staatssammlung,
herausgegeben von H.-J. Kellner
Bd. 1 Prähistorische Idolkunst. Kultbilder und Opfergaben aus Ungarn (1973) — (Die Reihe wird fortgesetzt)

c) Kataloge u. Führer zu Sonderausstellungen (ältere, außerhalb der unter b genannten Reihe erschienene Schriften)
F. Birkner u. F. Wagner, Aus Münchens Vorzeit (1927)
Der römische Schatzfund von Straubing und andere bayerische Schatzfunde. Ausstellung im Studienbau des Bayerischen Nationalmuseums 17. März bis Mitte Mai 1951
H. Müller-Karpe, Wegweiser durch Münchens Vorzeit (1952)
Mosaiken aus Ravenna. Ausstellung werkgerechter Nachbildungen 1. Juli bis 15. August 1955. Vorwort O. Kunkel
Die Geburt der Kunst vor 40 000 Jahren. Höhlen- und Felsmalereien. Vor- und frühgeschichtliche Staatssammlung München. 23. März bis 5. Juni 1955. Vorwort J. Mougin
O. Kunkel, Ausgrabungen in der Keltenstadt bei Manching an der Donau. Ausstellung der Prähistorischen Staatssammlung München 1960 und 1961
Das Bild der Bronzezeit. Aufnahmen von Felszeichnungen aus Bohuslän in Schweden. Prähistorische Staatssammlung München. Ausstellung vom 21. Mai bis 18. Juni 1963
Römer in Gallien. Romanisierung Aquitaniens am Beispiel von Bordeaux. Ausstellung des Musée d'Aquitaine Bordeaux im Münchner Stadtmuseum in Verbindung mit der Prähistorischen Staatssammlung, München 14. 7. — 15. 10. 1967. Vorwort H.-J. Kellner
Schätze aus Zypern. Ausstellung im Münchner Stadtmuseum in Verbindung mit der Prähistorischen Staatssammlung, München 1. 2. — 31. 3. 1968. Vorwort H.-J. Kellner
Die Römer in Pannonien. Ausstellung des Ungarischen Nationalmuseums in Budapest im Münchner Stadtmuseum in Verbindung mit der Prähistorischen Staatssammlung München. 2. 5. — 22. 6. 1969. Vorwort H.-J. Kellner (auf eingelegtem Blatt)
Sveagold und Wikingerschmuck. Ausstellung von Statens historiska Museum, Stockholm im Münchner Stadtmuseum in Verbindung mit der Prähistorischen Staatssammlung, München 8. Juli — 7. September 1969. Vorwort M. Dreesbach u. H.-J. Kellner

3 Sammlungsgeschichte

H. Dannheimer, 90 Jahre Prähistorische Staatssammlung München. Aus der Geschichte des Museums und seiner Vorläufer. Bayerische Vorgeschichtsblätter 40, 1975 (im Druck).

B. Münchener Schriftenreihen außerhalb des Museums

a) Münchner Beiträge zur Vor- und Frühgeschichte. Für das Bayerische Landesamt für Denkmalpflege, die Prähistorische Staatssammlung und das Institut für Vor- und Frühgeschichte an der Universität München, herausgegeben von J. Werner
Band 1 G. Haseloff, Der Tassilo-Kelch (1951) — Band 2 J. Werner, Das alamannische Fürstengrab von Wittislingen (1950) — Band 3 J. Keim u. H. Klumbach, Der römische Schatzfund von Straubing (1951) — Band 4 F. Holste, Die bronzezeitlichen Vollgriffschwerter Bayerns (1953) — Band 5 O. Kunkel, Die Jungfernhöhle bei Tiefenellern. Eine neolithische Kultstätte auf dem Fränkischen Jura bei Bamberg. Mit Beiträgen von K. Arneth, G. Asmus, F. Heller, H. Jakob, O. Kuhn u. B. Müller (1955) — Band 6 H. Müller-Karpe, Die Vollgriffschwerter der Urnenfelderzeit aus Bayern (1961) — Band 7 Studien zu Abodiacum-Epfach. Herausgegeben von J. Werner. Mit Beiträgen von J. Boessneck, K. Brunnacker, M. Brunnacker, H.-J. Kellner, K. Kraft, H. Müller-Karpe, A. Radnôti, K. Schmid, F. Stein, N. Walke, G. Ziegelmayer (1964) — Band 8 Der Lorenzberg bei Epfach. Die spätrömischen und frühmittelalterlichen Anlagen. Herausgegeben von J. Werner unter Mitwirkung von H. Dannheimer, H.-J. Kellner und G. Pohl (1969) — Band 9 G. Ulbert, Der Lorenzberg bei Epfach. Die frührömische Militärstation (1965) — Band 10 G. Bersu, Die spätrömische Befestigung „Bürgle“ bei Gundremmingen (1964) — Band 11 J. Garbsch, Die norisch-pannonische Frauentracht im 1. und 2. Jahrhundert (1965) — Band 12 Der Moosberg bei Murnau. Aus dem Nachlaß von P. Reinecke, F. Wagner und N. Walke. Bearbeitet und herausgegeben von J. Garbsch (1966) — Band 13 H. Dannheimer, Epolding-Mühlthal. Siedlung, Friedhöfe und Kirche des frühen Mittelalters. Mit Beiträgen von M. Bartuška, W. Haas, R. Pleiner, W. Störmer, G. Ziegelmayer (1968) — Band 14 E. Keller, Die spätrömischen Grabfunde in Südbayern (1971) — Band 15 Spätrömische Gardehelme. Herausgegeben von H. Klumbach (1973) — Band 16 E. Penninger, Der Dürrnberg bei Hallein I. Katalog der Grabfunde aus der Hallstatt- und Latènezeit. Erster Teil: Unter Mitarbeit von L. Pauli mit Beiträgen von H. Hirschhuber, W. Specht und A. Riederer (1972) — Band 17 F. Moosleitner, L. Pauli u. E. Penninger, Der Dürrnberg bei Hallein II. Mit Beiträgen von T. E. Haevernick, H. Hirschhuber, H. J. Hundt, J. Riederer, O. Rochna, M. Stork u. K. Zeller (1974) — Band 19 H. W. Böhme, Germanische Grabfunde des 4. u. 5. Jahrhunderts zwischen unterer Elbe und Loire. Studien zur Chronologie und Bevölkerungsgeschichte (1974) — Band 21 B. Overbeck, Die Geschichte des Alpenrheintals in römischer Zeit. Teil II: Die Fundmünzen (1973) — Band 22 A. Sôs, Die slawische Bevölkerung Westungarns im 9. Jahrhundert (1973) — (Die Reihe wird fortgesetzt. Bände 18. u. 20 noch nicht erschienen)

b) Materialhefte zur bayerischen Vorgeschichte. Für das Bayerische Landesamt für Denkmalpflege herausgegeben von W. Krämer (Heft 1—8) bzw. K. Schwarz (ab Heft 9)
Heft 1 H. Müller-Karpe, Das Urnenfeld von Kelheim (1952) — Heft 2 A. Stroh, Katalog Günzburg. Die vorgeschichtlichen Funde und Fundstätten (1952) — Heft 3 W. Dehn u. E. Sangmeister, Die Steinzeit im Ries. Katalog der steinzeitlichen Altertümer im Museum Nördlingen (1954) — Heft 4 A. Stroh, Die Reihengräber der karolingisch-ottonischen Zeit in der Oberpfalz (1954) — Heft 5 K. Schwarz, Die vor- und frühgeschichtlichen Geländedenkmäler Oberfrankens (1955) — Heft 6 J. Werner, Das alamannische Gräberfeld von Mindelheim (1955) — Heft 7 K. Parlasca, Römische Wandmalereien in Augsburg (1956) — Heft 8 H. Dannheimer u. G. Ulbert, Die bajuwarischen Reihengräber von Feldmoching und Sendling (1956) — Heft 9 W. Krämer, Cambodunumforschungen 1953 — I. Die Ausgrabung von Holzhäusern zwischen der 1. und 2. Querstraße (1957) — Heft 10 U. Fischer, Cambodunumforschungen 1953 — II. Keramik aus den Holzhäusern zwischen der 1. und 2. Querstraße (1957) — Heft 11 H.-J. Hundt, Katalog Straubing — I. Die Funde der Glockenbecherkultur und der Straubinger Kultur (1958) — Heft 12 C. Pescheck, Katalog Würzburg I. Die Funde von der Steinzeit bis zur Urnenfelderzeit im Mainfränkischen Museum (1958) — Heft 13 W. Torbrügge, Die Bronzezeit in der Oberpfalz (1959) — Heft 14 G. Ulbert, Die römische Keramik aus dem Legionslager Augsburg-Oberhausen (1960) — Heft 15 J. Röder, Teutonenstein und Heunesäulen bei Miltenberg. Ein Beitrag zur alten Steinindustrie am Untermain (1960) — Heft 16 H. Lindner, Die altsteinzeitlichen Kulturen der Räuberhöhle am Schelmengraben bei Sinzing (1961) — Heft 17 H. Müller-Karpe, Die spätneolithische Siedlung von Polling (1961) — Heft 18 W. Kleiss, Die öffentlichen Bauten von Cambodunum. Baubeschreibung und Rekonstruk-

tion (1962) — Heft 19 H.-J. Hundt, Katalog Straubing — II. Die Funde der Hügelgräberbronzezeit und der Urnenfelderzeit (1964) — Heft 20 W. Torbrügge, Die Hallstattzeit in der Oberpfalz. II. Die Funde und Fundplätze in der Gemeinde Beilngries (1965) — Heft 21 R. Christlein, Das alamannische Reihengräberfeld von Marktoberdorf im Allgäu. Mit Beiträgen von H.-J. Hundt und M. Hopf (1966) — Heft 22 H. Dannheimer, Lauterhofen im frühen Mittelalter. Mit Beiträgen von M. Hopf und H.-J. Hundt (1968) — Heft 23 H. Henning, Die Grab- und Hortfunde der Urnenfelderkultur aus Ober- und Mittelfranken (1970) — Heft 24 G. Kossack, Gräberfelder der Hallstattzeit an Main und Fränkischer Saale (1970) — Heft 25 R. Christlein, Das alamannische Gräberfeld von Dirlewang bei Mindelheim (1971) — Heft 26 H.-G. Rau, Das urnenfelderzeitliche Gräberfeld von Aschaffenburg-Strietwald (1972) — Heft 27 L. F. Zotz u. G. Freund, Die mittelpaläolithischen Geröllgeräteindustrien aus der Umgebung von Kronach in Oberfranken (1973) [1974] — Heft 28 W. Hübener, Die römischen Metallfunde von Augsburg-Oberhausen. Ein Katalog (1973) [1974] — Heft 29 L. Reisch, Der vorgeschichtliche Hornsteinabbau bei Lengfeld, Ldkr. Kelheim, und die Interpretation „grobgerätiger" Silexindustrien in Bayern (1974) [1975] — (Die Reihe wird fortgesetzt)

C. Zeitschriften

Beiträge zur Anthropologie und Urgeschichte Bayerns. Bd. 1—19 München 1877—1915. — Mitteilungen des Museums-Vereins für vorgeschichtliche Alterthümer Baierns Nr. 1—16 München 1885—1888. — Prähistorische Blätter, herausgegeben von J. Naue, Jahrg. 1—19 München 1889—1907. — Der bayerische Vorgeschichtsfreund. Begründet von J. Kandler. Jahrg. 1/2—9 München 1921/22—1930. — Bayerische Vorgeschichtsblätter [= Fortsetzung des „Vorgeschichtsfreundes"]. Herausgegeben von der Kommission für bayerische Landesgeschichte bei der Bayerischen Akademie der Wissenschaften. Jahrg. 10—38 München 1931/32—1973 (wird fortgesetzt). — Jahresbericht der bayerischen Bodendenkmalpflege Jahrg. 1—10 München 1960—1969 (1971) (wird fortgesetzt).

D. Bibliografien

F. Ohlenschlager, Schriften über die Urgeschichte von Bayern und die Zeit der Römerherrschaft daselbst (1884) (= Sonderabdruck aus: Jahresber. d. Geographischen Gesellschaft München 1882/83 u. 1883/84). — F. Wagner, Bibliographie der bayerischen Vor- und Frühgeschichte 1884—1959. Bibliographien, herausgegeben von der Kommission für bayerische Landesgeschichte bei der Bayerischen Akademie der Wissenschaften 4 (1964). (Zusammenstellungen der Neuerscheinungen erscheinen weiterhin in unregelmäßigen Abständen in den Bayerischen Vorgeschichtsblättern.)

E. Einführungen und zusammenfassende Darstellungen zur bayerischen Vor- und Frühgeschichte

a) Alle oder mehrere Perioden

Vor- und frühgeschichtliche Archäologie in Bayern. Beiträge von K. Bosl, H. Dannheimer, G. Freund, T. Gebhard, H.-J. Kellner, G. Kossack, W. Krämer, V. Milojčić, E. Penninger, W. Torbrügge, H.-P. Uenze, G. Ulbert u. J. Werner. Vorwort und ausführliche Bibliographie O. Kunkel (1972) — Bayerischer Geschichtsatlas, herausgeg. von M. Spindler, Redaktion G. Diepolder (1969) — Handbuch der bayerischen Geschichte, herausgeg. von M. Spindler 1 (1967). Darin W. Torbrügge, Vorzeit bis zum Ende der Keltenreiche; H.-J. Kellner, Die Zeit der römischen Herrschaft; K. Reindel, Das Zeitalter der Agilolfinger — H. Dannheimer u. R. Fink, Fundort Bayern (1968) — F. Birkner, Ur- und Vorzeit Bayerns (1936) — W. Torbrügge u. H. P. Uenze, Bilder zur Vorgeschichte Bayerns (1968) — Vgl. auch Kat.PStslg. Nr. 2—6, 8, 9, 11, 12 u. 14; Materialhefte 5, 16 u. 17

b) Einzelne Perioden

Steinzeit

G. Freund, Die ältere und mittlere Steinzeit in Bayern. Jahresbericht der bayerischen Bodendenkmalpflege 4, 1963 (1964), 9 ff. — R. A. Maier, Die jüngere Steinzeit in Bayern. Jahresbericht der bayerischen Bodendenkmalpflege 5, 1964 (1965), 9 ff. — Vgl. auch Materialhefte 3, 11, 12 u. 27; MBV Band 5

Bronzezeit

W. Torbrügge, Die Bronzezeit in Bayern. Stand der Forschungen zur relativen Chronologie. Berichte der Römisch-Germanischen Kommission 40, 1959, 1 ff. — Vgl. auch Materialhefte 11—13 u. 19; MBV Band 4

Urnenfelder- und Hallstattzeit

H. Müller-Karpe, Beiträge zur Chronologie der Urnenfelderzeit nördlich und südlich der Alpen (1959) — G. Kossack, Studien zum Symbolgut der Urnenfelder- und Hallstattzeit (1954) — G. Kossack, Zur Hallstattzeit in Bayern. Bayerische Vorgeschichtsblätter 20, 1954, 1 ff. — G. Kossack, Südbayern während der Hallstattzeit (1959) — Vgl. auch Kat.PStslg. Nr. 1; Materialhefte 1, 12, 19, 20, 23 u. 24; MBV Band 6

Latènezeit

J. Moreau, Die Welt der Kelten (1958) — Die Ausgrabungen in Manching, herausgeg. von W. Krämer. Bisher erschienen die Bände 1 (1970), 2 (1969), 3 (1970), 4 (1971), 6 (1971) — O. Kunkel, Ausgrabungen in der Keltenstadt bei Manching (Ausstellungskat. PStslg. 1960/1961) — K. Schwarz, Atlas der spätkeltischen Viereckschanzen Bayerns (1959) [Textband bisher nicht erschienen]

Römerzeit

F. Franziss, Bayern zur Römerzeit (1905) — F. Wagner, Die Römer in Bayern[4] (1928) — H.-J. Kellner, Die Römer in Bayern[2] (1972) — F. Vollmer, Inscriptiones Baivariae Romanae sive Inscriptiones prov. Raetiae adiectis aliquot Noricis Italisque (1915) — F. Wagner, Neue Inschriften aus Raetien (Nachträge zu Fr. Vollmer, Inscriptiones Baivariae Romanae). Berichte der Römisch-Germanischen Kommission 37/38, 1956/57, 215 ff. — Corpus Signorum Imperii Romani — Corpus der Skulpturen der römischen Welt. Deutschland Band I, 1: Raetia und Noricum. Aus dem Nachlaß von F. Wagner bearbeitet von G. Gamer u. A. Rüsch, mit einer Einführung von G. Ulbert (1973) — Die Fundmünzen der römischen Zeit in Deutschland. Von den Bayern betreffenden Teilen (Abteilung I) sind bisher erschienen die Bände 1 Oberbayern (1960), 2 Niederbayern (1970), 5 Mittelfranken (1963), 7 Schwaben (1962); Bearbeiter in allen Fällen H.-J. Kellner — W. Schleiermacher, Der römische Limes in Deutschland[3] (1967) — D. Baatz, Der römische Limes. Archäologische Ausflüge zwischen Rhein und Donau (1974) — W. Schleiermacher, Cambodunum-Kempten, eine Römerstadt im Allgäu (1972) — Vgl. auch Materialhefte 7, 9, 10, 14, 18 u. 28; MBV Bände 3, 7—12, 14 u. 15

Frühes Mittelalter

H. Dannheimer, Aus der Siedlungsarchäologie des frühen Mittelalters in Bayern. In: Werner-Festschrift (1974) 629 ff. — F. Stein, Adelsgräber des achten Jahrhunderts in Deutschland (1967) — M. Franken, Die Alamannen zwischen Iller und Lech (1944) — K. Reindel, Bayern im Mittelalter (1970) — J. Werner, Die Herkunft der Bajuwaren und der „östlich-merowingische" Reihengräberkreis. In: Wagner-Festschrift. Schriftenreihe zur bayerischen Landesgeschichte 62 (1962) 229 ff. — K. Reindel, Herkunft und Landnahme der Bajuwaren in der neueren Forschung. In: B. Eberl, Die Bajuwaren (1966) 189 ff. — H. Bott, Bajuwarischer Schmuck der Agilolfingerzeit (1952) — H. Dannheimer, Funde der Völkerwanderungs- und Merowingerzeit im bayerischen Alpenvorland zwischen Isar und Salzach. In: Führer zu vor- und frühgeschichtlichen Denkmälern 18 (1971) 81 ff. — U. Koch, Die Grabfunde der Merowingerzeit aus dem Donautal um Regensburg (1968) — H. Dannheimer, Im Spiegel der Funde. Die Besiedlungsgeschichte Frankens [zur Merowinger- und Karolingerzeit] nach den archäologischen Quellen. In: Karolingisches Franken, herausgeg. von W. Buhl (1973) 71 ff. — H. Dannheimer, Die germanischen Funde der späten Kaiserzeit und des frühen Mittelalters in Mittelfranken (1962) — R. Koch, Bodenfunde der Völkerwanderungszeit aus dem Main-Tauber-Gebiet (1967) — K. Schwarz, Der frühmittelalterliche Landesausbau in Nordost-Bayern archäologisch gesehen. In: Ausstellungskatalog Ausgrabungen in Deutschland 2 (1975) 338 ff. — Bayerische Frömmigkeit. Ausstellung Stadtmuseum München (1960) — F. Oswald, L. Schaefer u. H. R. Sennhauser, Vorromanische Kirchenbauten. Katalog der Denkmäler bis zum Ausgang der Ottonen [1966—1971] — Vgl. auch Kat.PStslg. Nr. 7 u. 15; Materialhefte 4, 6, 8, 15, 21, 22 u. 25; MBV Bände 1, 2 u. 13

F. Exkursionsführer

a) K. Schwarz, Führer zu bayerischen Vorgeschichts-Exkursionen. 1 Limes — Karlsgraben — Gelbe Bürg — Hesselberg im Raum Ansbach — Weißenburg — Dinkelsbühl (1962)

b) Führer zu vor- und frühgeschichtlichen Denkmälern, herausgegeben vom Römisch-Germanischen Zentralmuseum Mainz.
Band 6 Passau — Kallmünz — Straubing — Cham (2. Aufl. 1967). Zusammengestellt von K. Schwarz mit Beiträgen von K. Böhner, J. Pätzold, H. Schönberger, K. Schwarz, A. Stroh — Band 8 (1967): Miltenberg — Obernburg — Aschaffenburg — Seligenstadt mit Beiträgen von K. Böhner, P. Cramer, A. Dauber, D. Ellmers, W. Fischer, L. Hefner, W. Hotz, W. Jorns, R. Koch, O. Müller, C. Pescheck, J. Röder, E. Schneider, H. Schönberger, K. Schwarz, R. Vierengel — Band 18 (1971): Miesbach — Tegernsee — Bad Tölz — Wolfratshausen — Bad Aibling mit Beiträgen von H. Dannheimer, D. Ellmers, O. Gauss, E. Keller, P. Reinecke, W. Sage, K. Schwarz, W. Torbrügge, H. P. Uenze, G. Ulbert, K. Weidemann — Band 19 (1971): Rosenheim — Chiemsee — Traunstein — Bad Reichenhall — Berchtesgaden mit Beiträgen von A. Aschl, D. Ellmers, E. Keller, H.-J. Kellner, H. Koschik, M. Menke, V. Milojčić, E. Oberndörfer, W. Sage, K. Schwarz, G. Ulbert, K. Weidemann (Die Reihe wird fortgesetzt)

ABBILDUNGSNACHWEISE

a) Fotos:

Archiv der Prähistorischen Staatssammlung München (87): Nr. 1, 3, 6-8, 18, 21, 31, 35, 48, 49, 67, 77-79, 84, 88, 91, 93, 94, 98, 100, 101, 110, 120-122, 127-137 139-141, 145, 149, 150, 152, 153, 157-161, 165-168, 170, 171, 173, 176, 177, 179, 193, 198-201, 206, 208, 220-222, 229, 235, 237-241, 245, 248 a b d, 257, 261, 265, 267.

Bayerisches Landesamt für Denkmalpflege München (7): Nr. 142, 144, 215, 258, 259, 263, 266.

Römisch-Germanische Kommission, J. Bahlo (3): Nr. 112-114.

B. Keysselitz (1): Nr. 249.

Verfasser (173): Nr. 2, 9-17, 19, 20, 22-30, 32-34, 36-47, 50-66, 68-72, 74-76, 80-83, 85-87, 89, 90, 92, 95-97, 99, 102-109, 111, 115-119, 123-126, 138, 143, 146-148, 151, 155, 156, 162-164, 169, 172, 174, 175, 178, 180-192, 194-197, 202-205, 207, 209-214, 216-19, 223-228, 230-234, 236, 242-244, 246, 247, 248 c, 250-256, 260, 262, 264, 268-270.

b) Zeichnungen:

G. Fischer, Köln (2): Nr. 4 u. 5.

M. Berger, München (1): vordere Umschlag-Innenseite.

ZEITTAFEL

120 000/90 000 —	Altsteinzeit (Paläolithikum)	Acheuléen/Micoquien
		Moustérien
		Praesolutréen/Solutréen
		Aurignacien
— 8000		Magdalénien
10 000 —	Mittelsteinzeit (Mesolithikum)	Epipaläolithikum
		Tardenoisien
— 4000/3000		Campignien
4500/3500 —	Jungsteinzeit (Neolithikum)	Altneolithikum: Linearbandkeramik
		Mittelneolithikum: Stichbandkeramik, Rössener Kultur, Münchshöfener Kultur
		Jungneolithikum: Altheimer Kultur, Pollinger Gruppe, Michelsberger Kultur } Kupferzeit
— 1800/1700		Endneolithikum: Schnurkeramik, Chamer Gruppe, Glockenbecherstufe } Kupferzeit
1800/1700 —	Bronzezeit	Frühe Bronzezeit = Stufe A
		Hochbronzezeit = Stufe B
		C
— 1250/1200		Späte Bronzezeit = Stufe D
1250/1200 —	Urnenfelderzeit	Stufe Ha A
— 750		Stufe Ha B
750 —	Hallstattzeit	Stufe Ha C
500/450		Stufe Ha D
500/450 —	Latènezeit	Frühlatènezeit = Stufe A
		Mittellatènezeit = Stufe B
		C
— 15. v. Chr.		Spätlatènezeit = Stufe D
15. v. Chr. —	Römische Kaiserzeit	Ab 15 v. Chr. etappenweise Eroberung bis zur Donau
		unter Domitian (81/96) Vordringen über die Donau
		unter Hadrian (117/138) Bau des Limes
		233/260 n. Chr. Fall des Limes, Grenze wieder an Donau und Iller, Germanen siedeln nördlich der Donau
— ca. 400 n. Chr.		Abzug der römischen Truppen von der Donau
400—480	Späte Völkerwanderungszeit	Alamannen und andere elbgermanische Stämme setzen sich südlich der Donau fest
480 —	Reihengräberzeit (Merowingerzeit)	500/534 Vordringen der Franken an den mittleren Main
		565 Erste Erwähnung der Baiern
— 700/730		700/730 Aufgabe der allgemeinen Beigabensitte

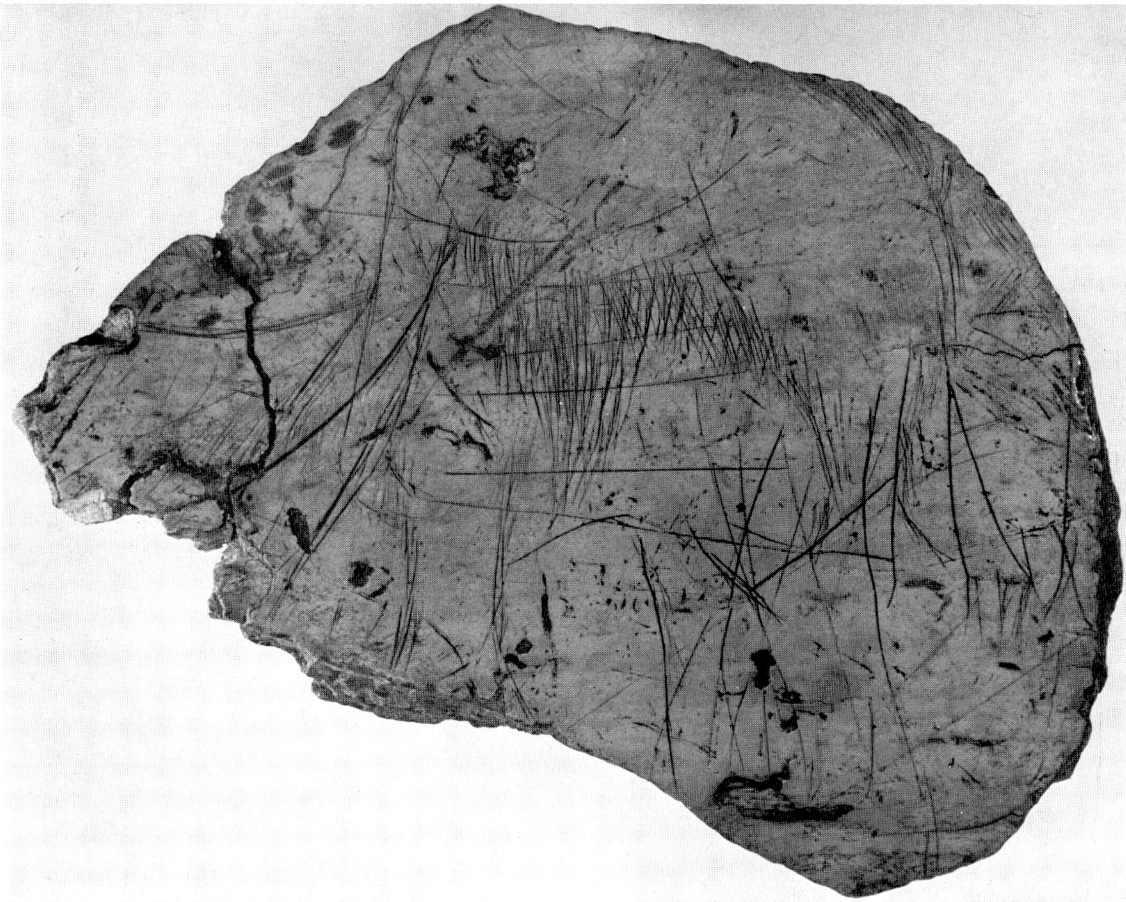

1

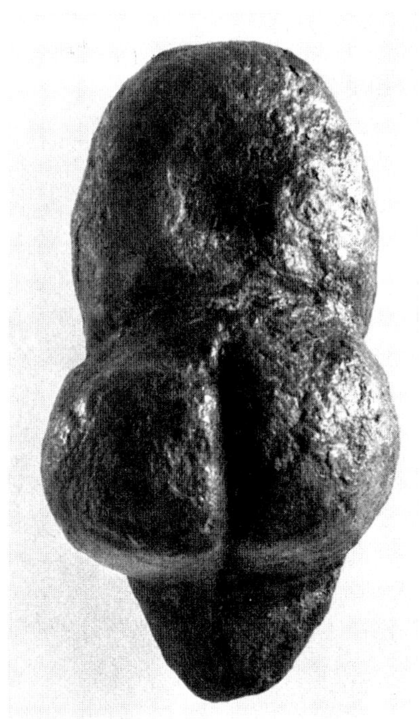

2

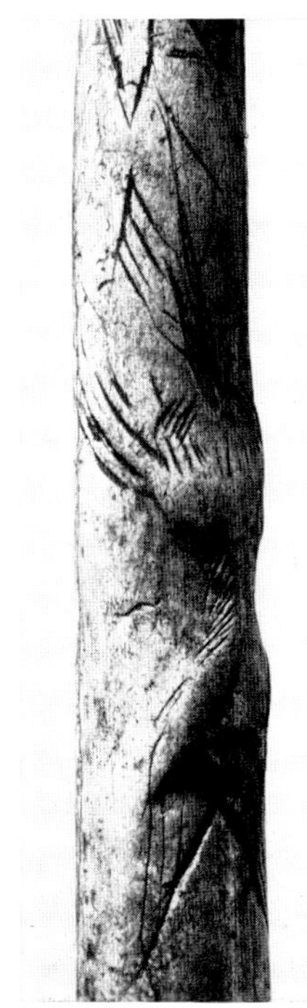

3

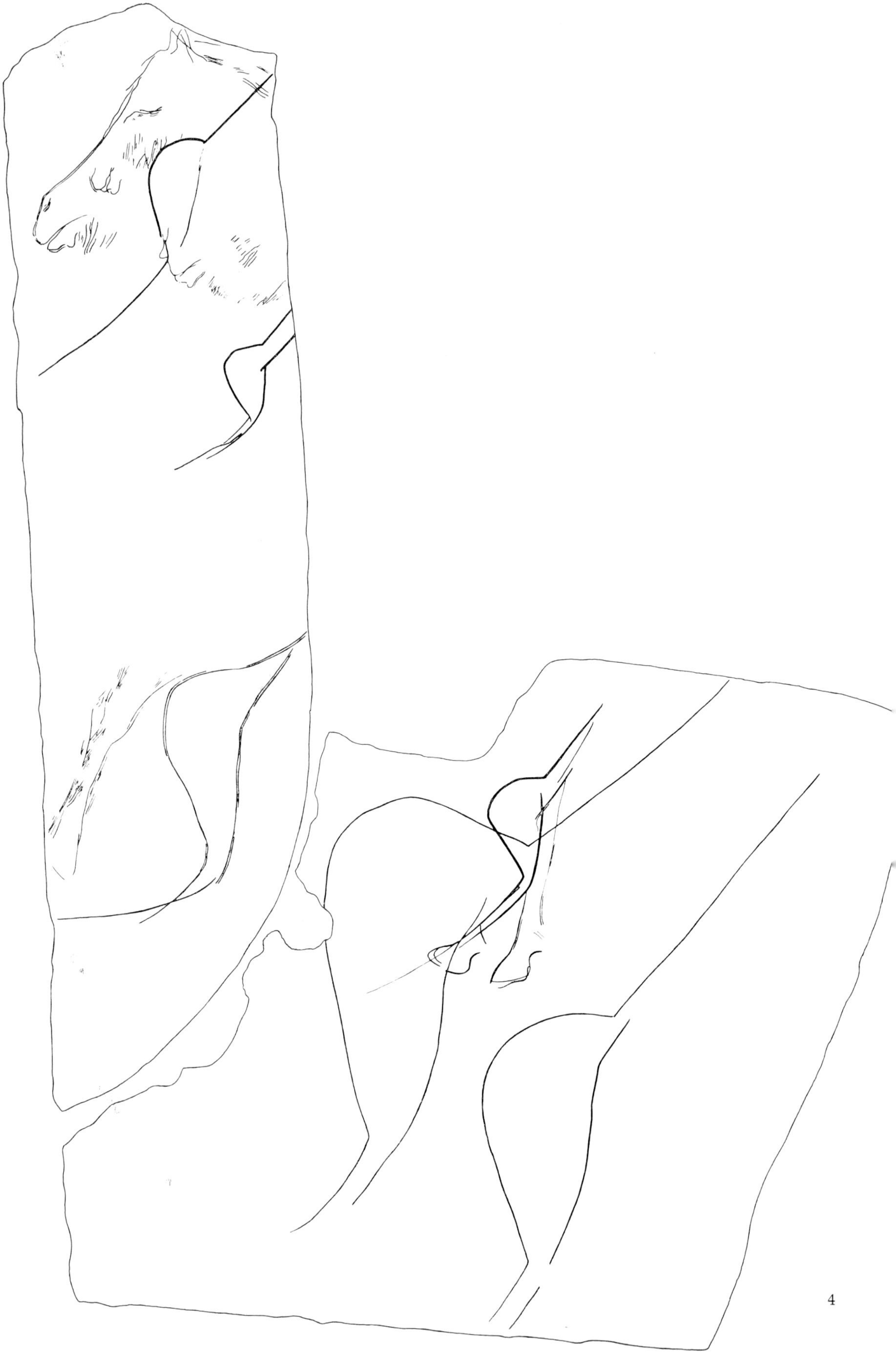

4

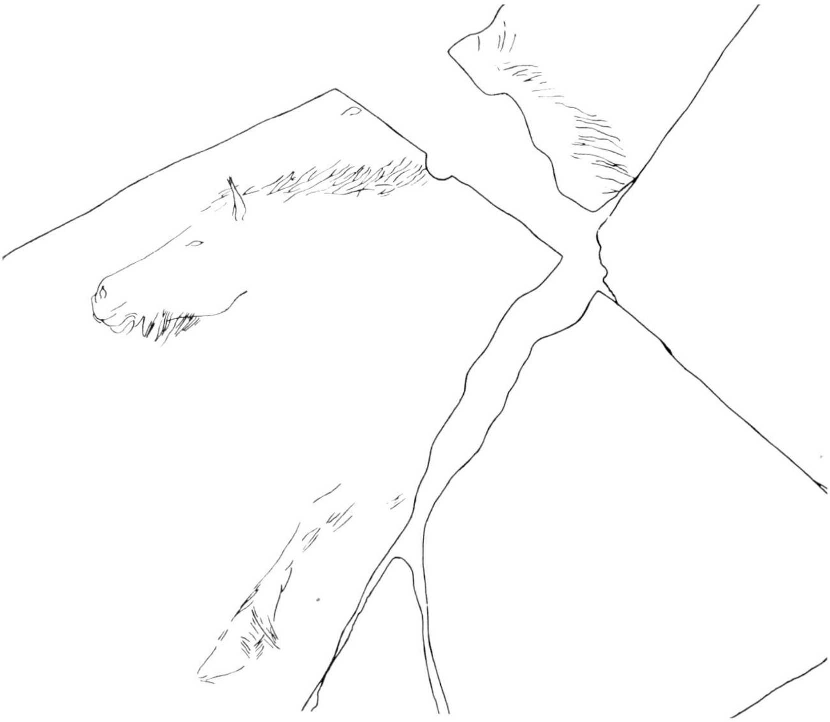

5

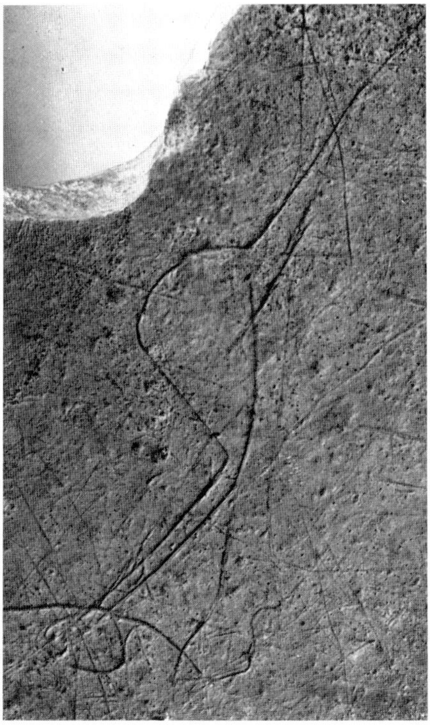

6

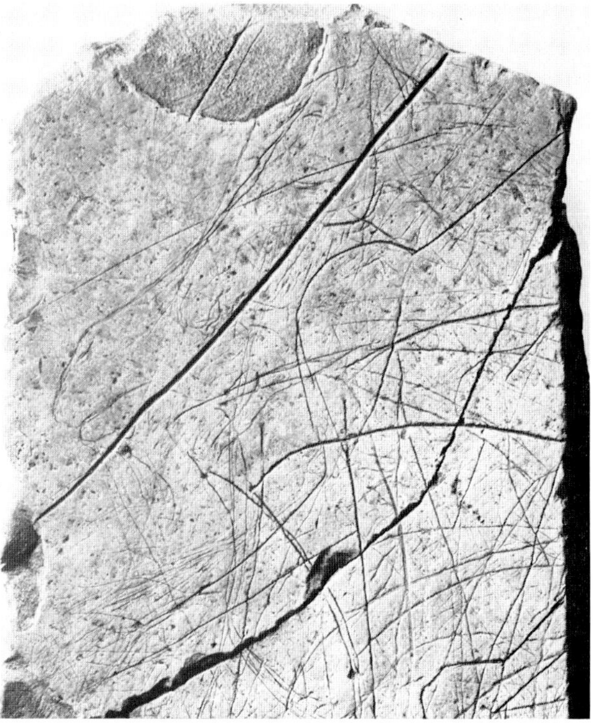

7

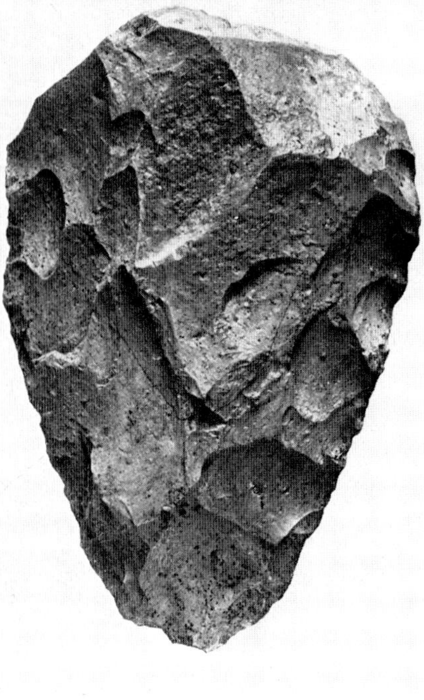

8

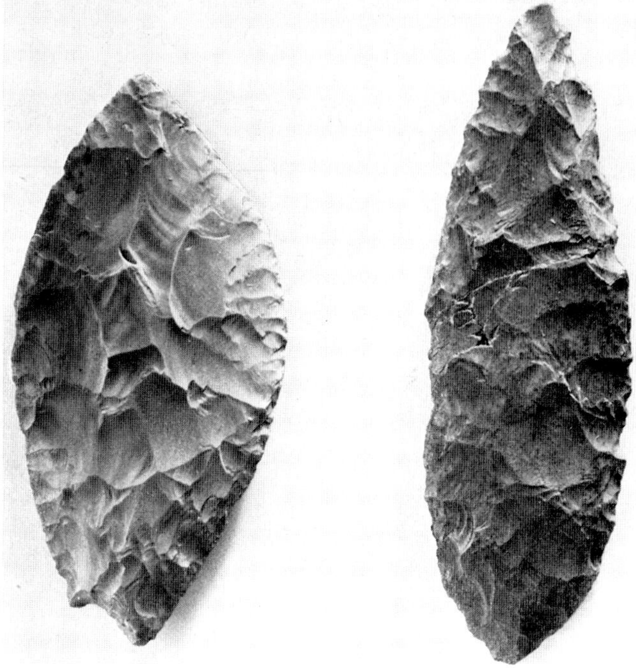

9

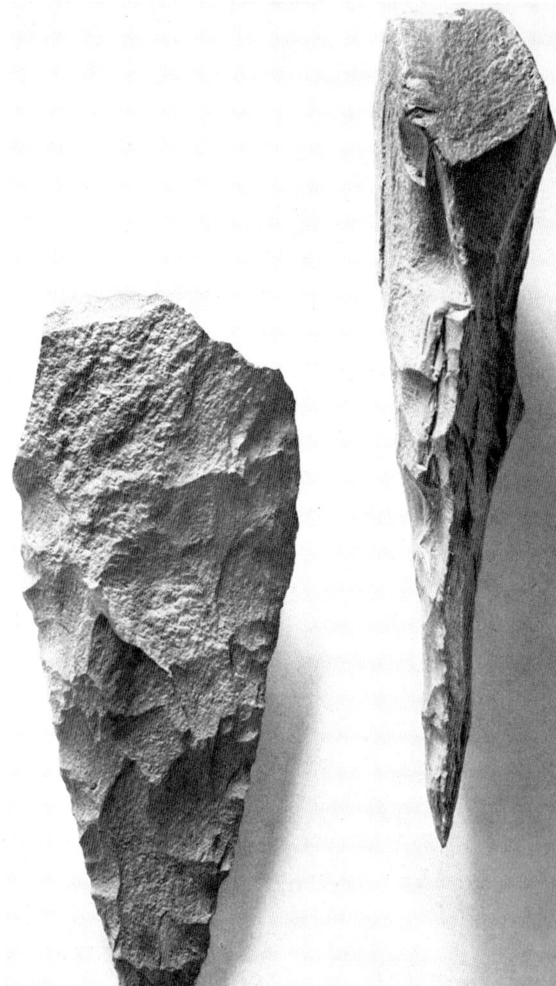

10

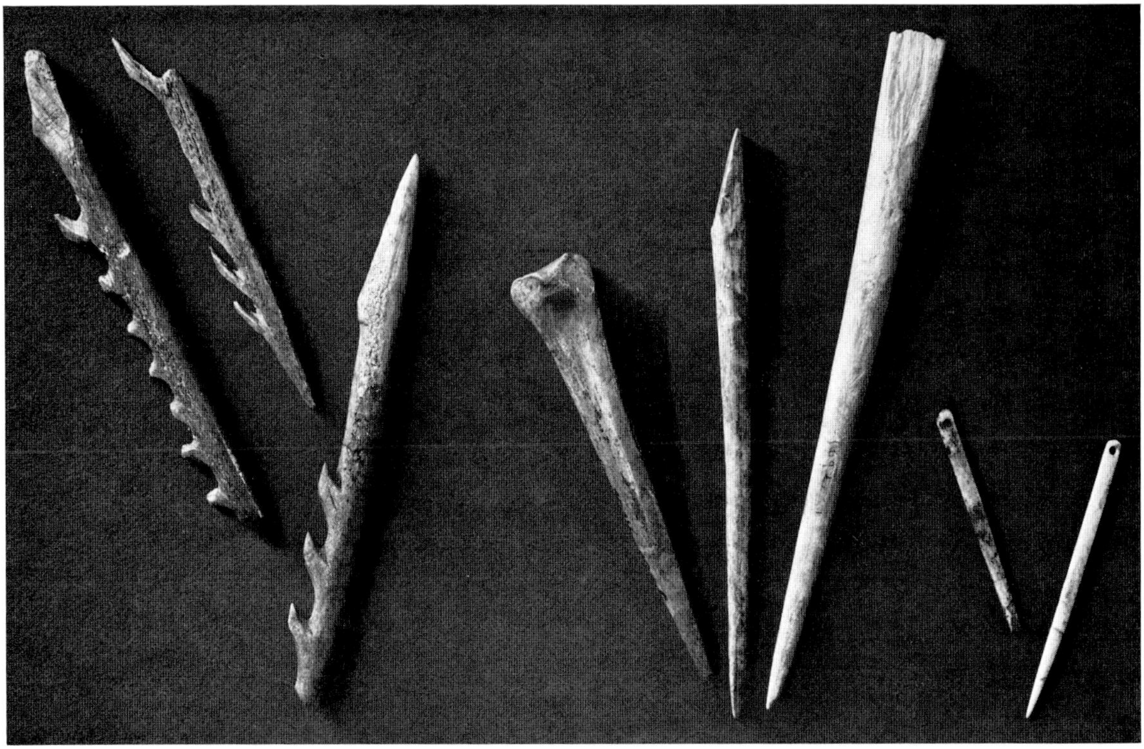

11

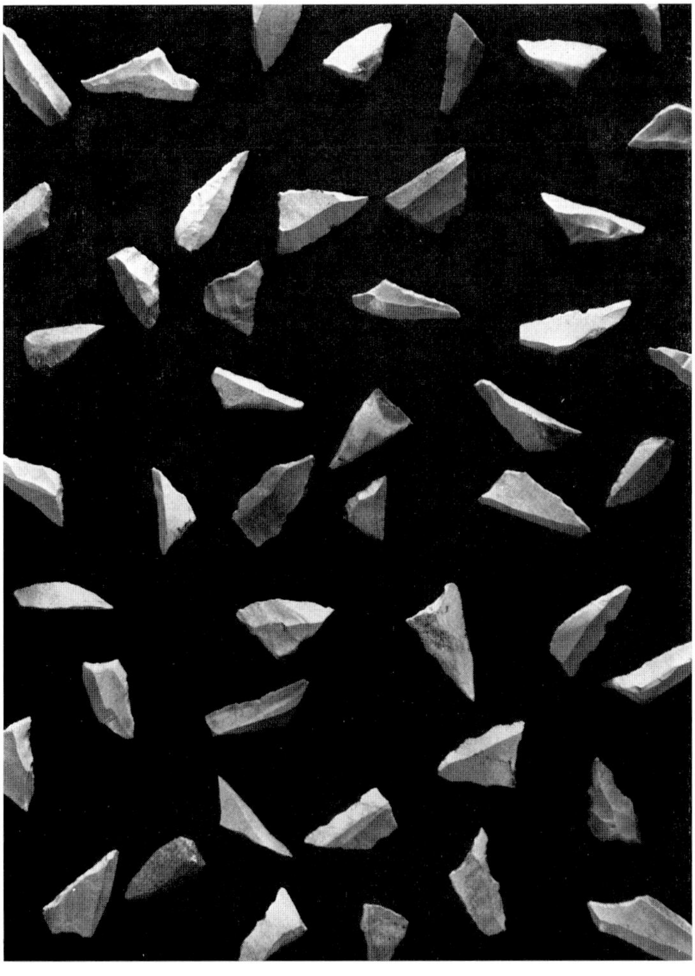

12

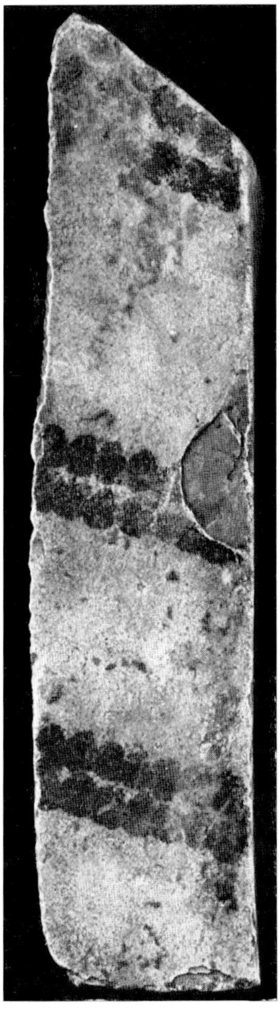

13

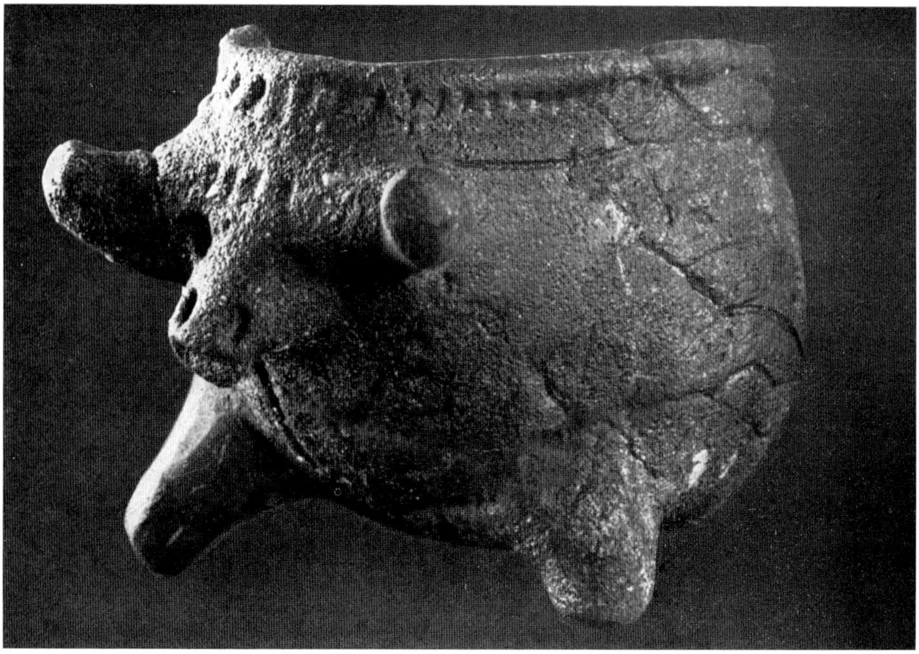

14

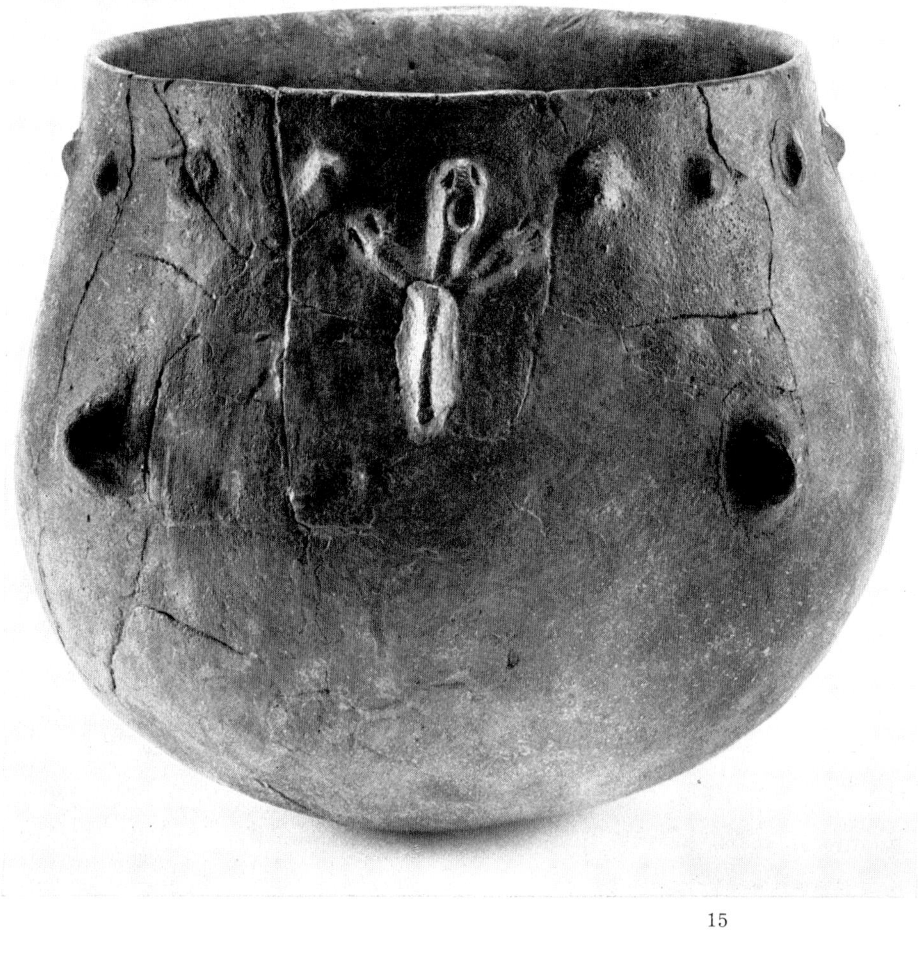

15

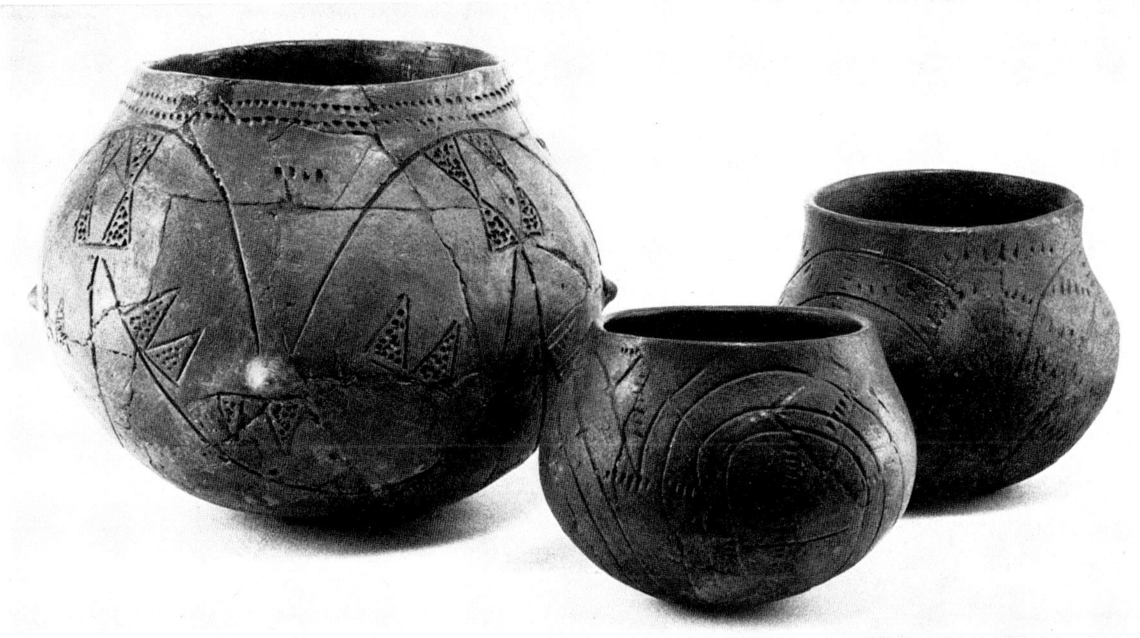
16

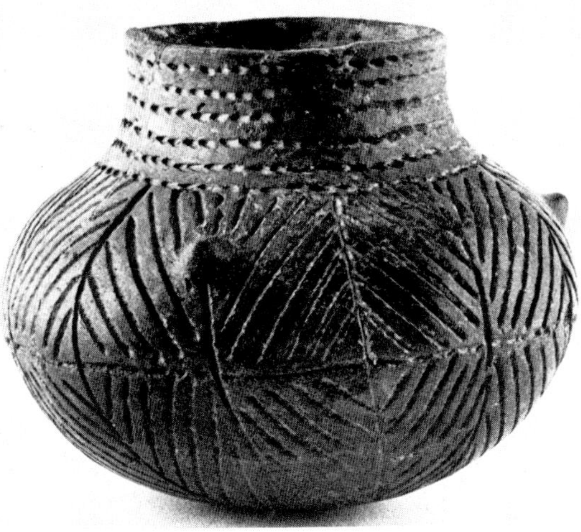
17

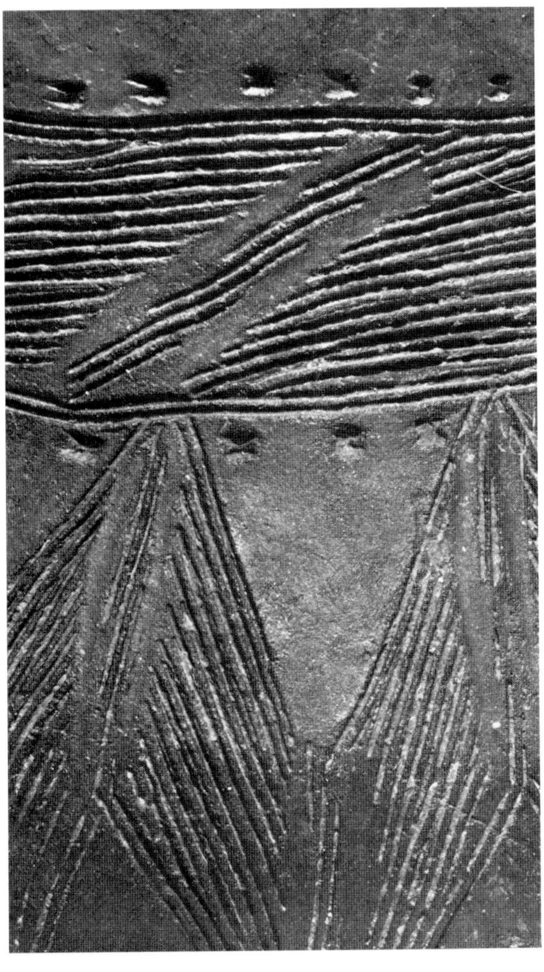
18

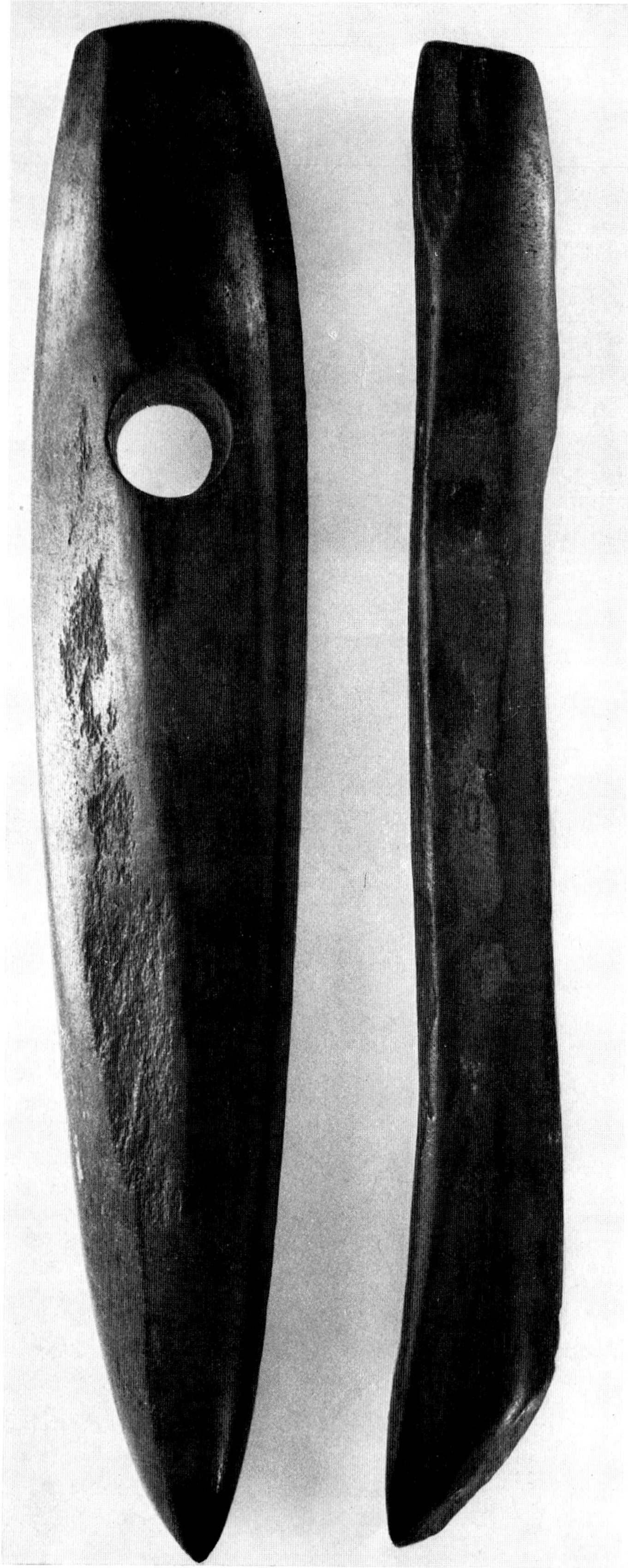

19

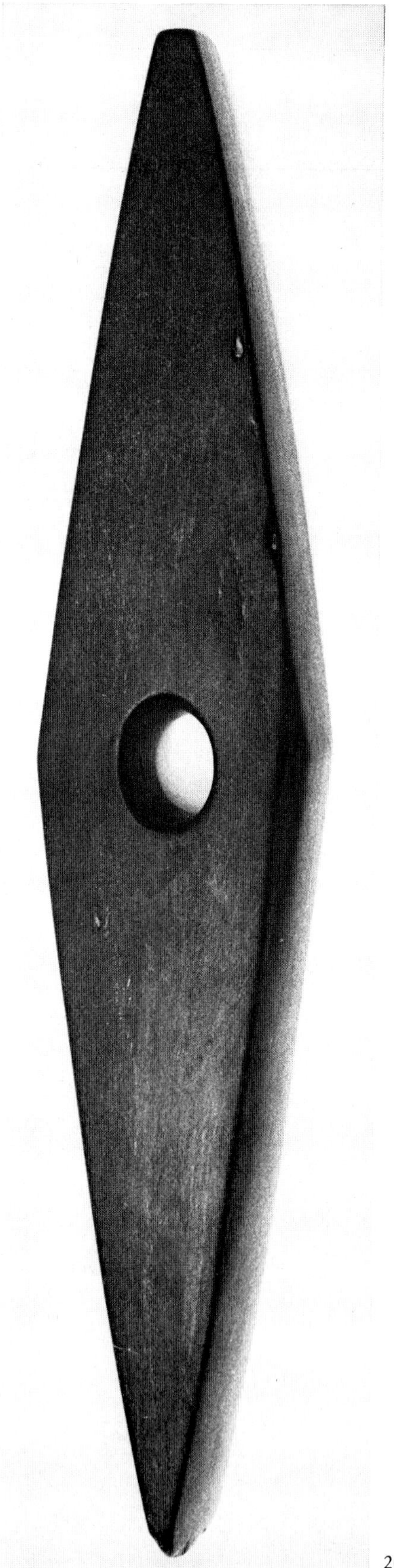

20

21

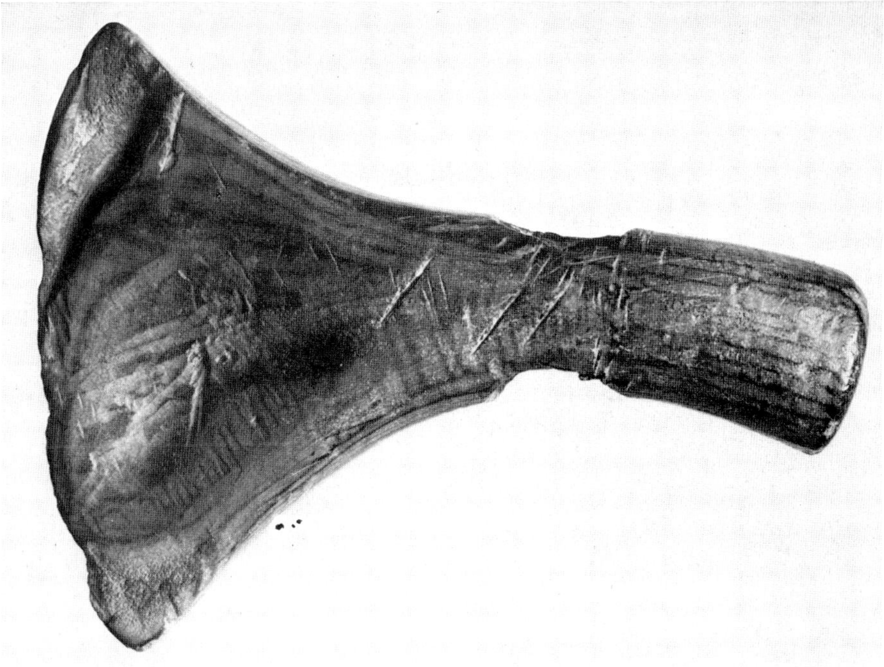

22

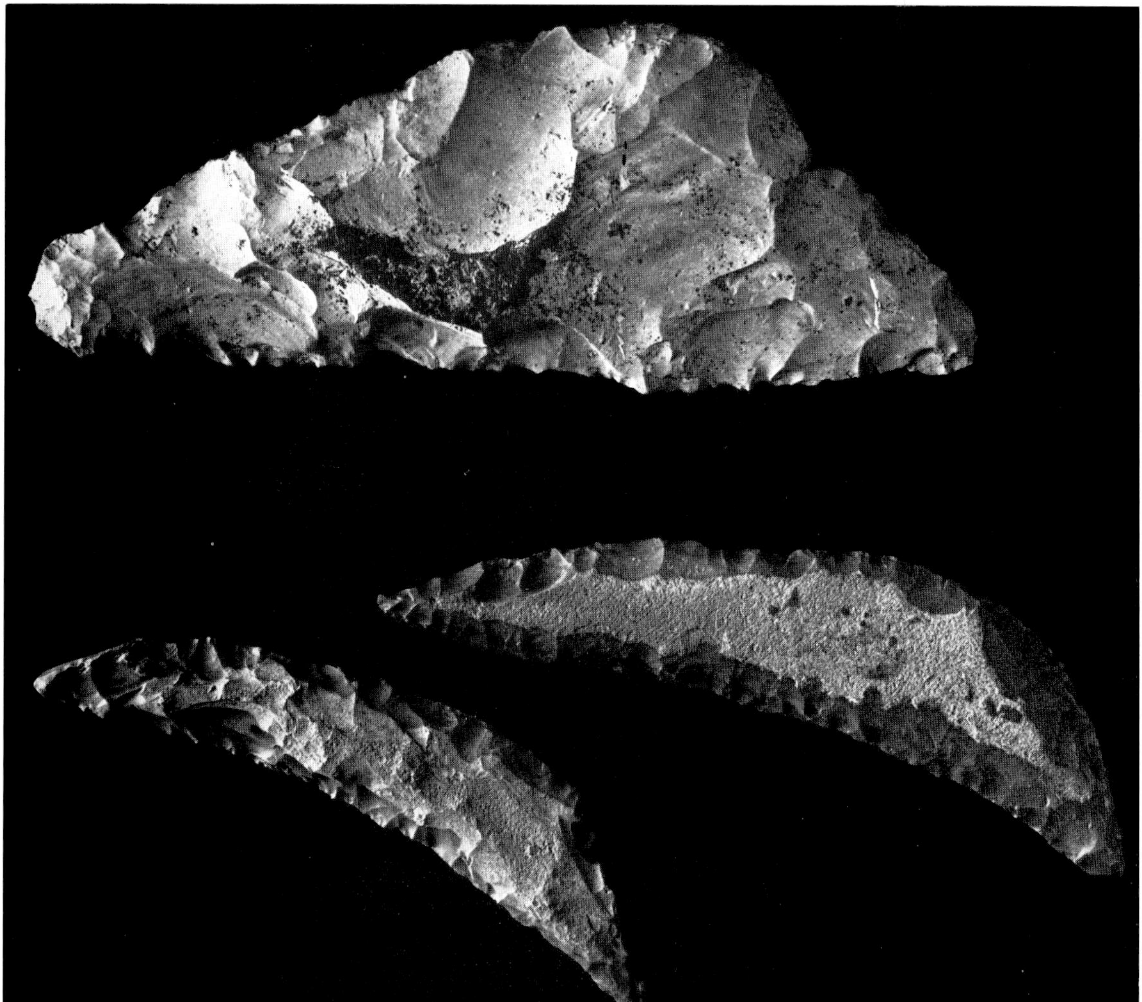

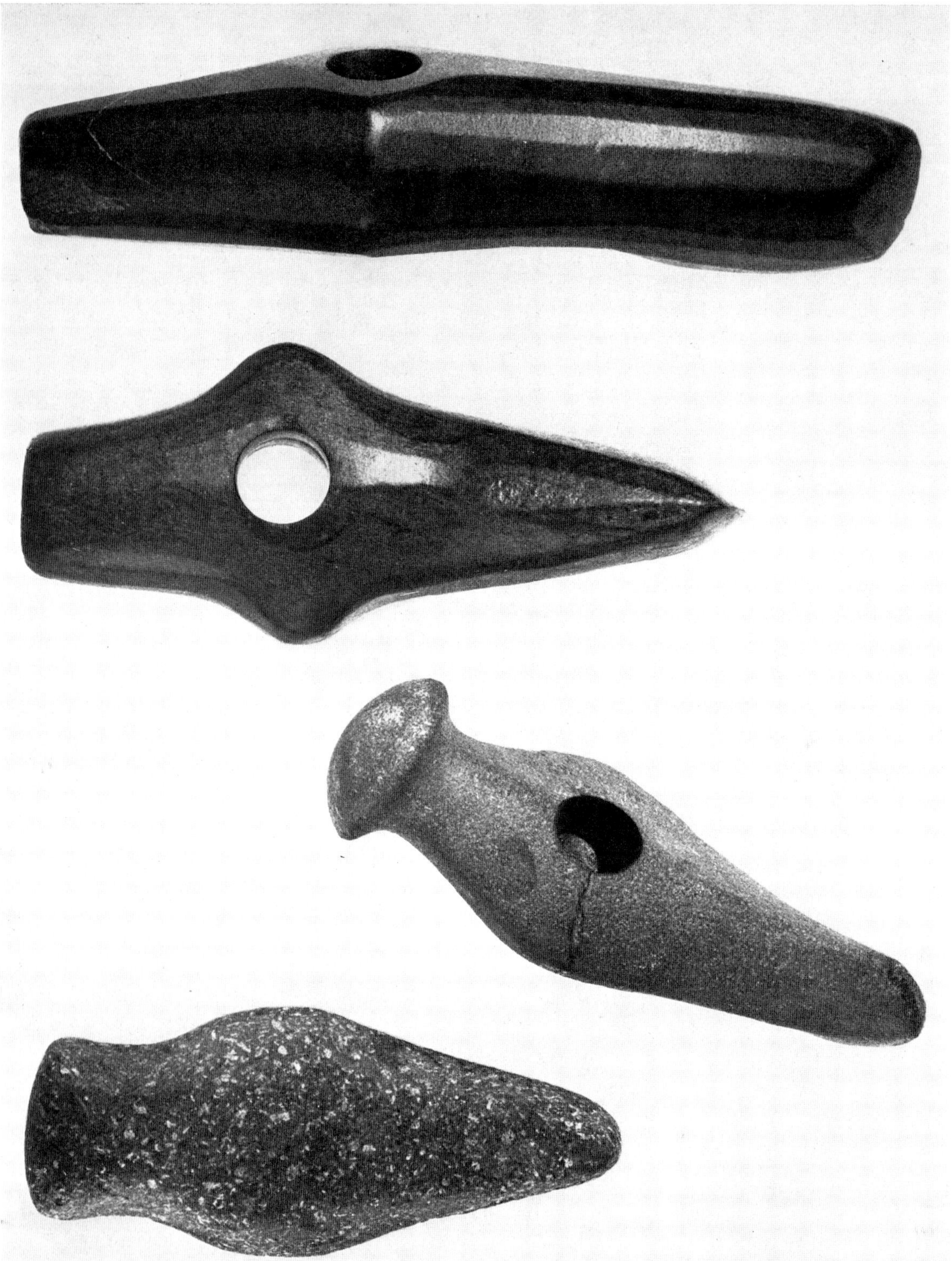

23

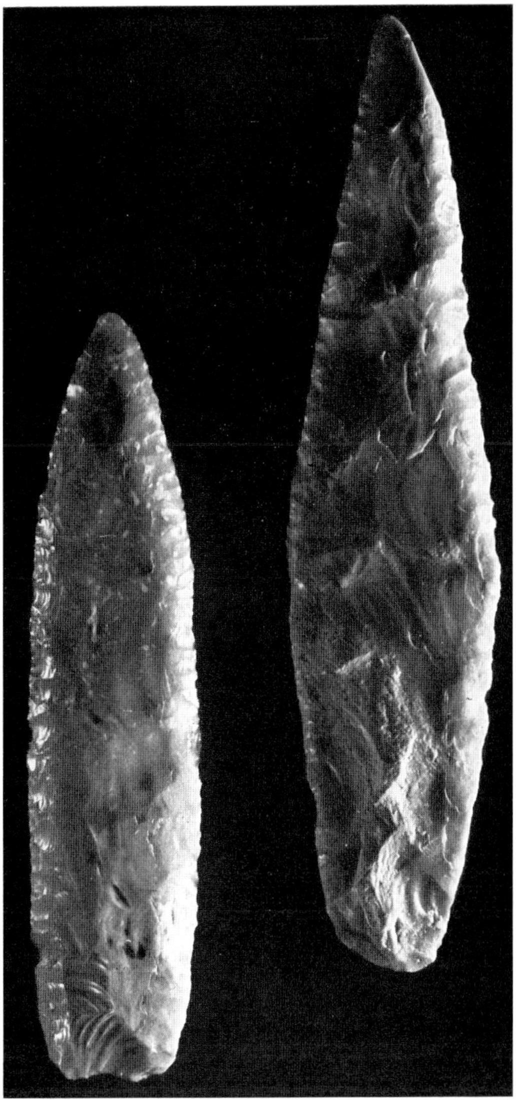

24

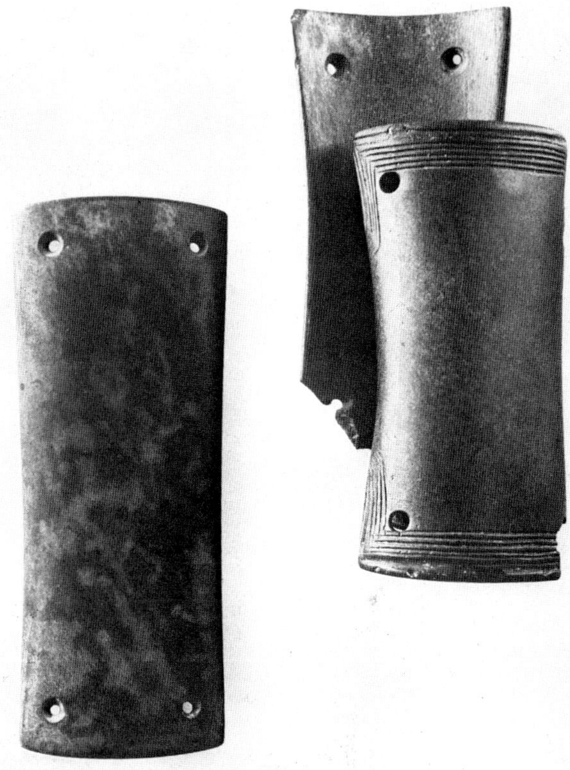

25

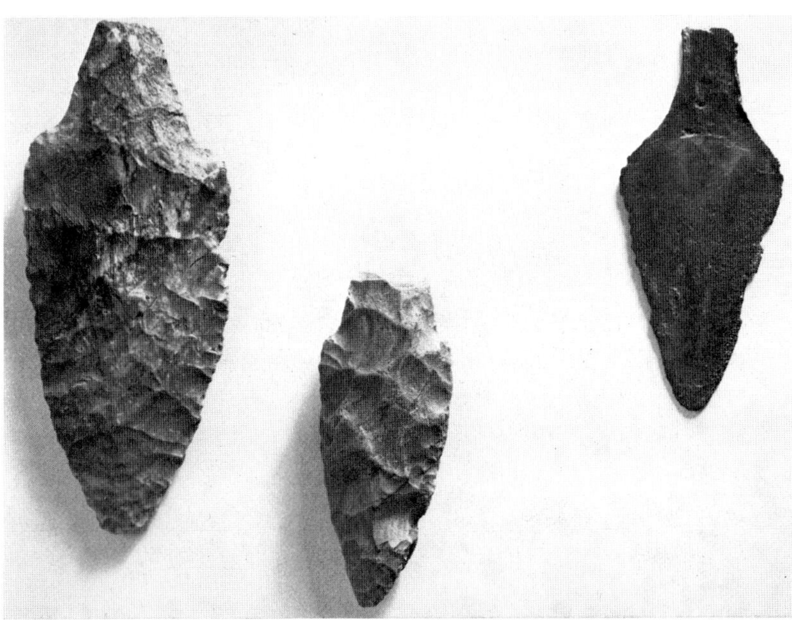

26

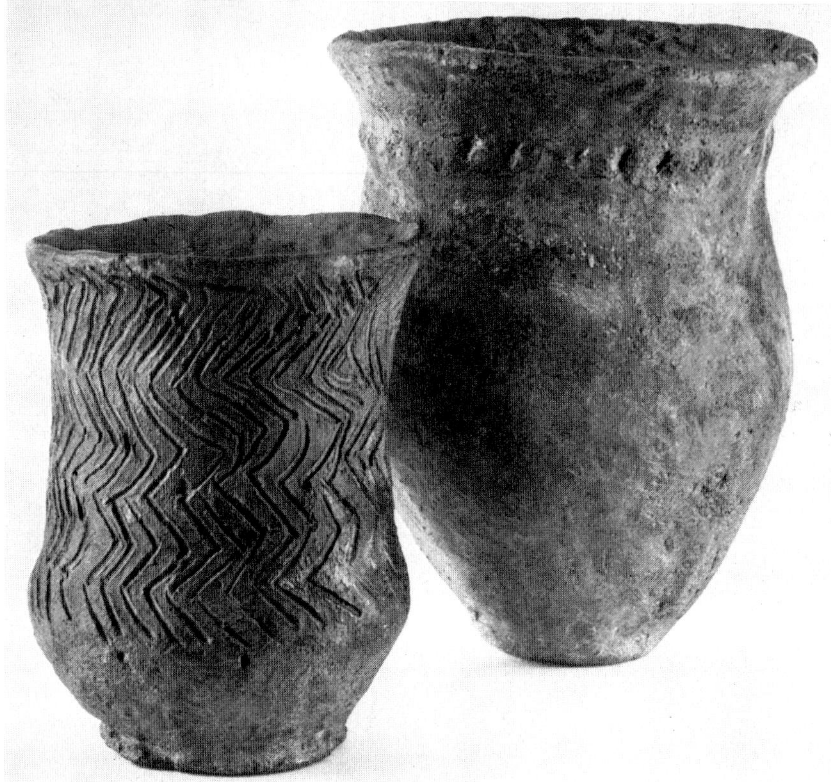
27

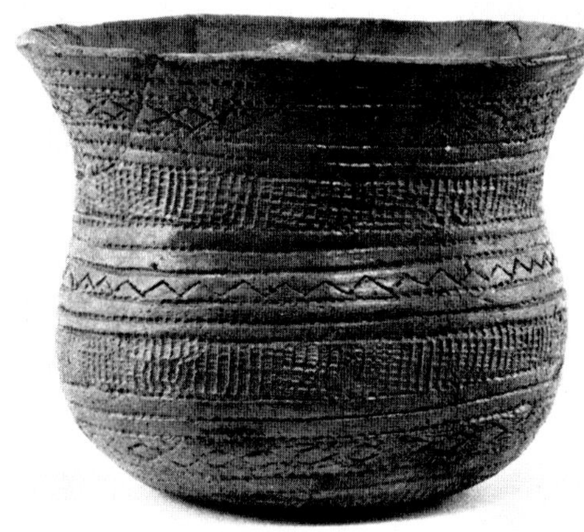
29

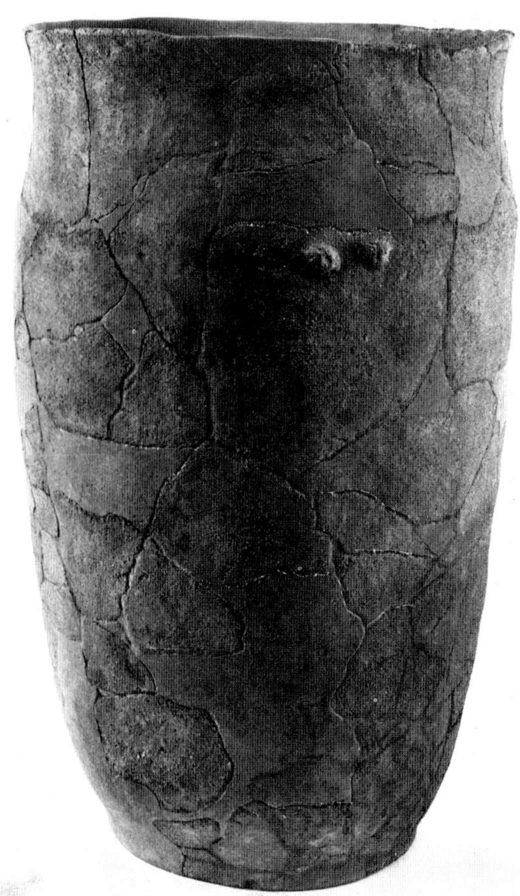
28

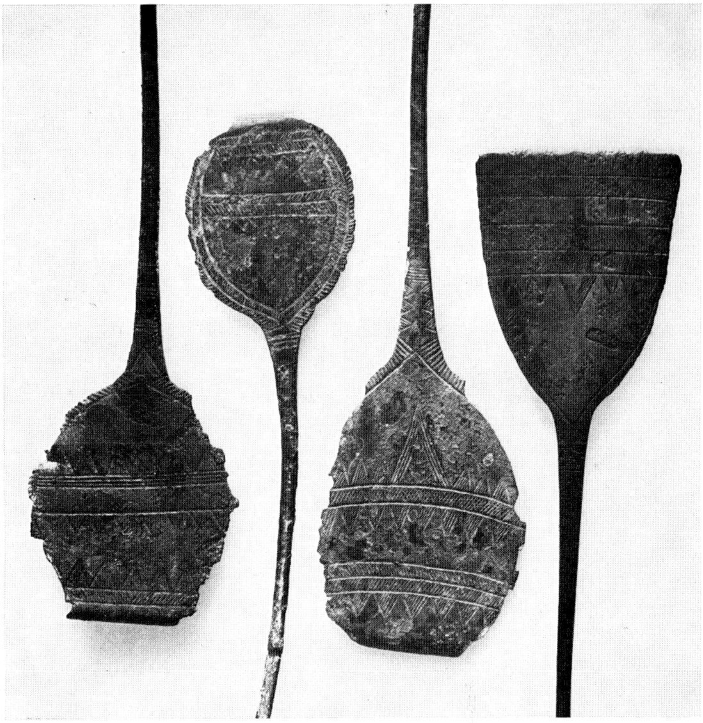

30

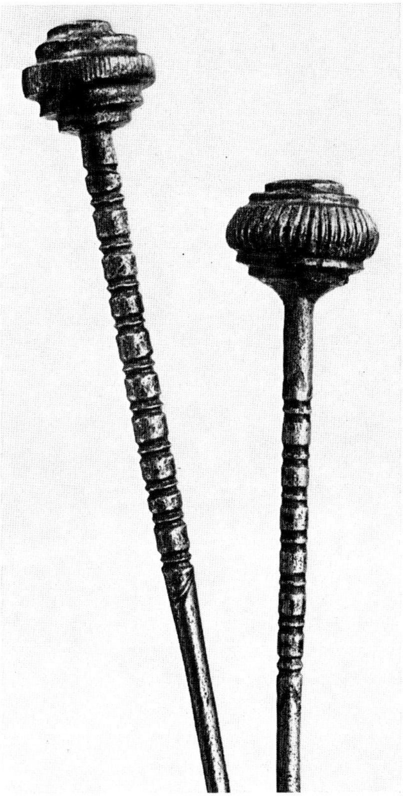

31

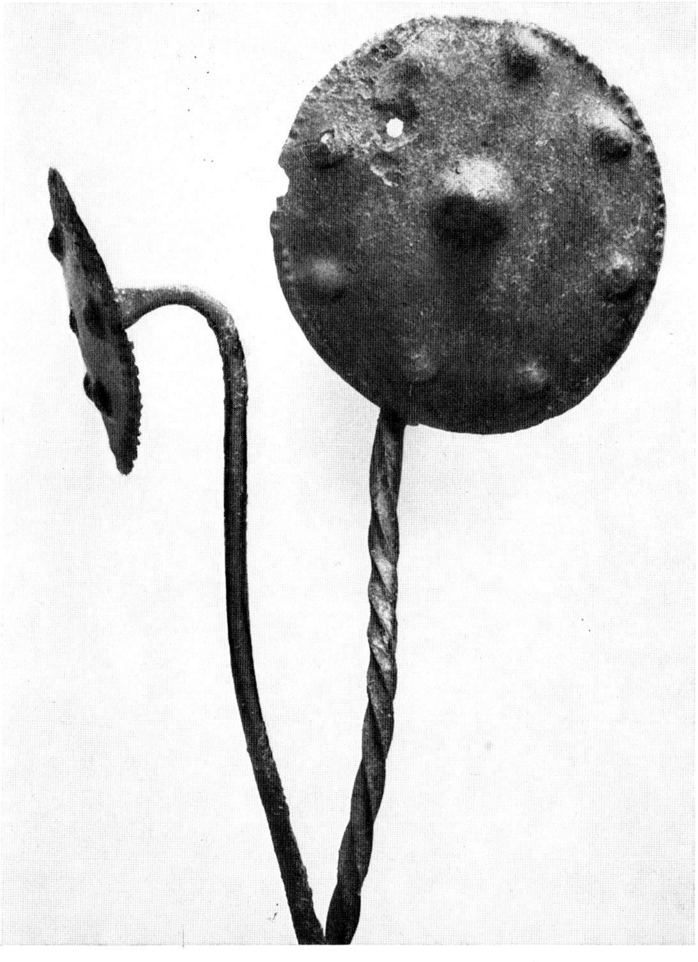

32

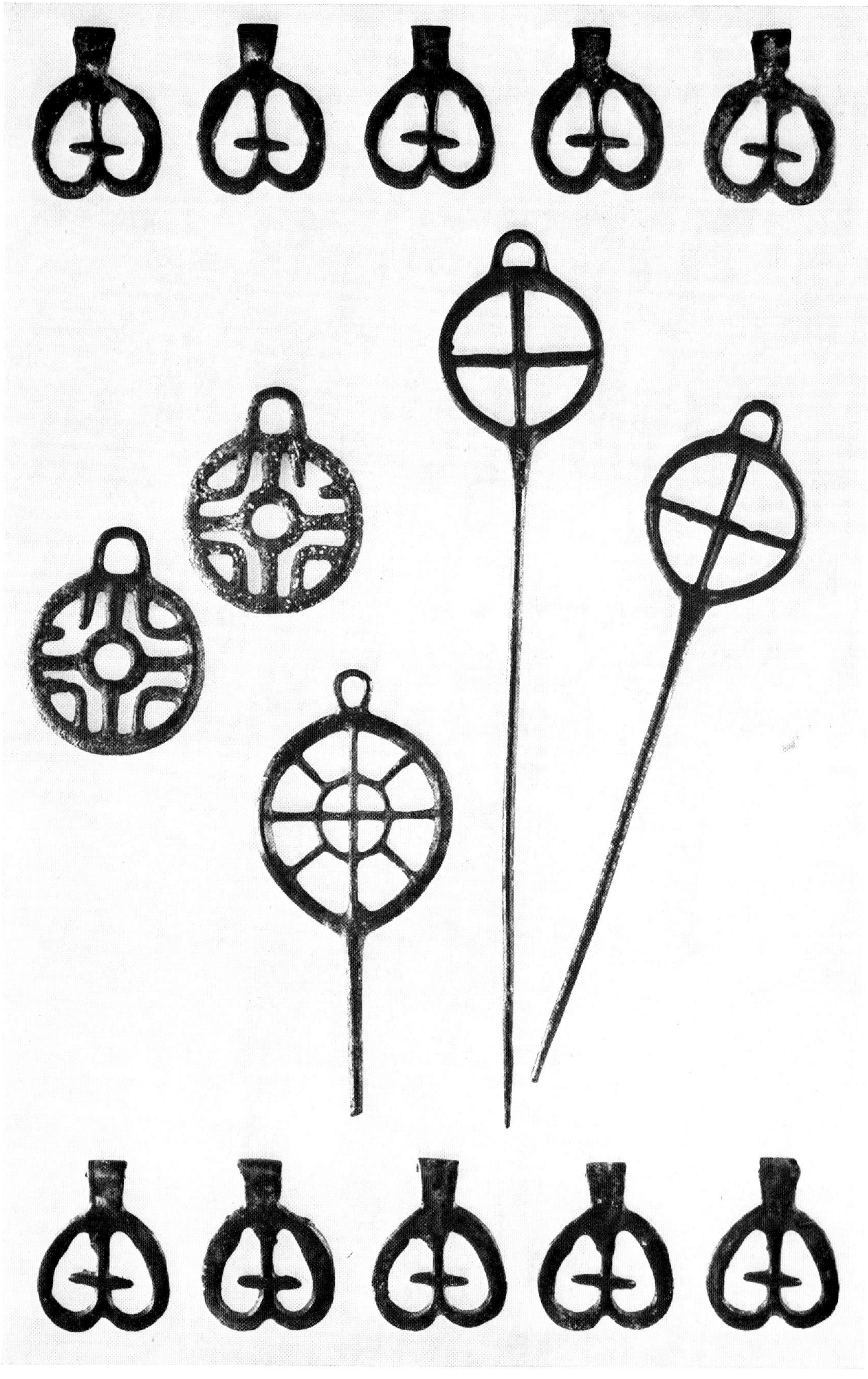

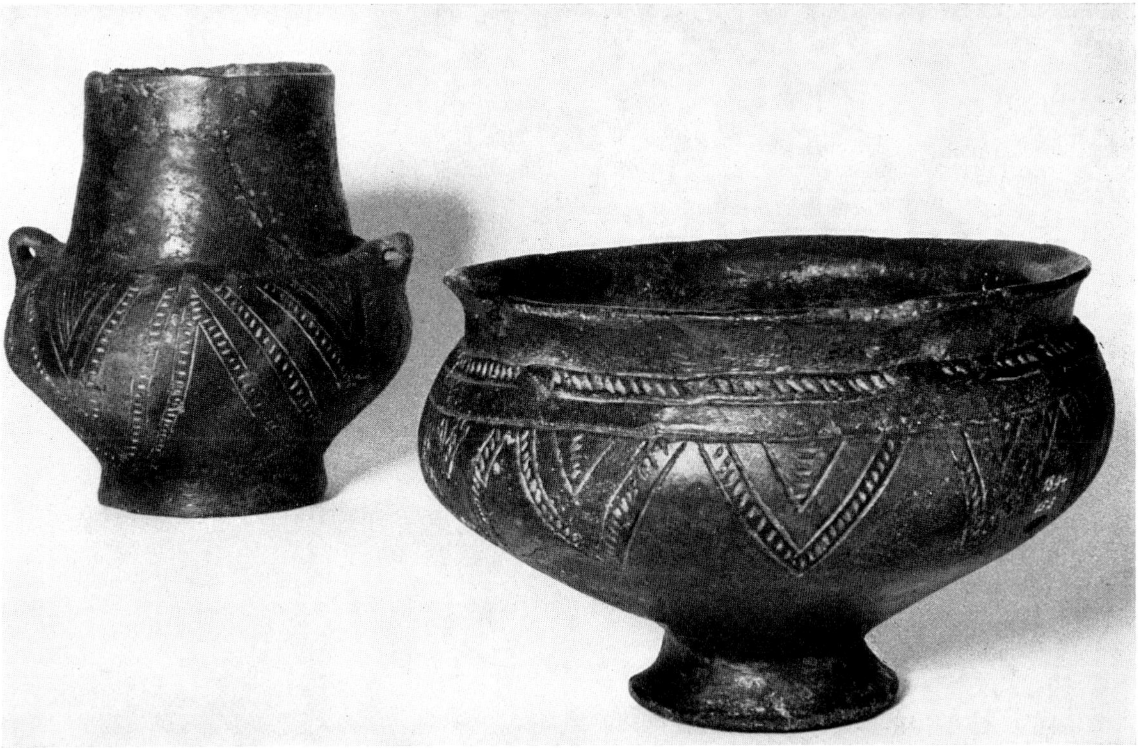

34

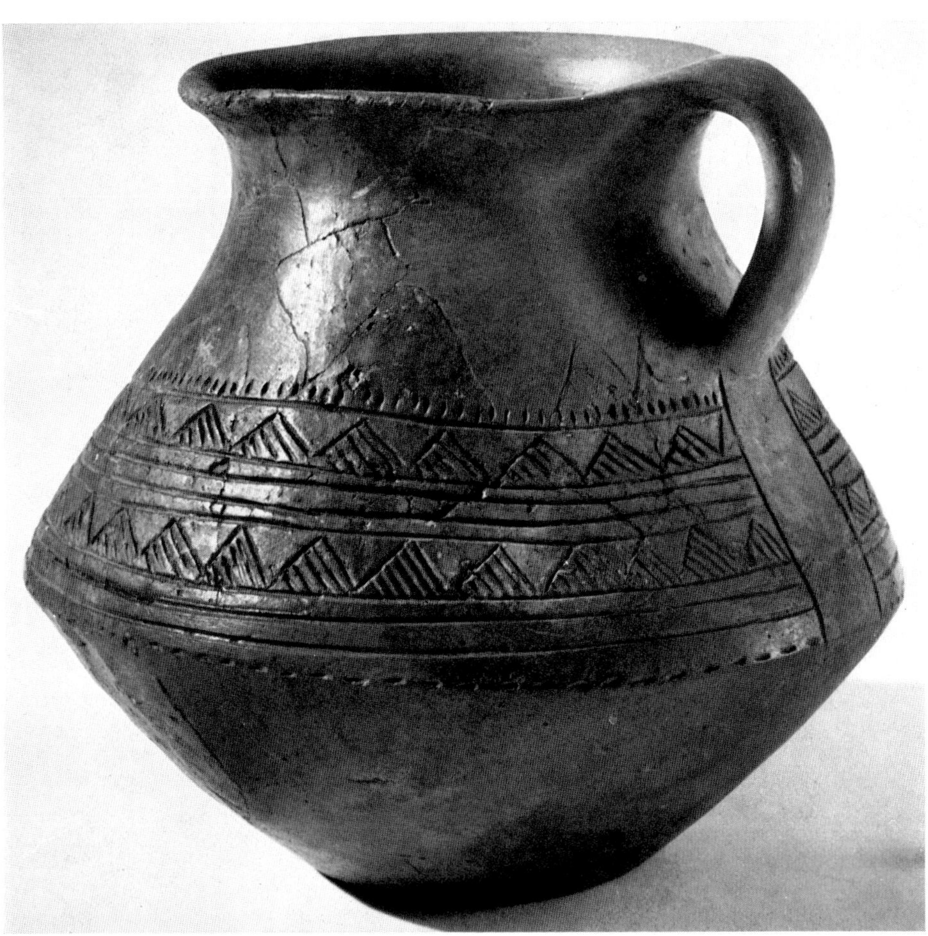

35

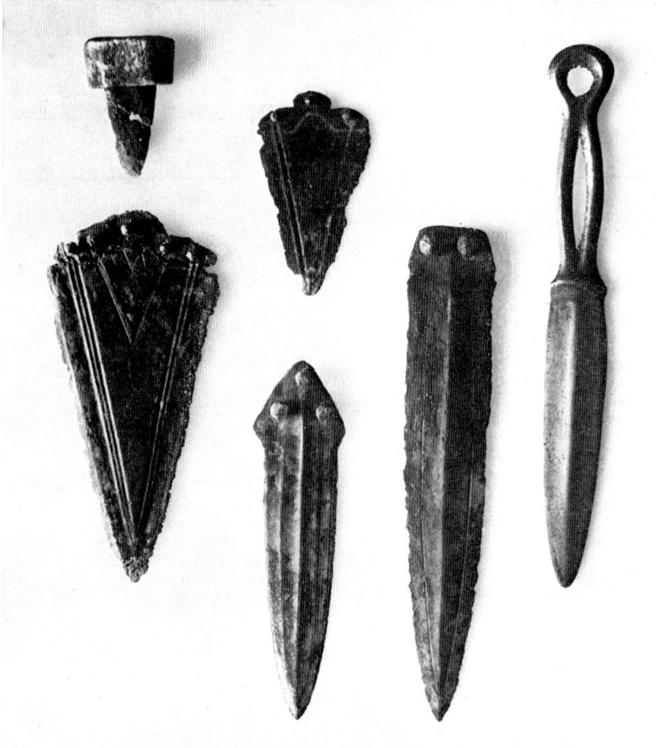

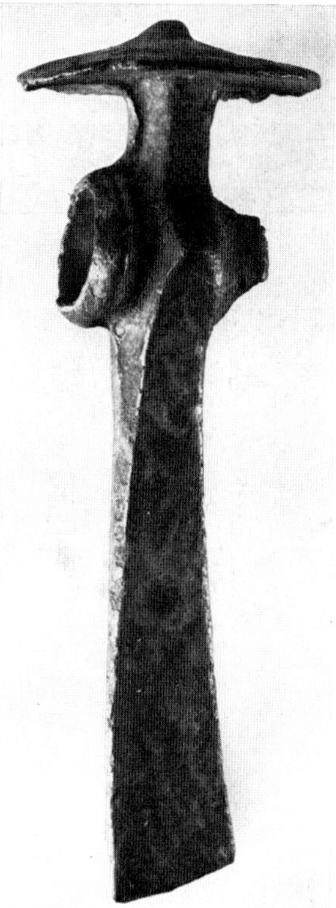

37

36

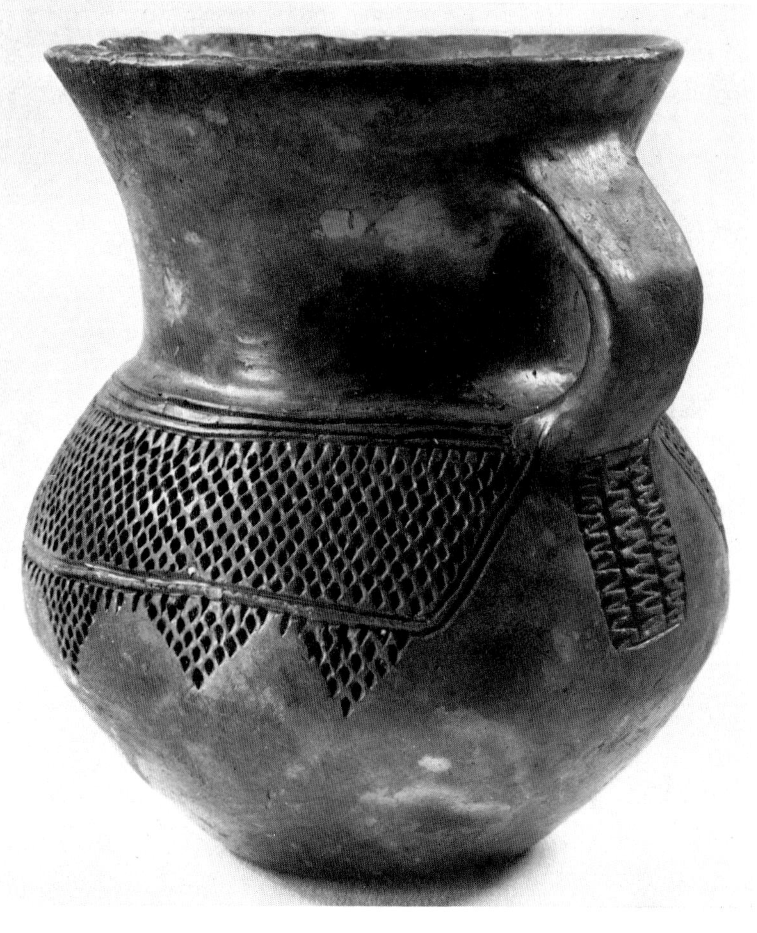

38

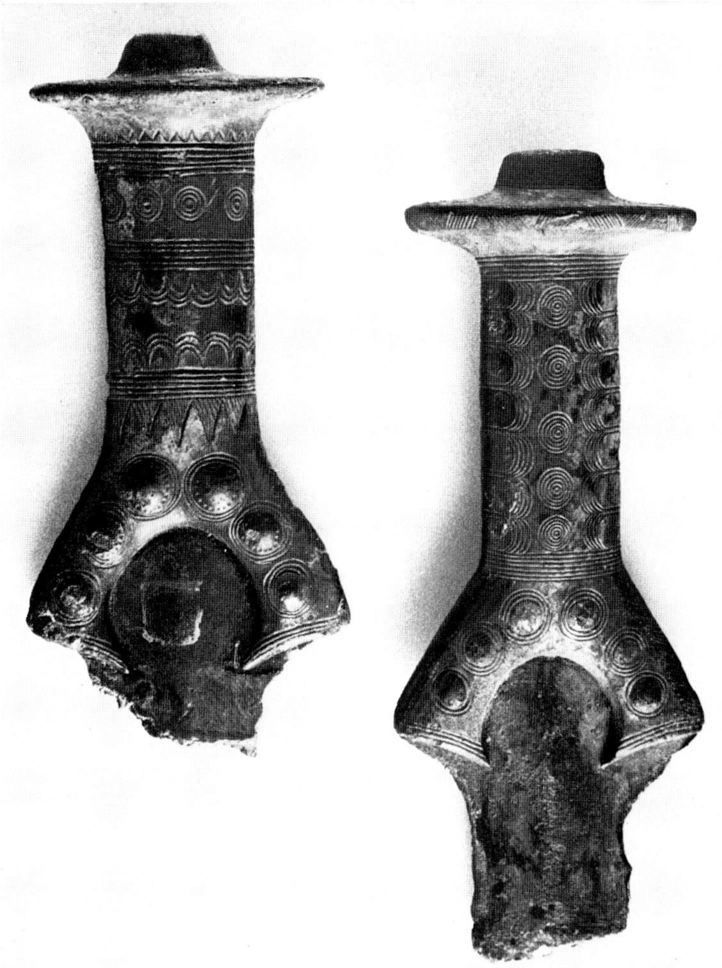

39

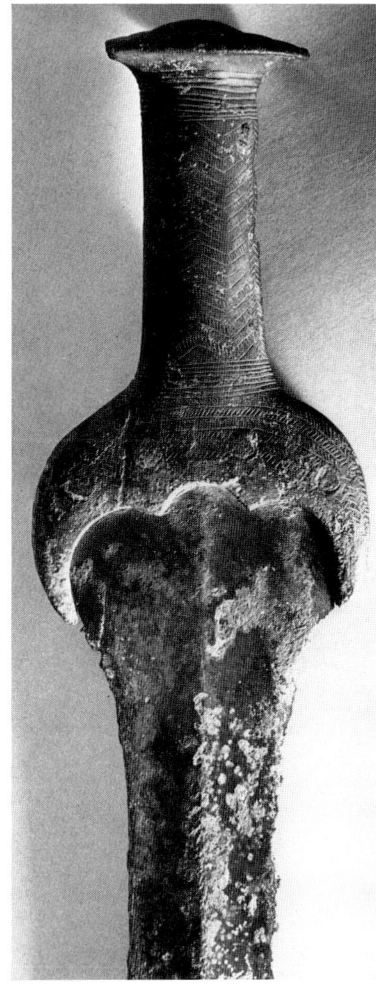

40

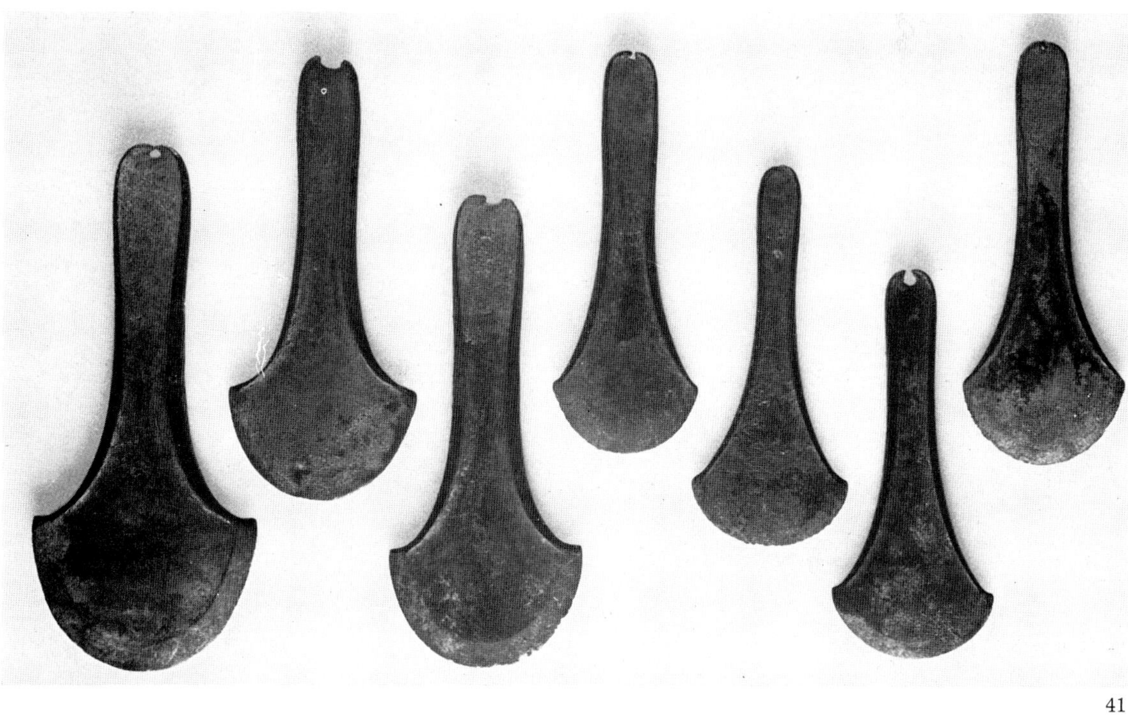

41

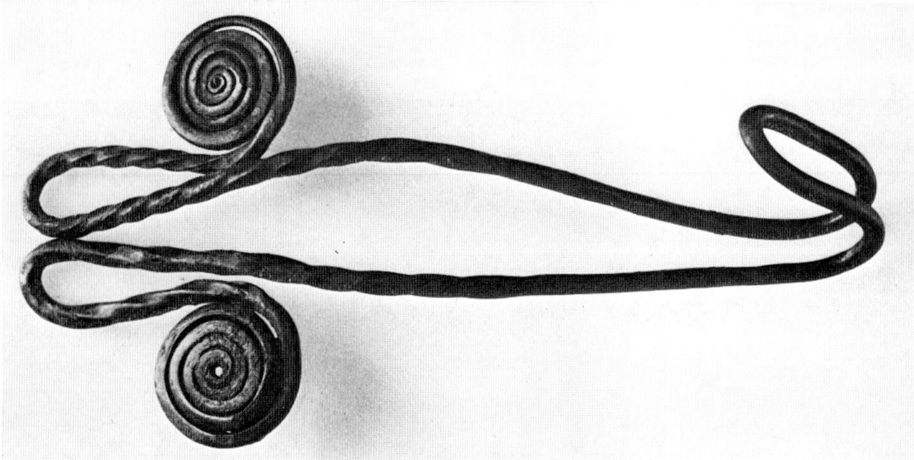

42

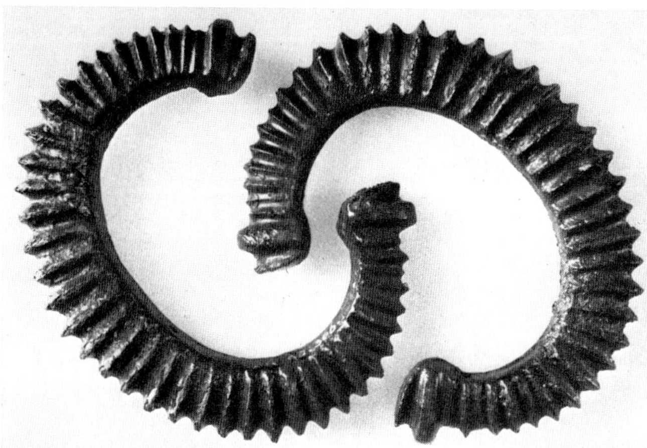

43

44

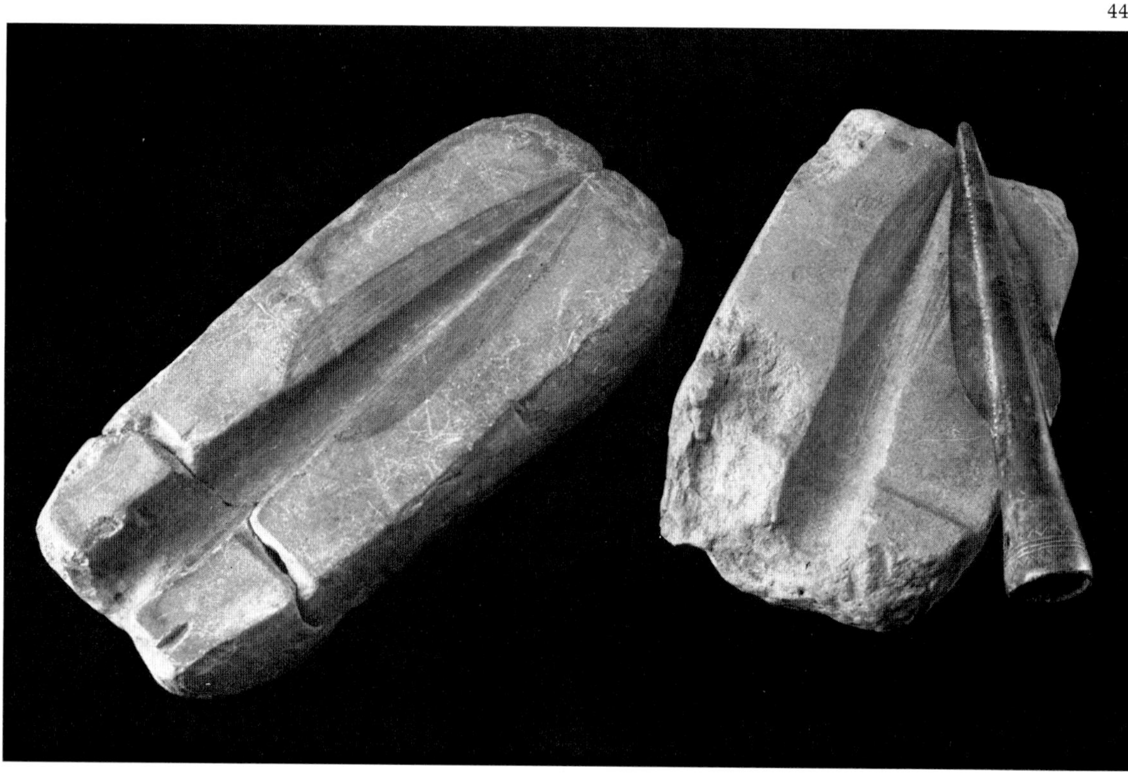

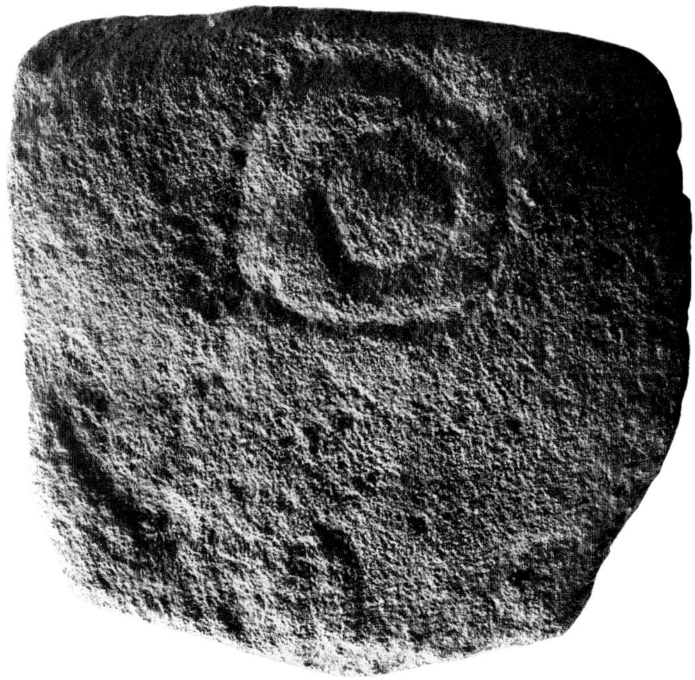

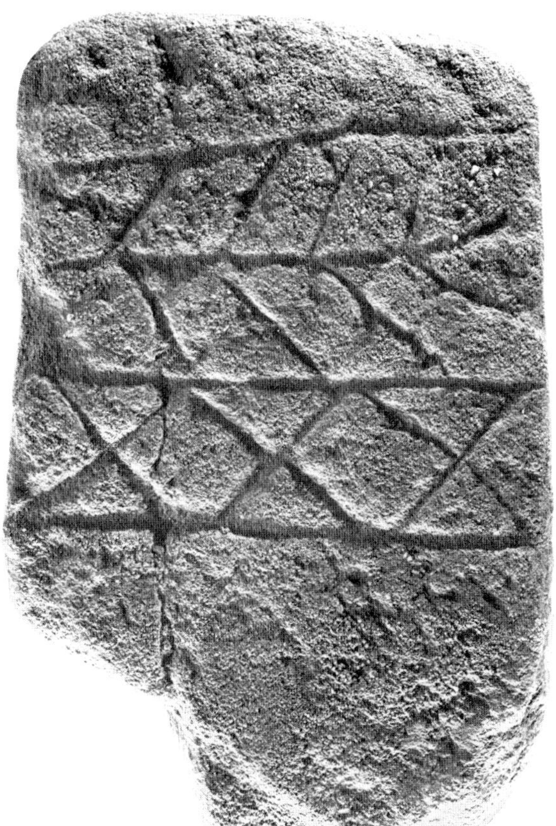

45

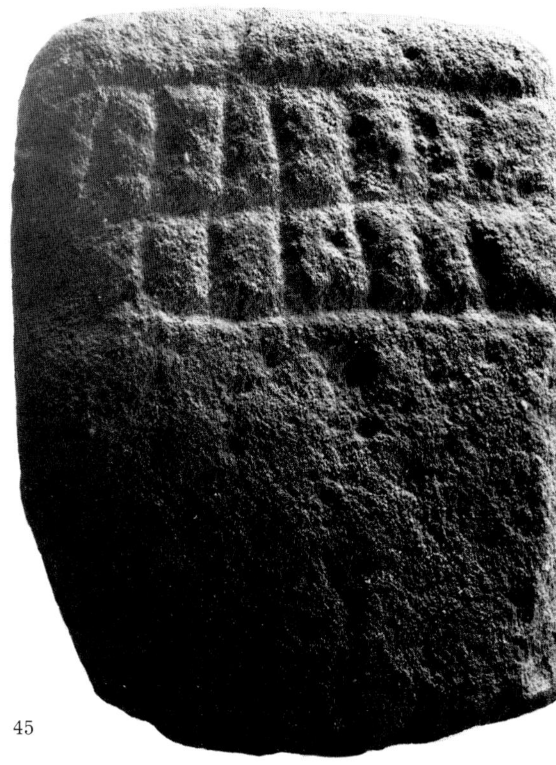

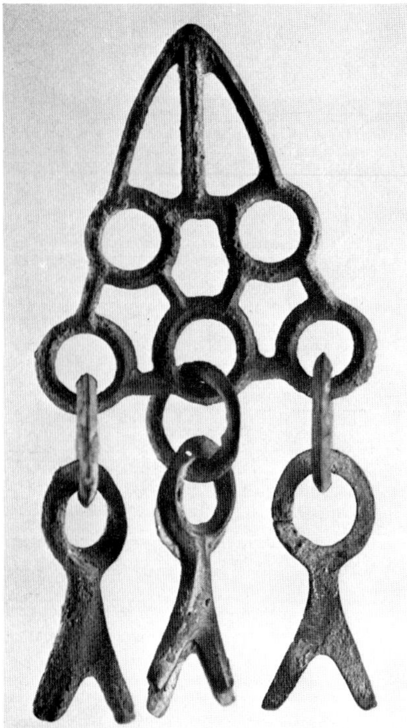

46

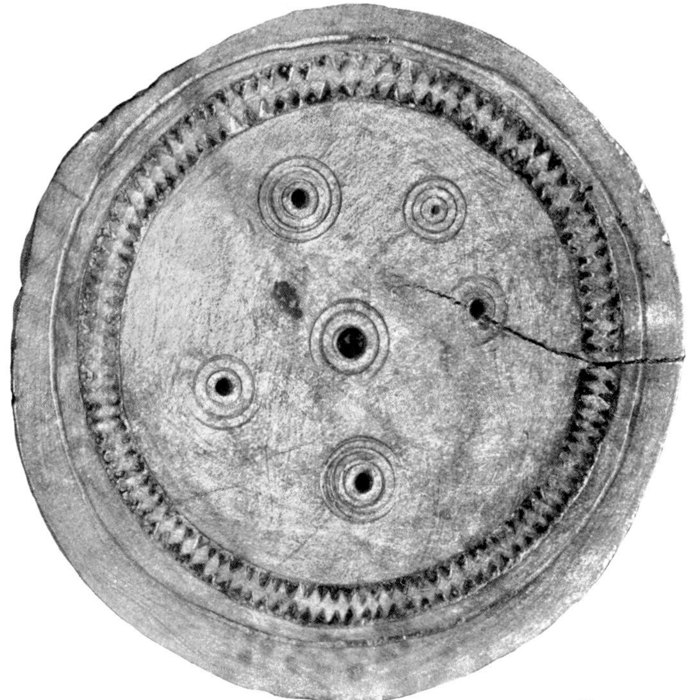

47

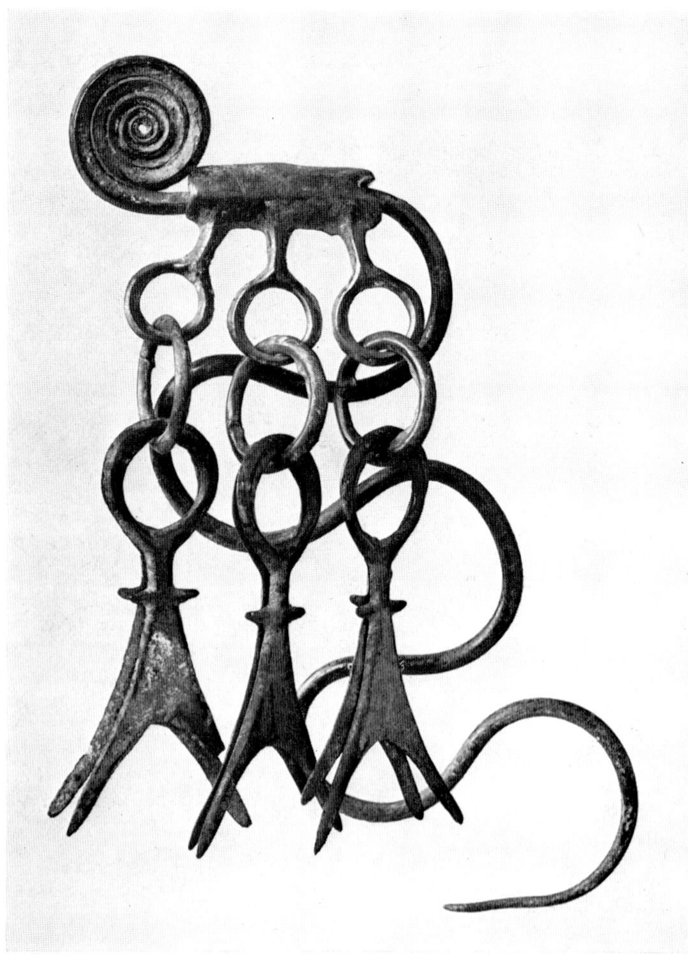

48

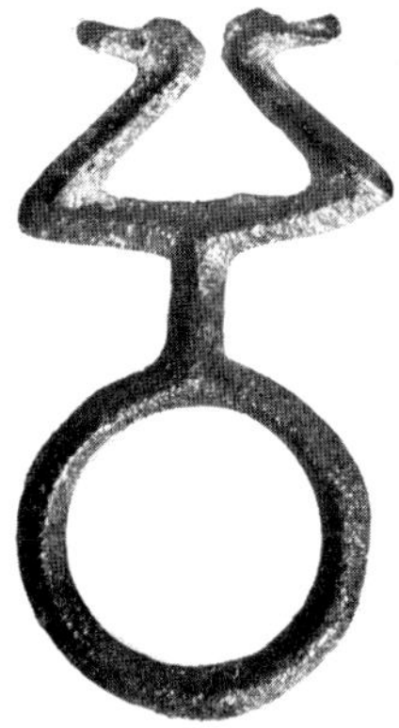

49

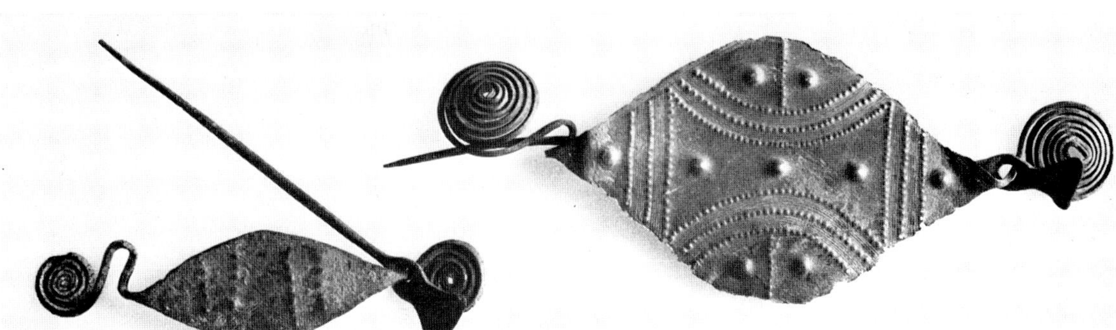

50

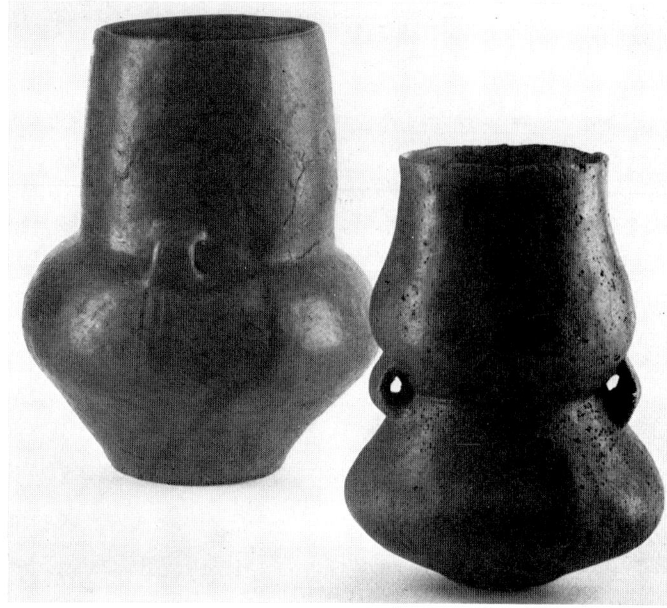

51

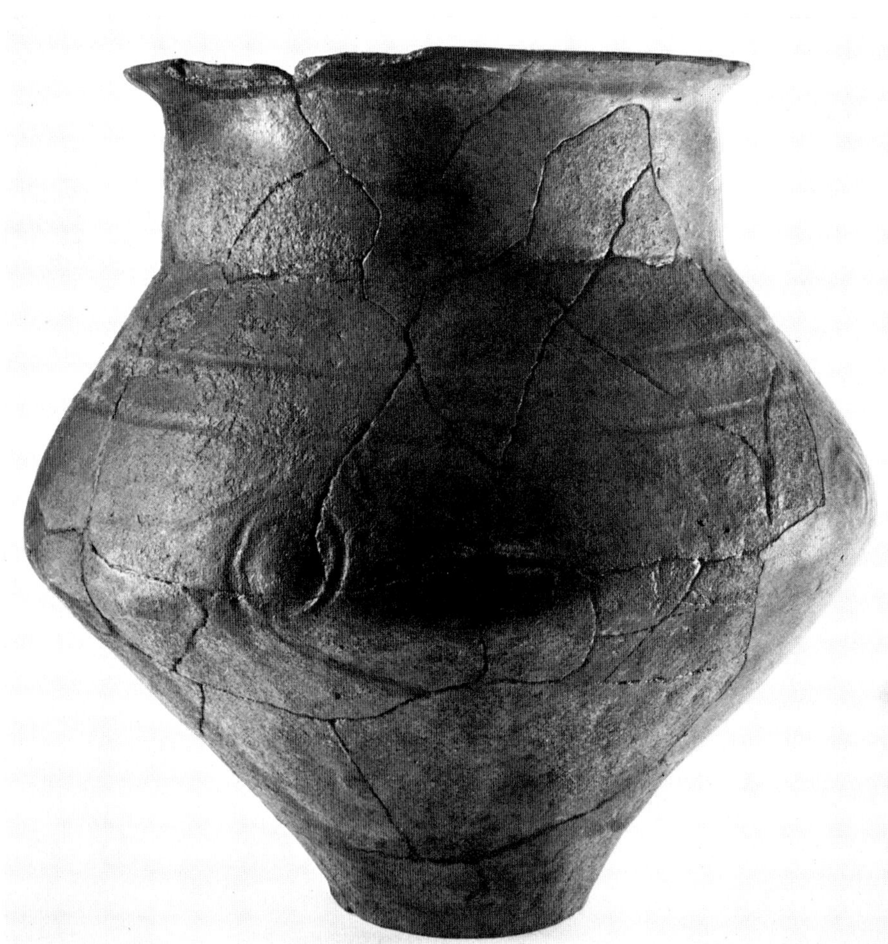

52

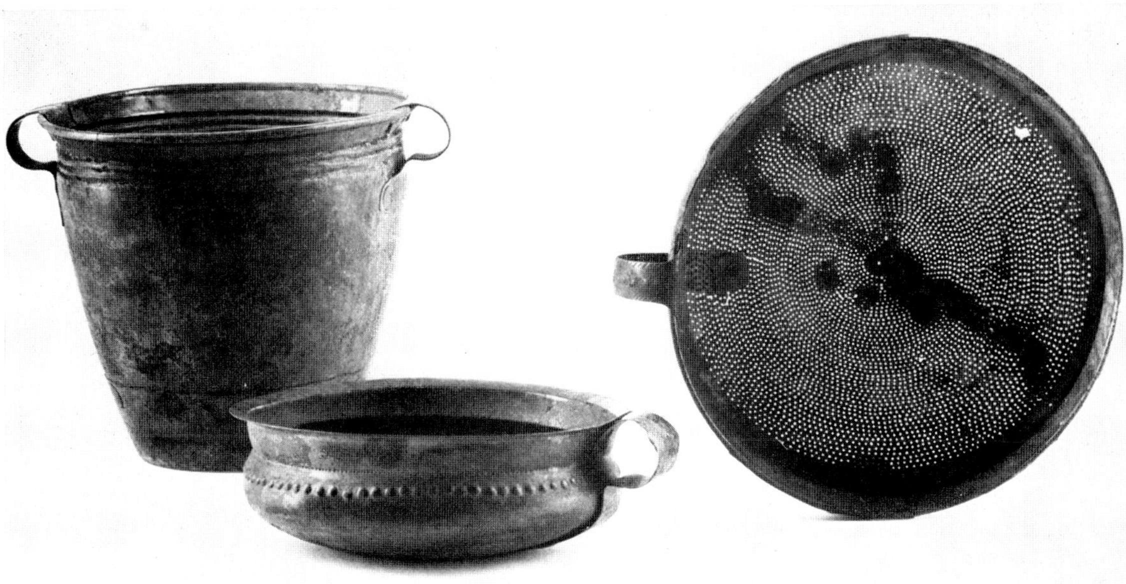

53

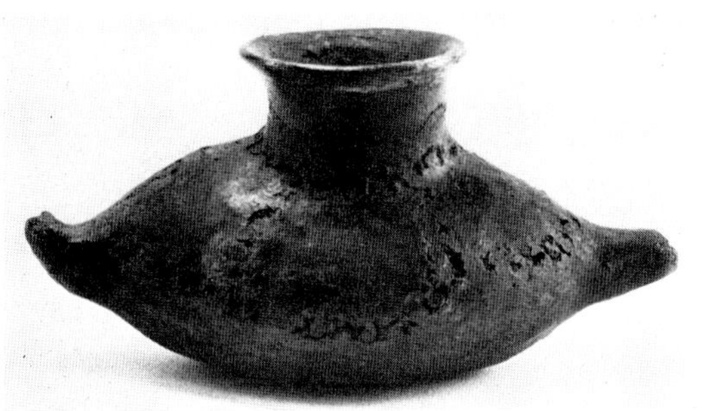

54

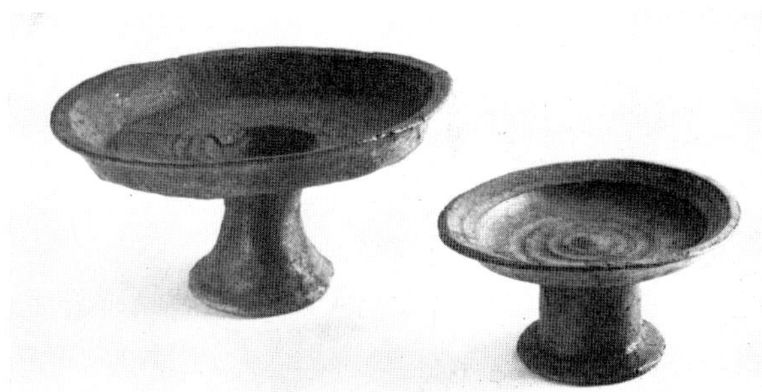

55

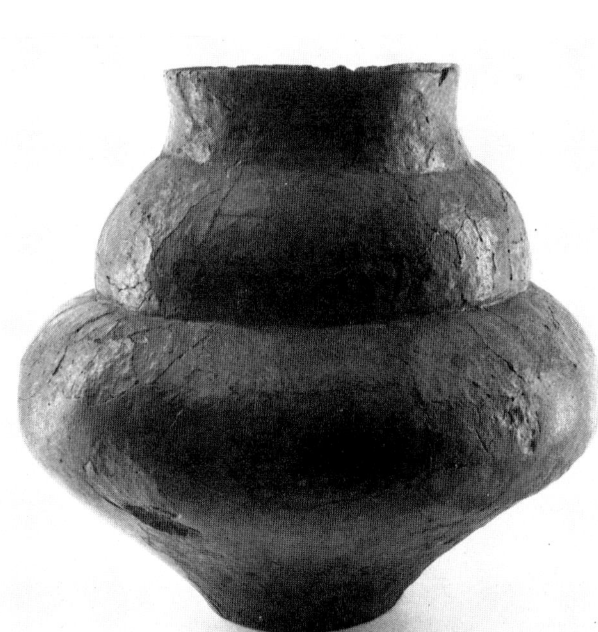

56

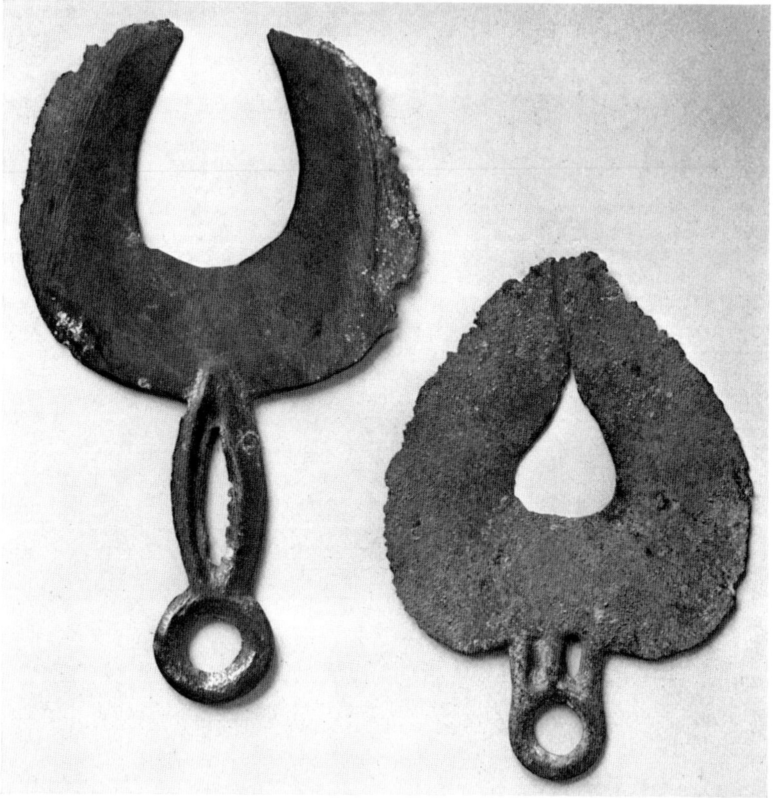

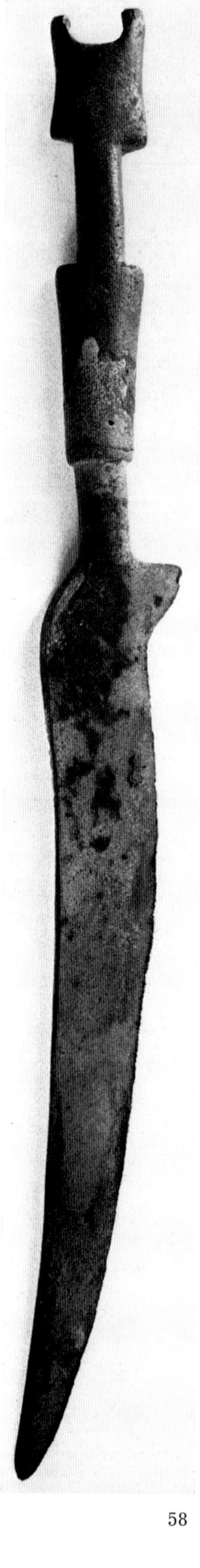

57

58

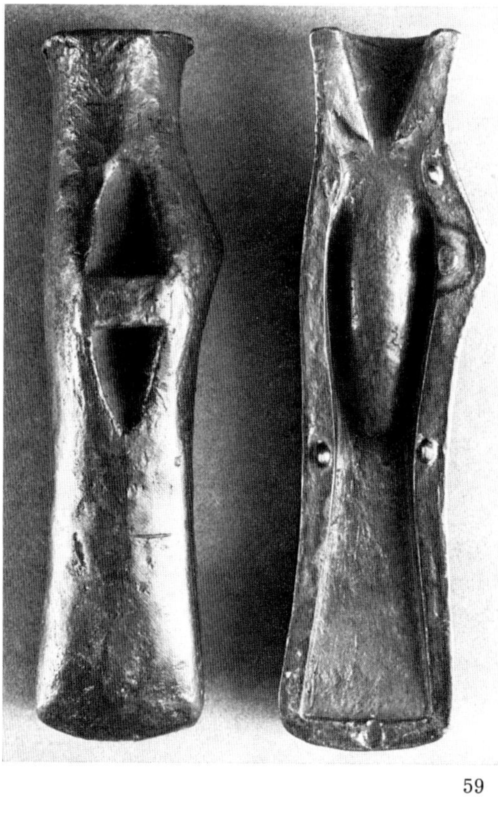

59

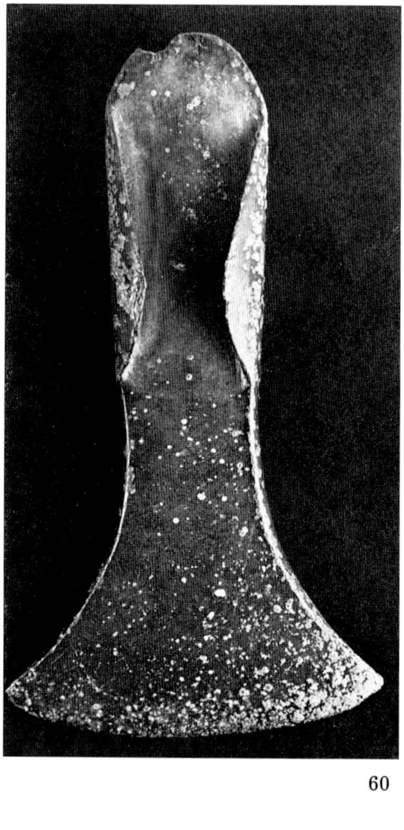

60

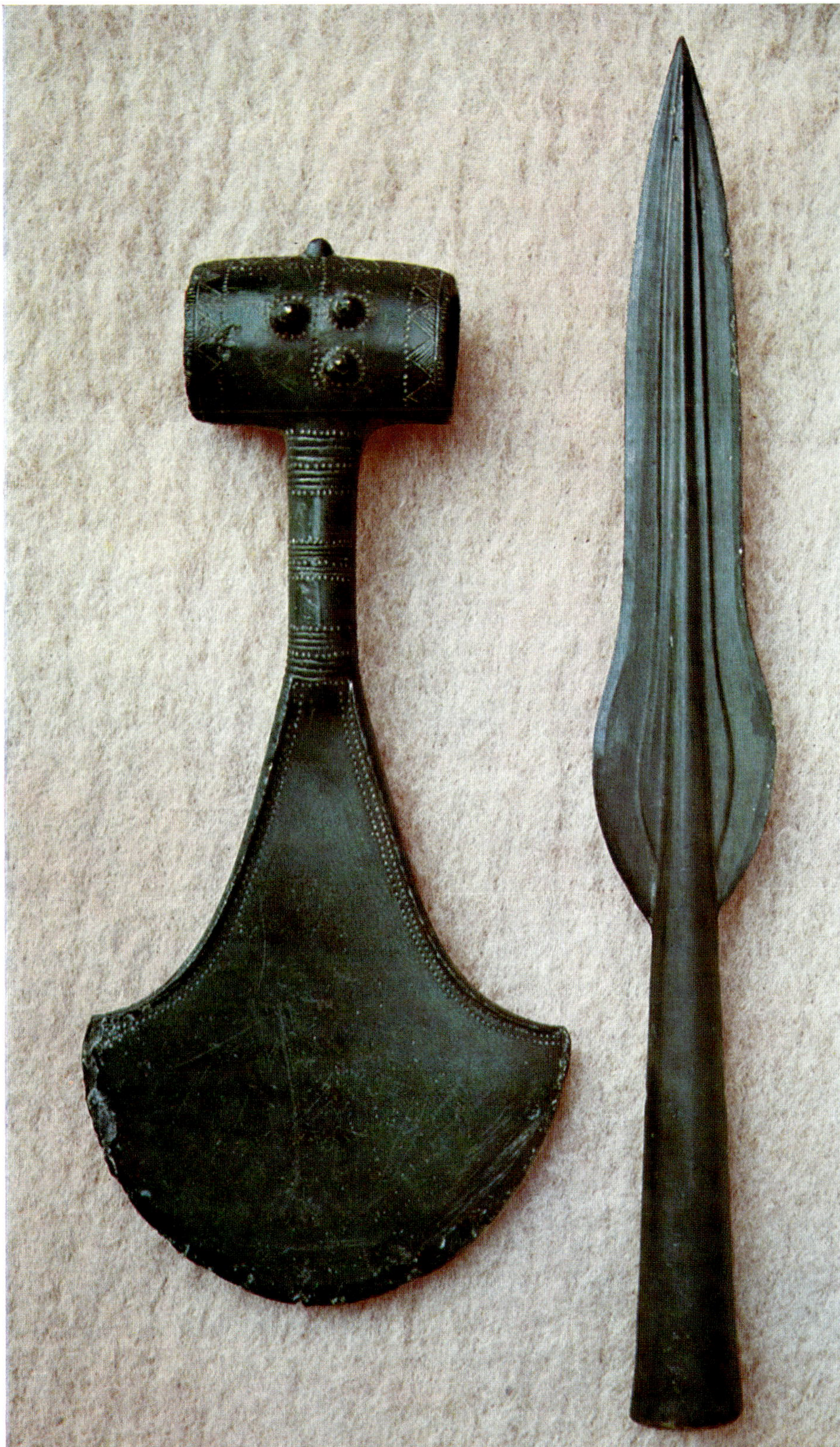

61

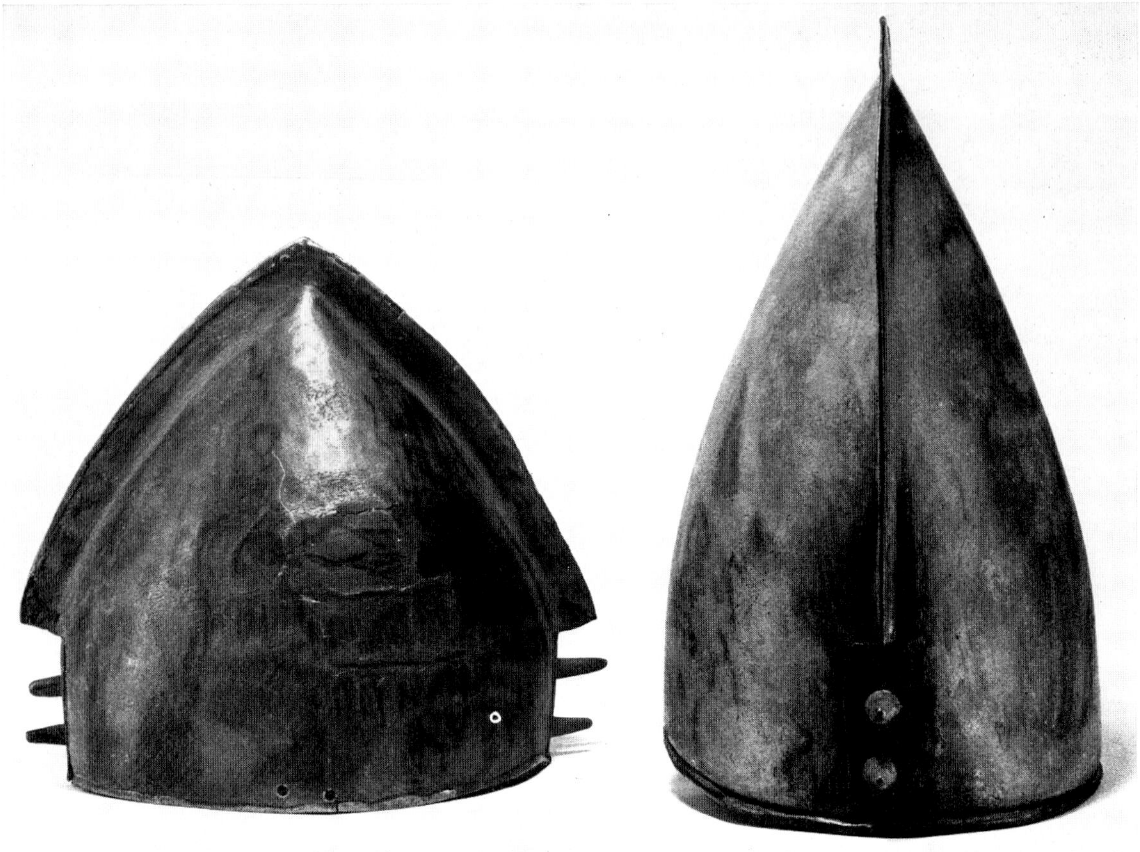

62

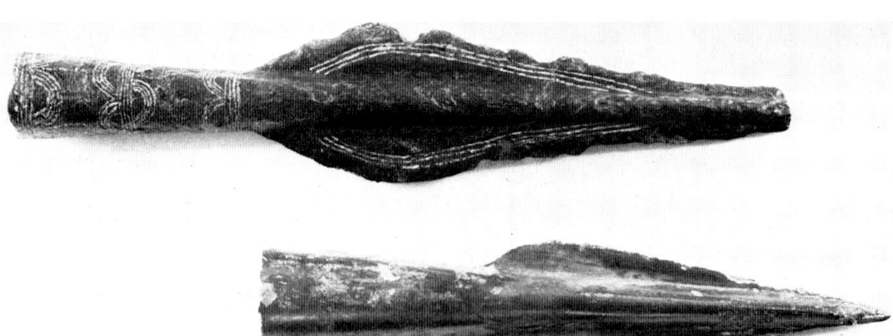

63

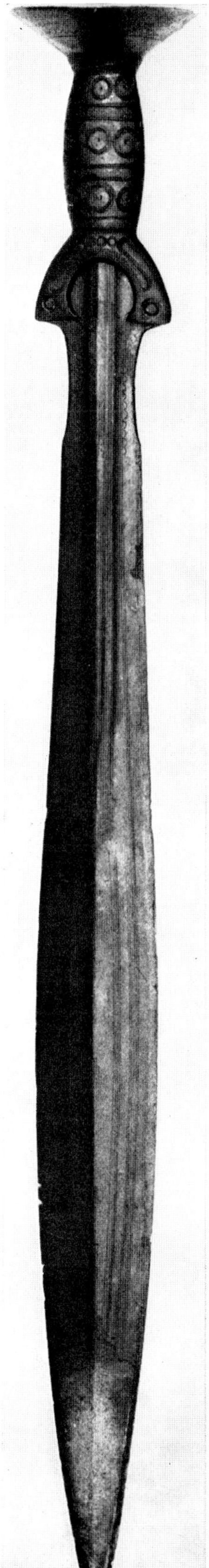

64

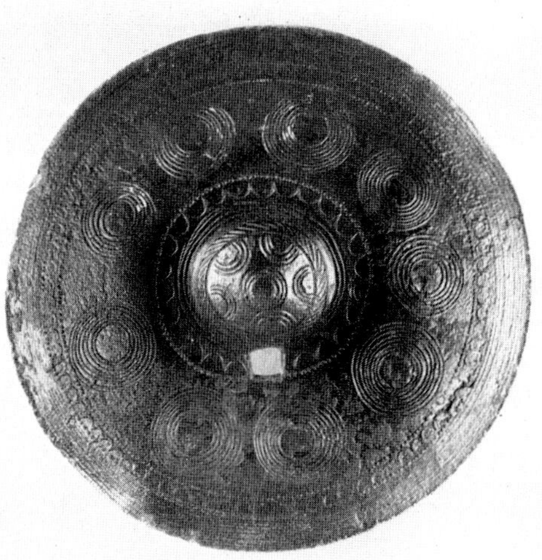

65

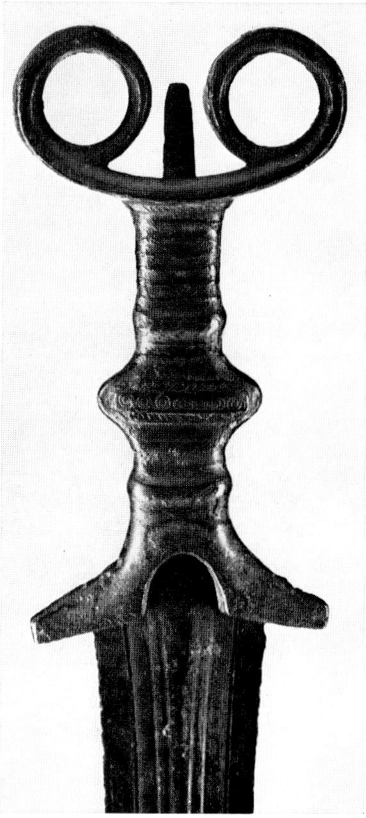

66

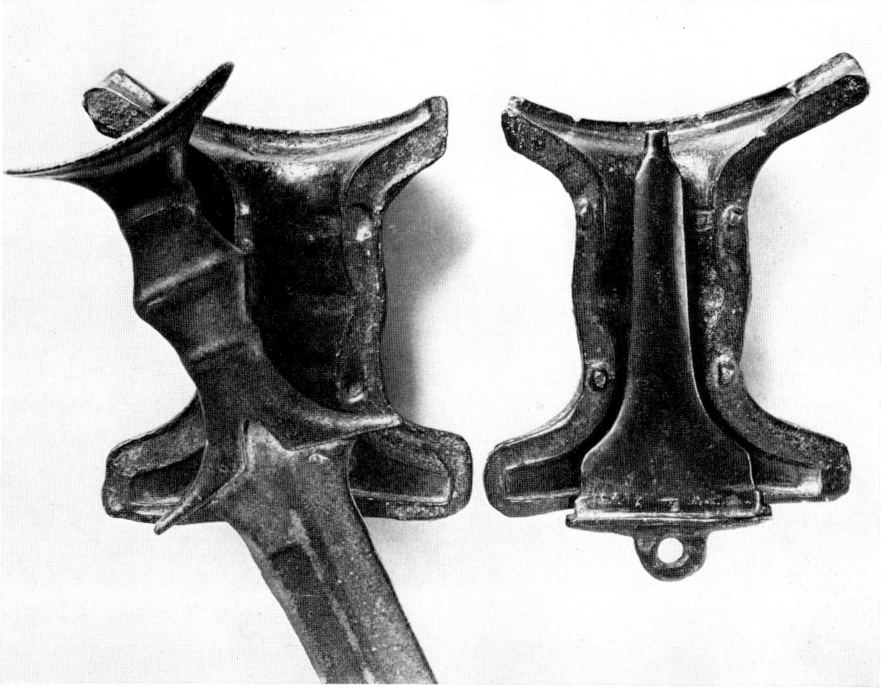

67

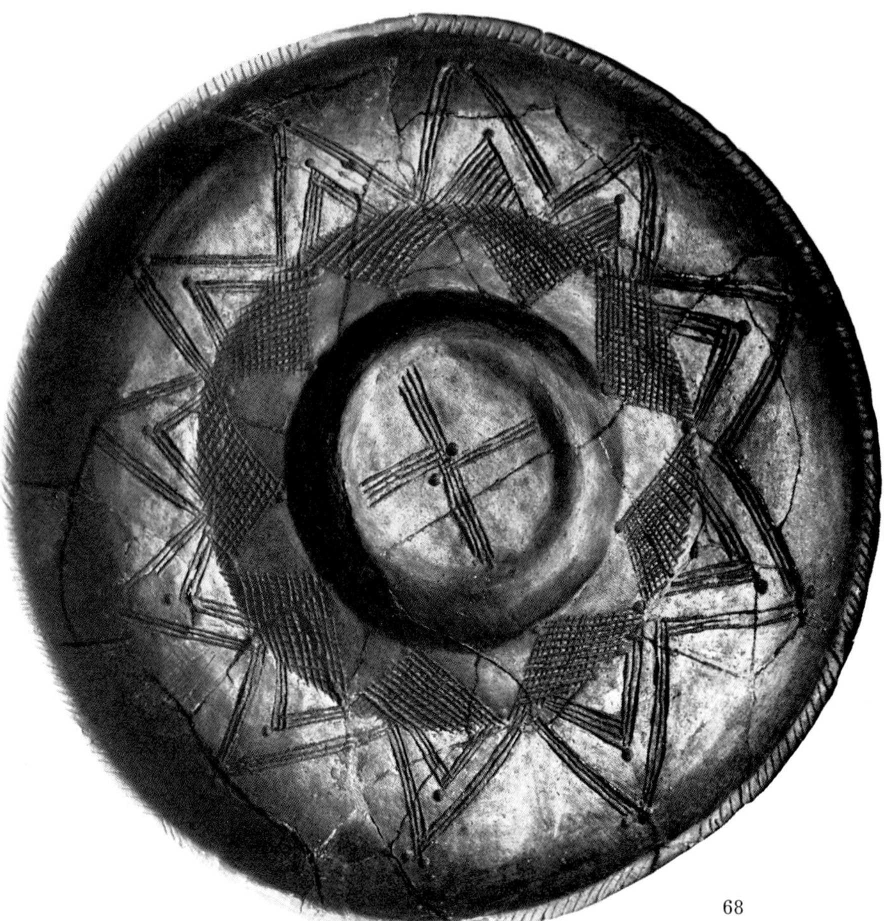

68

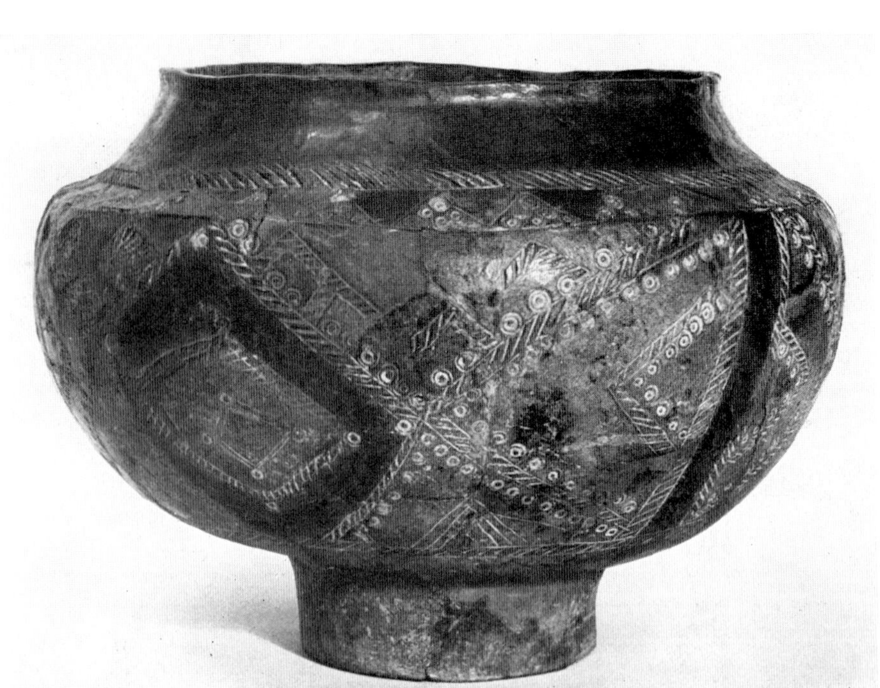

69

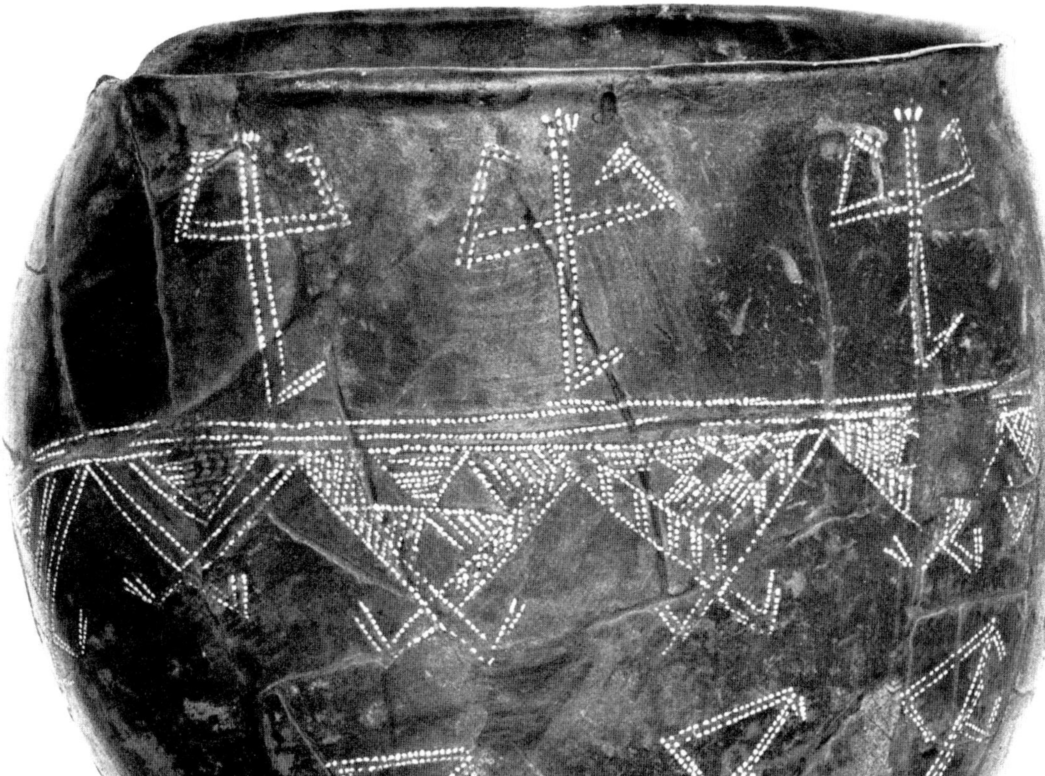

70

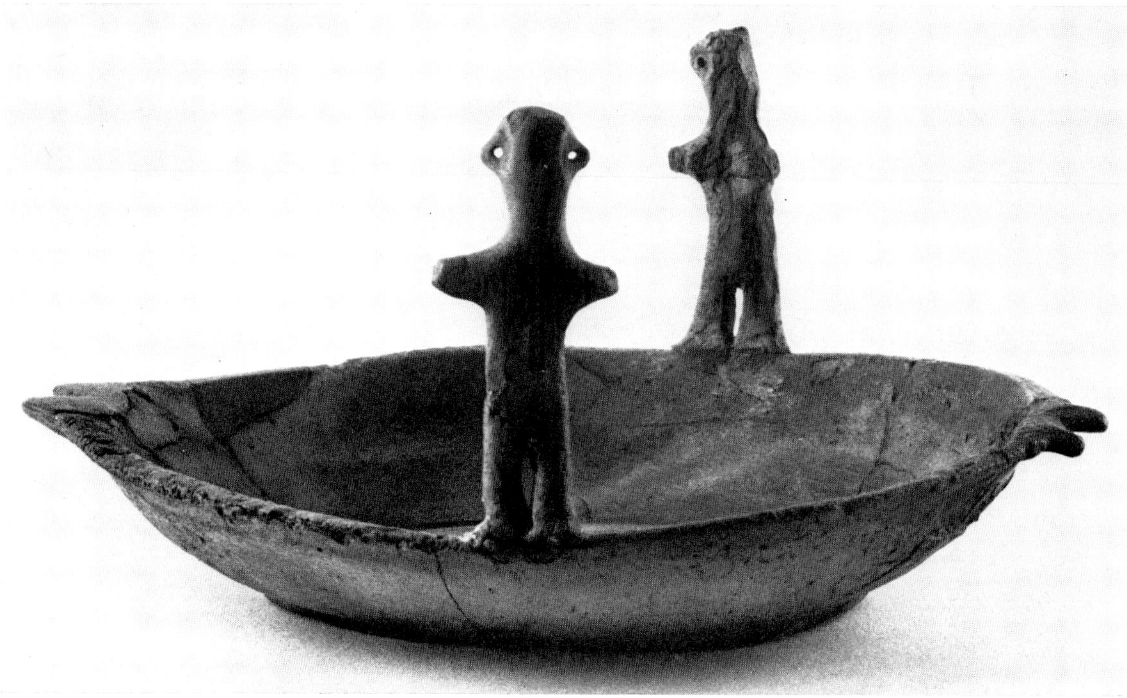

71

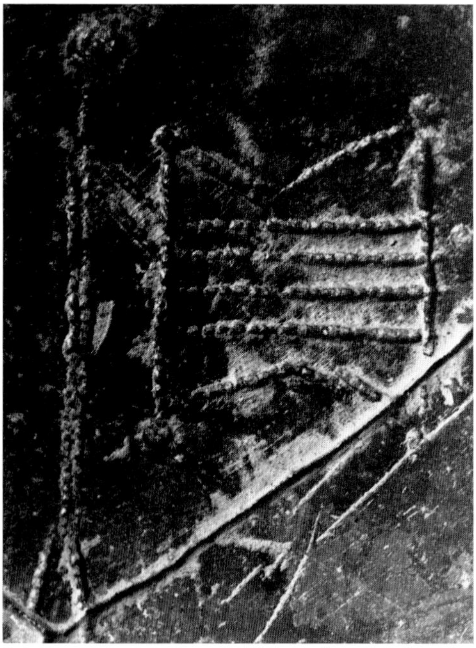

72

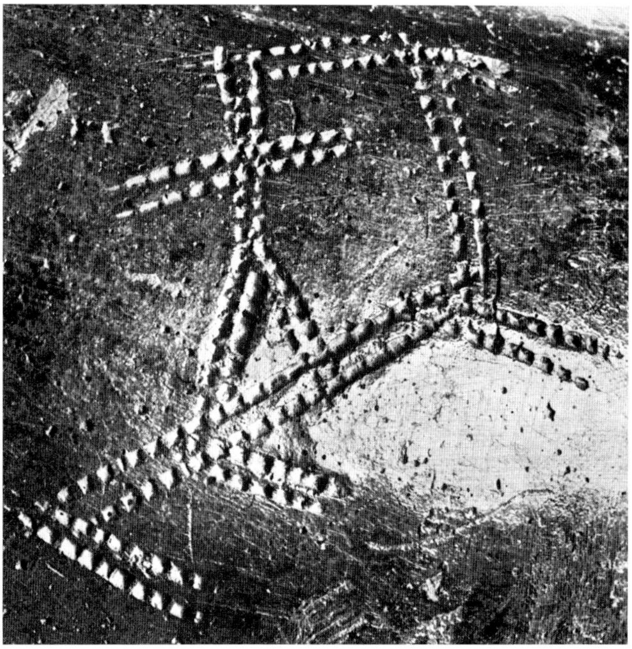

73

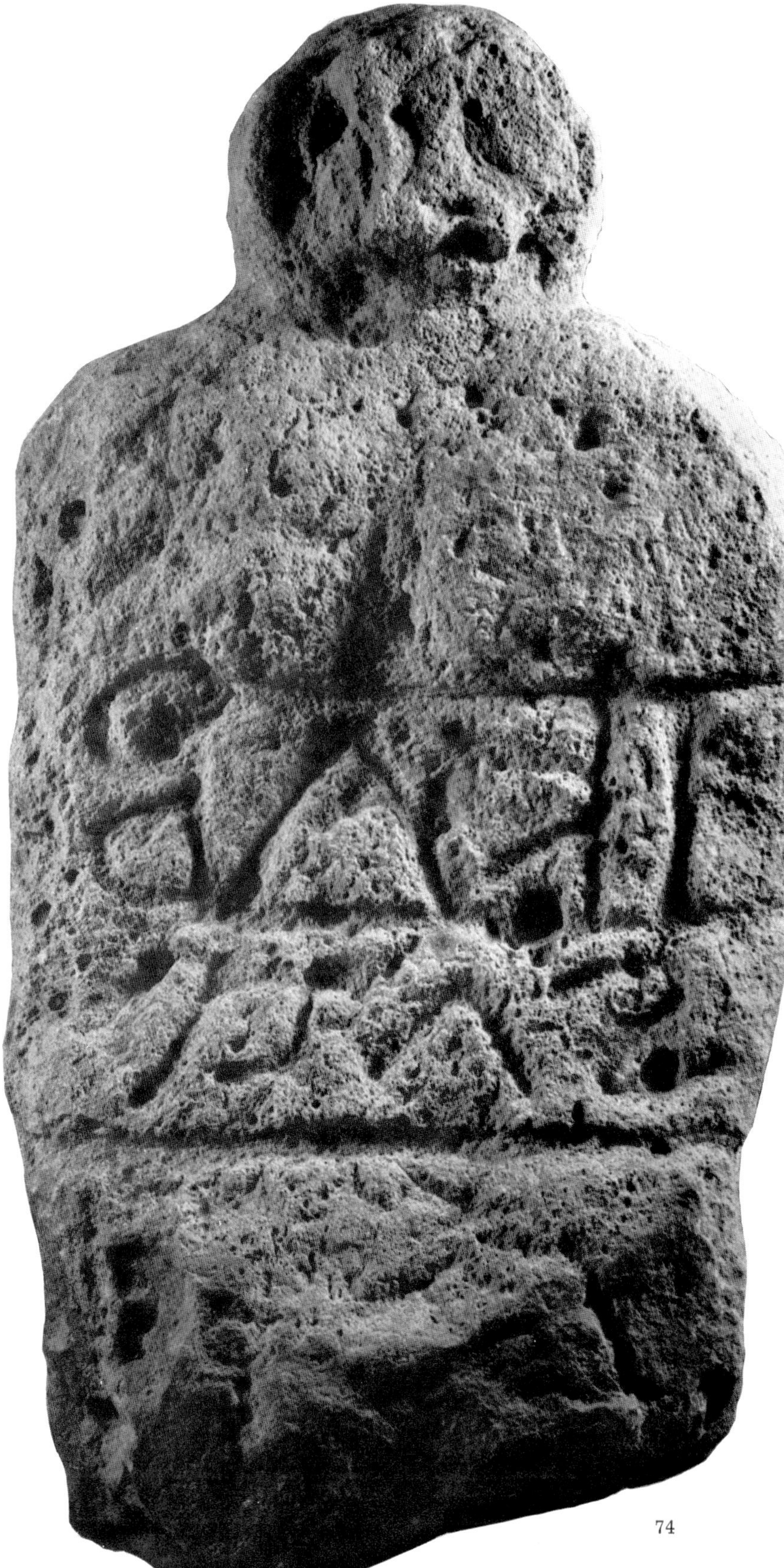

74

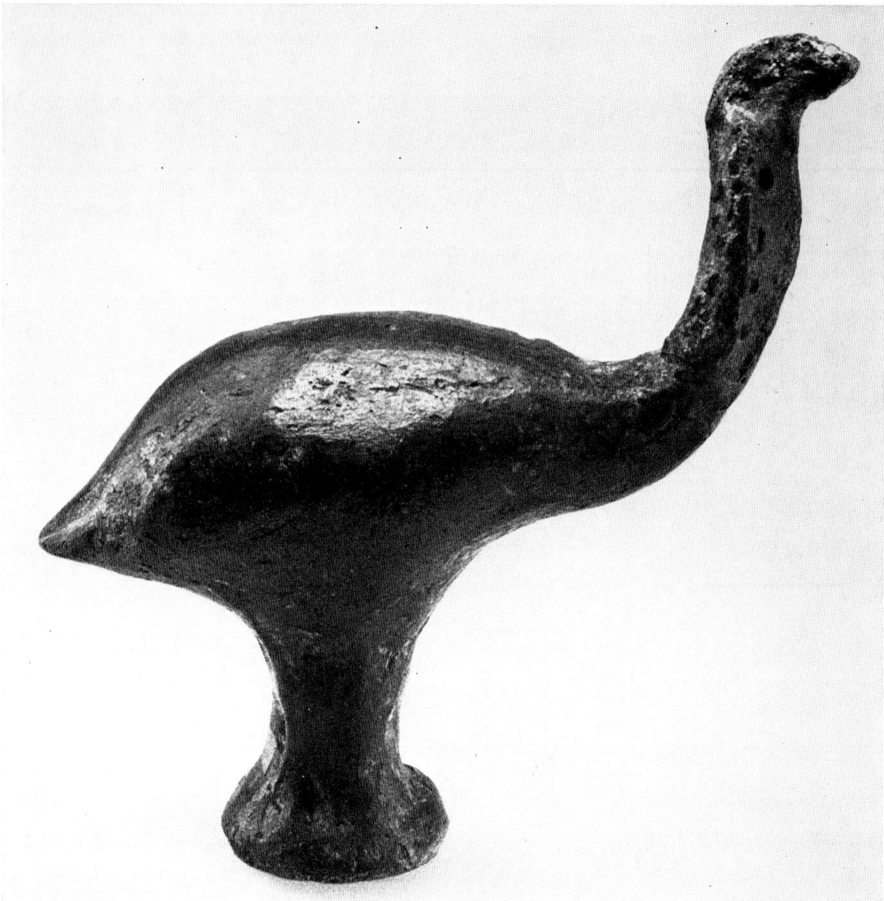

75

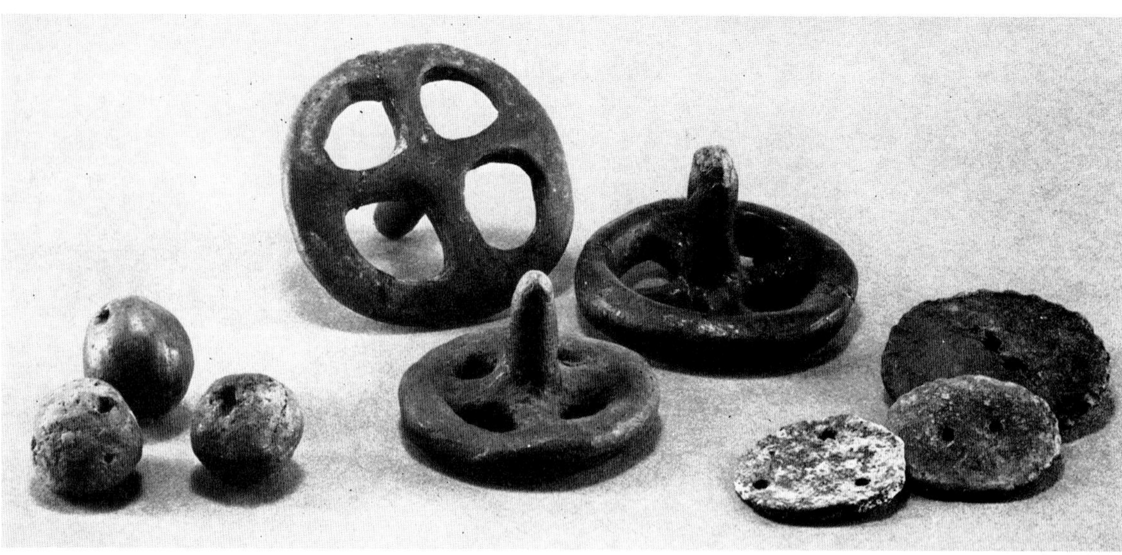

76

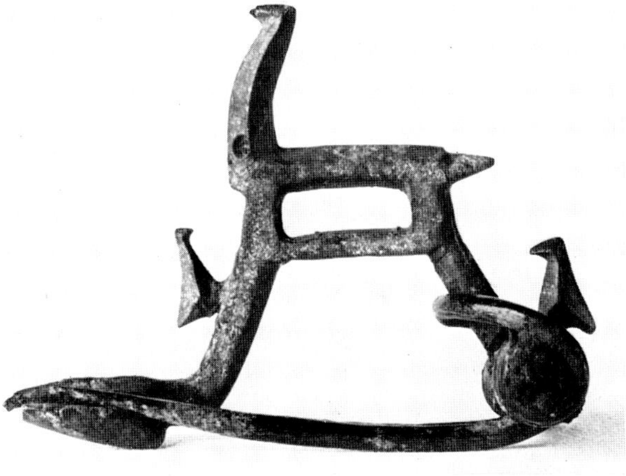

77

78

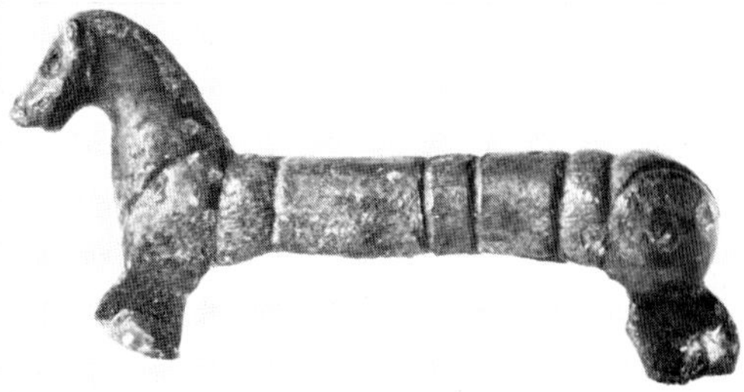

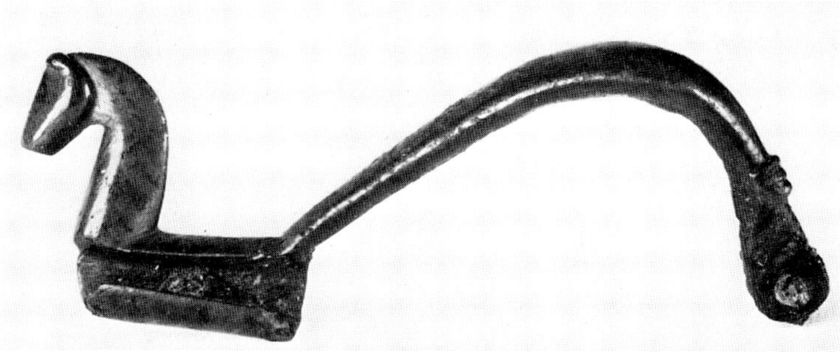

79

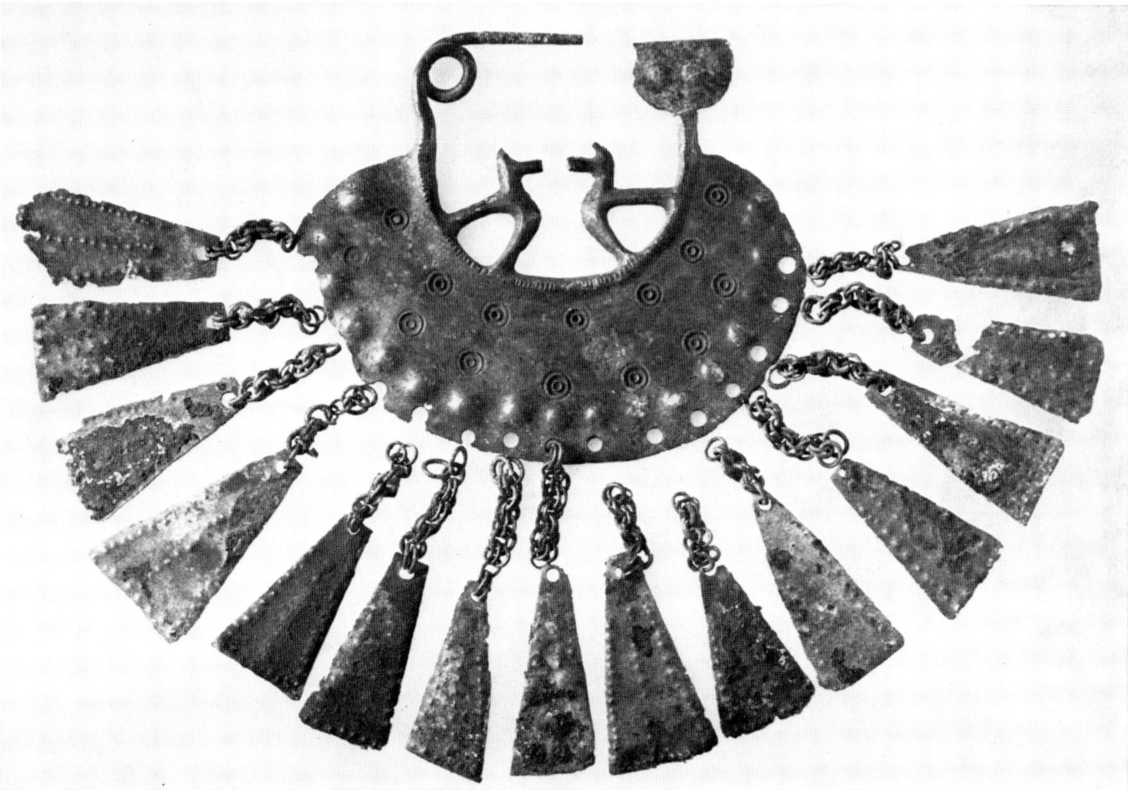

80

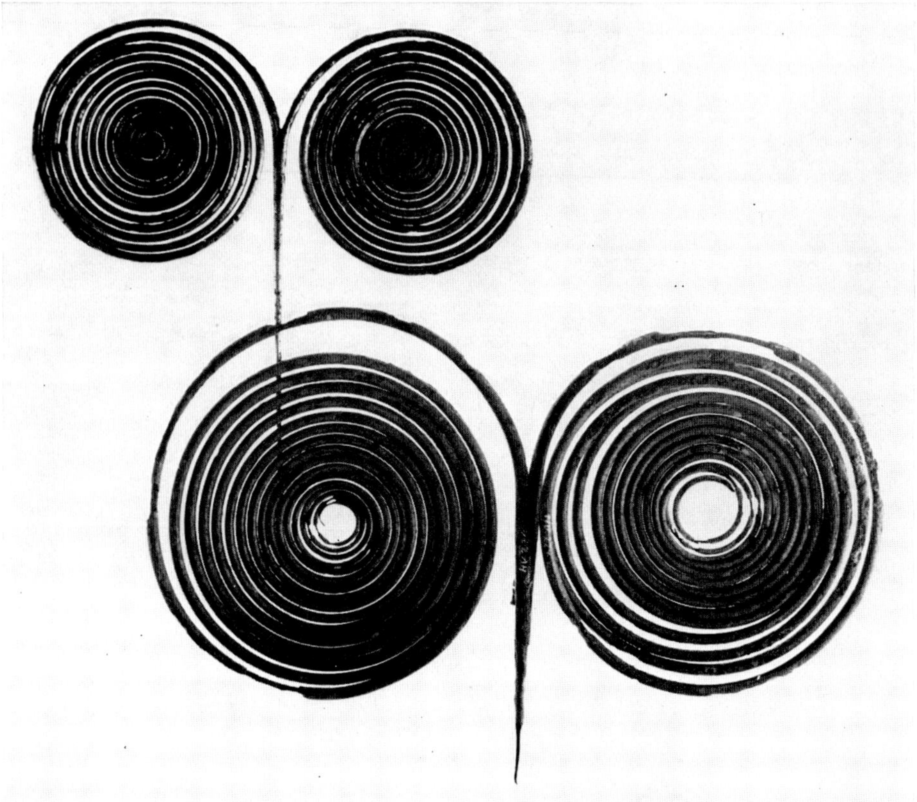

81

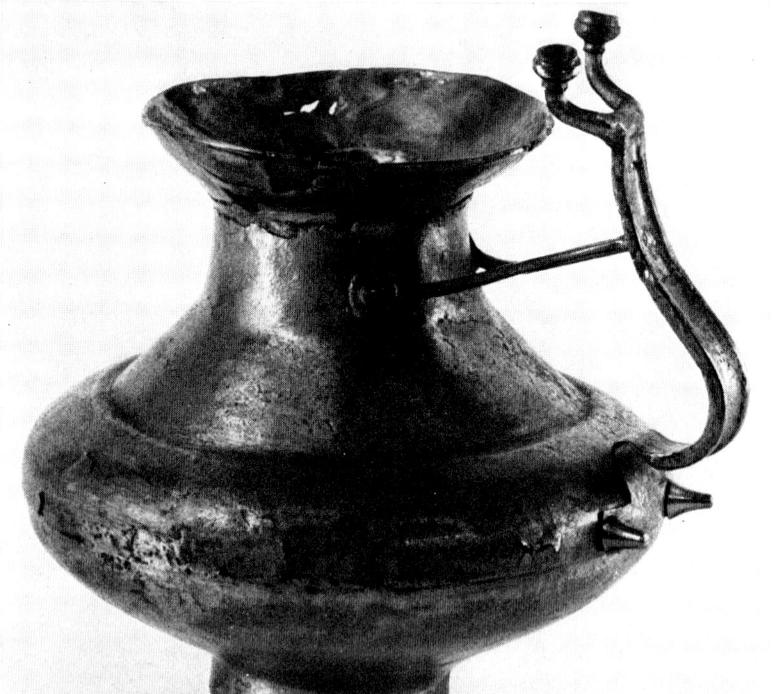

82

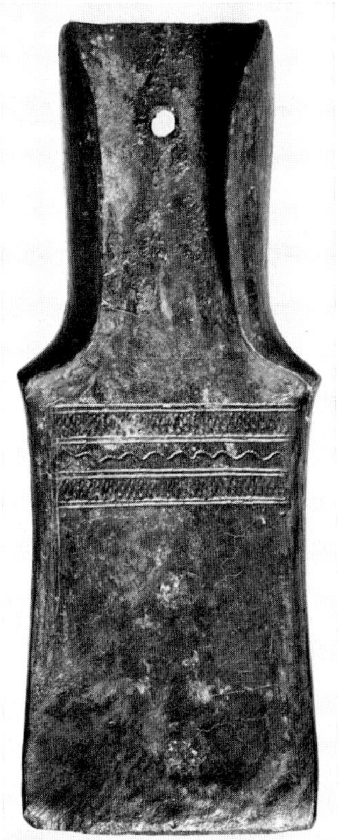

84

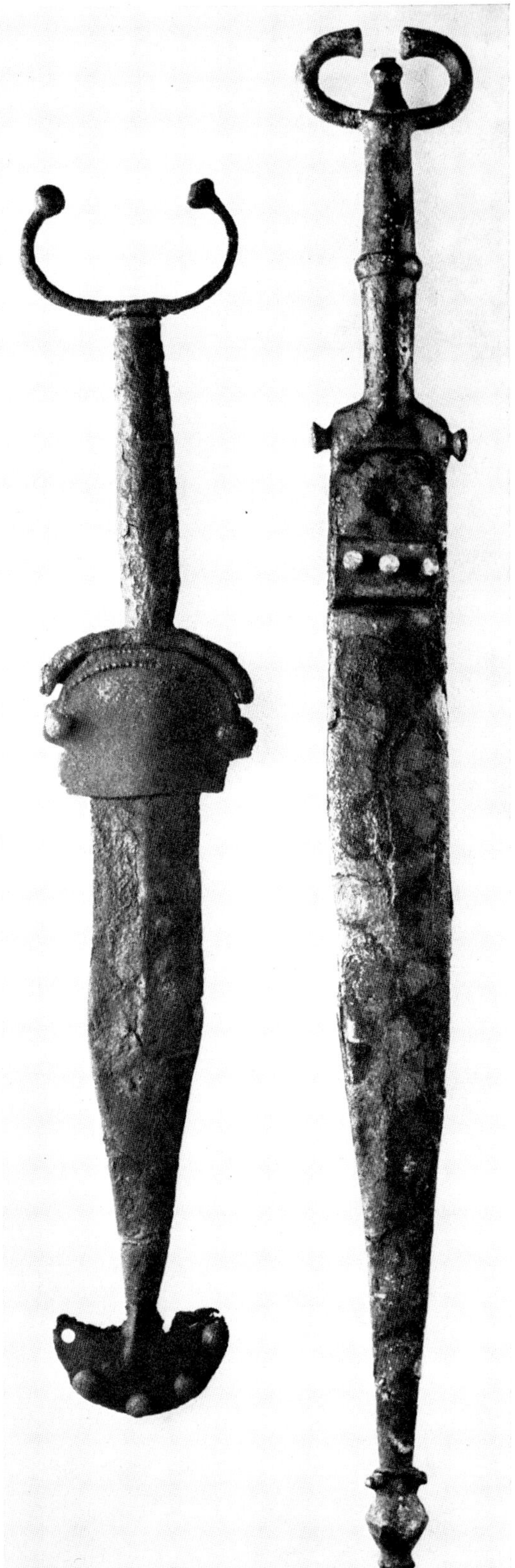

83

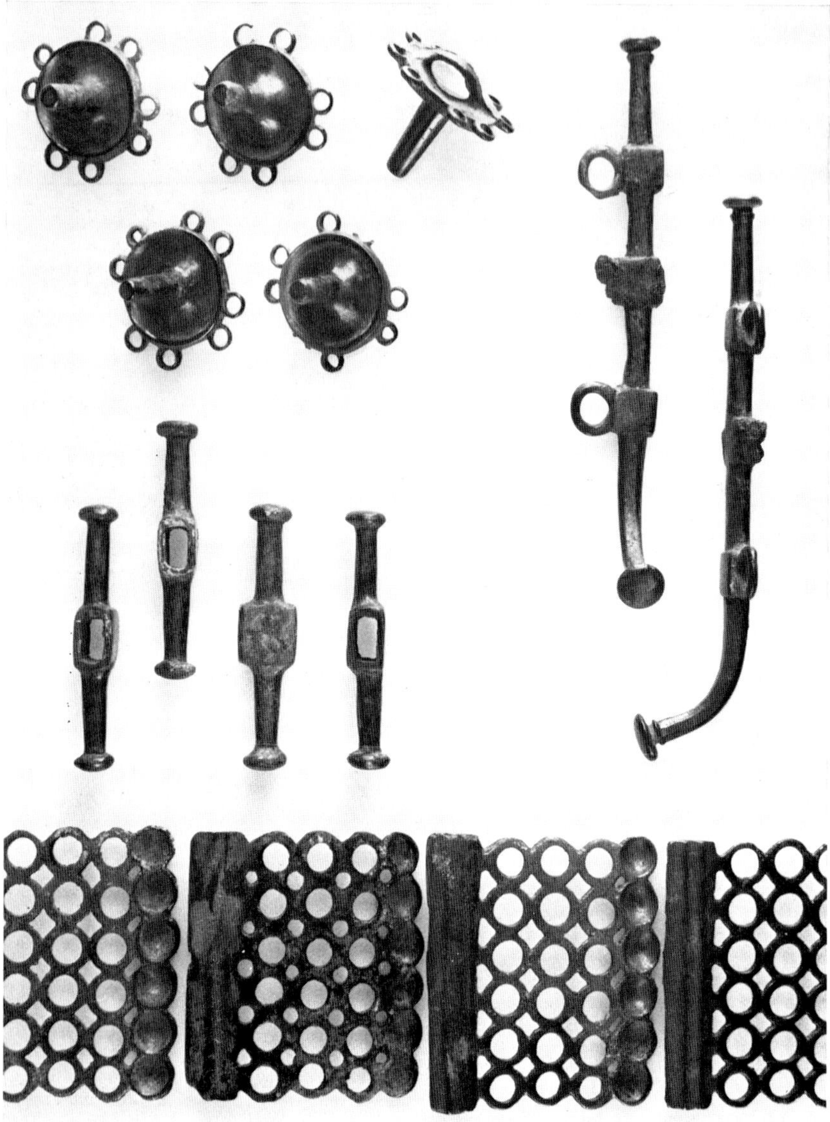

85

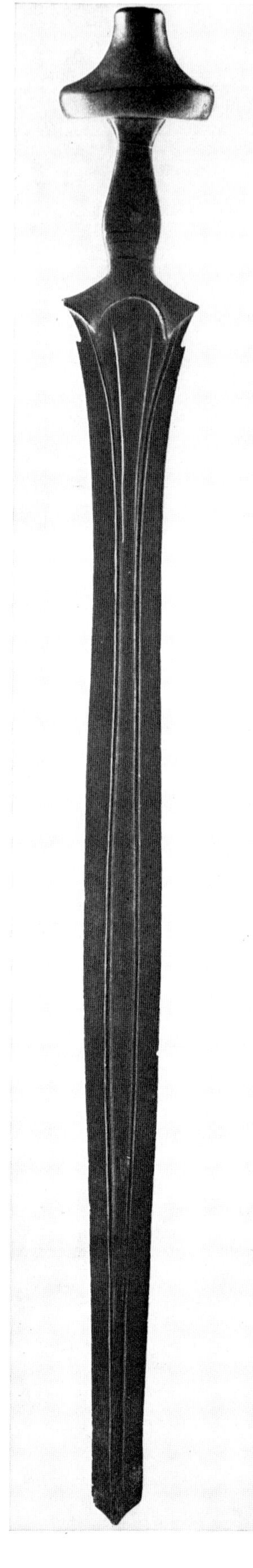

86

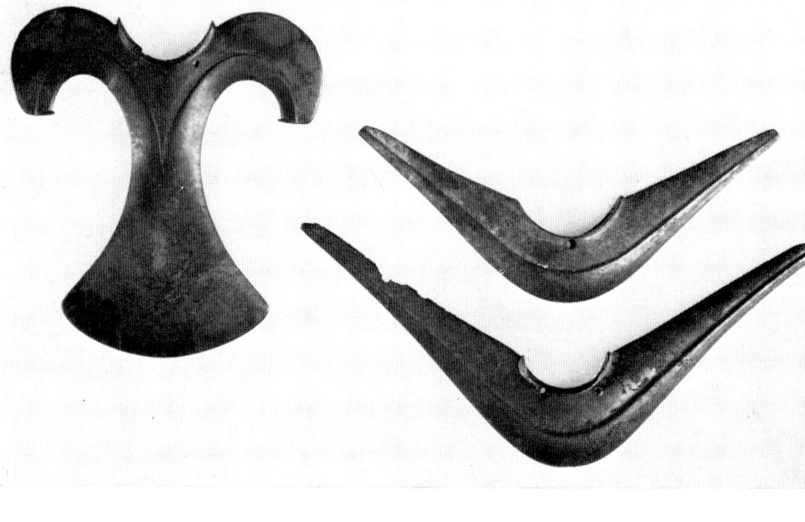

87

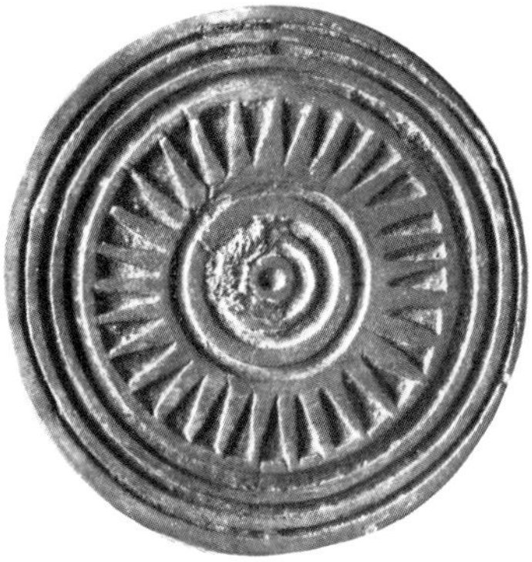

88

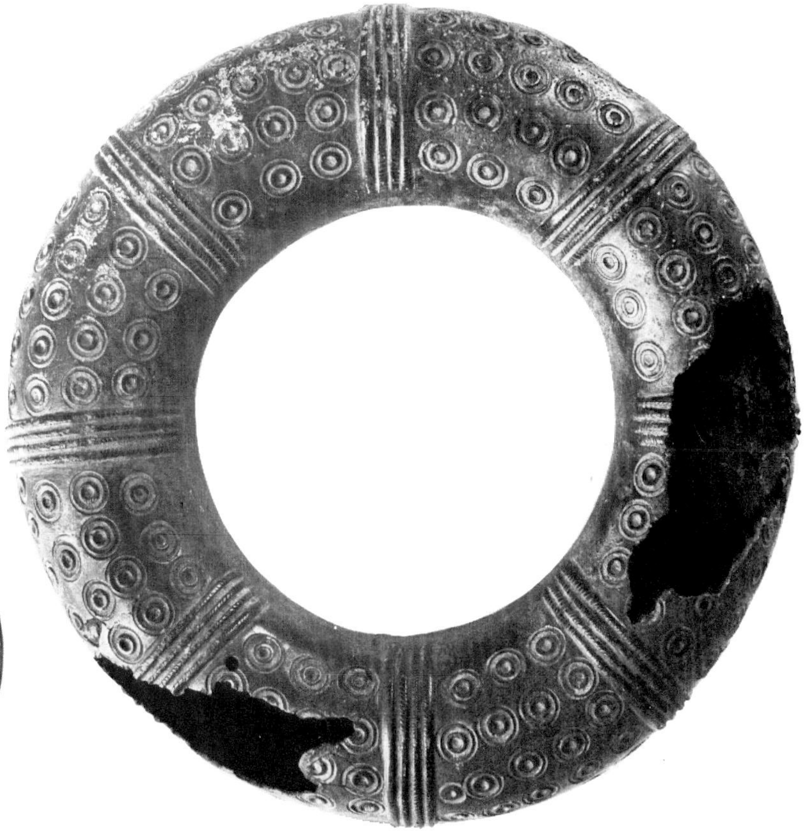

89

90

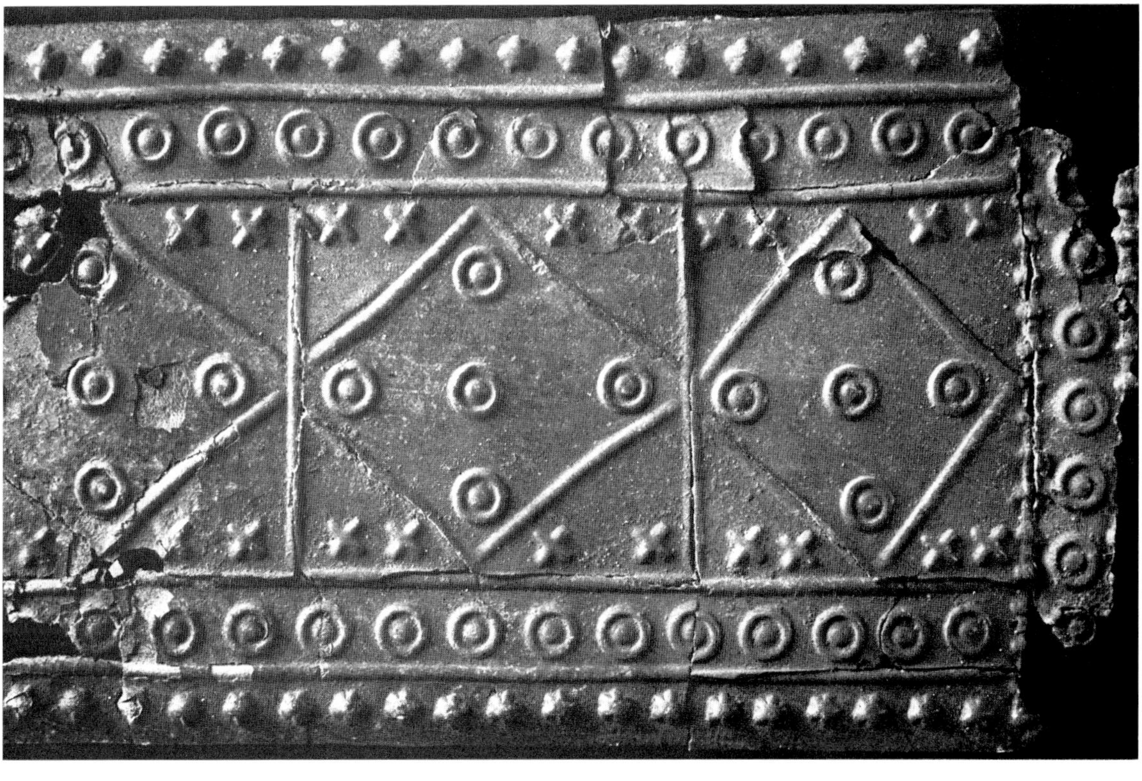

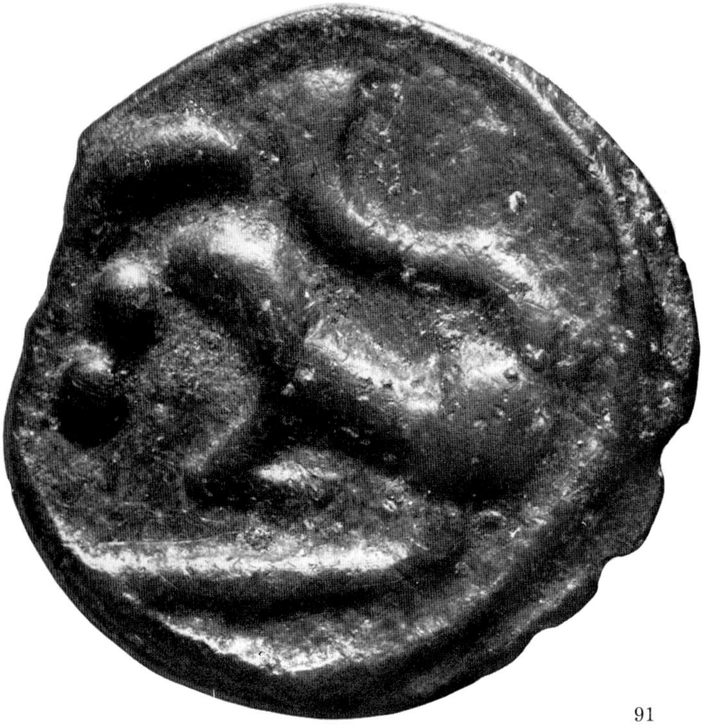

91

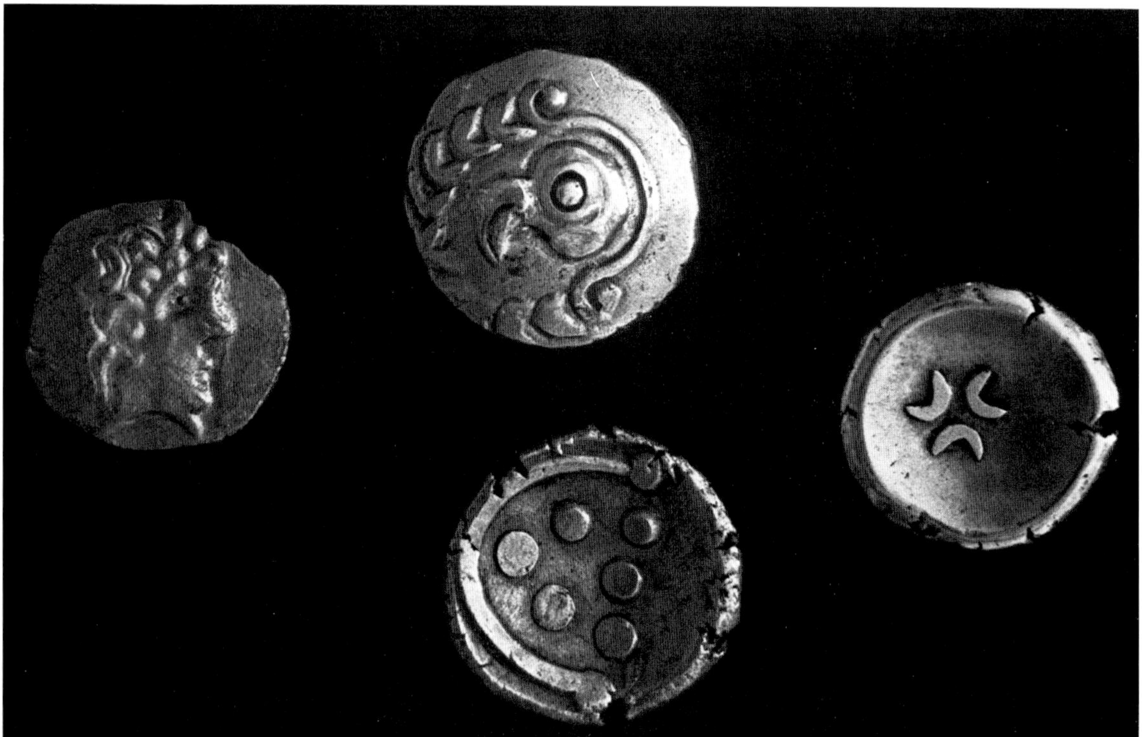

92

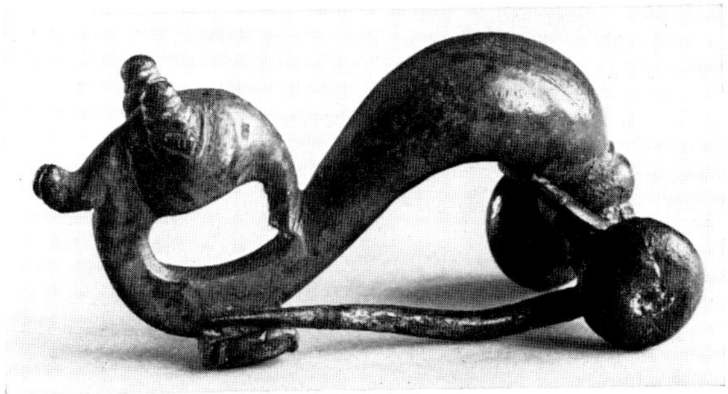

93

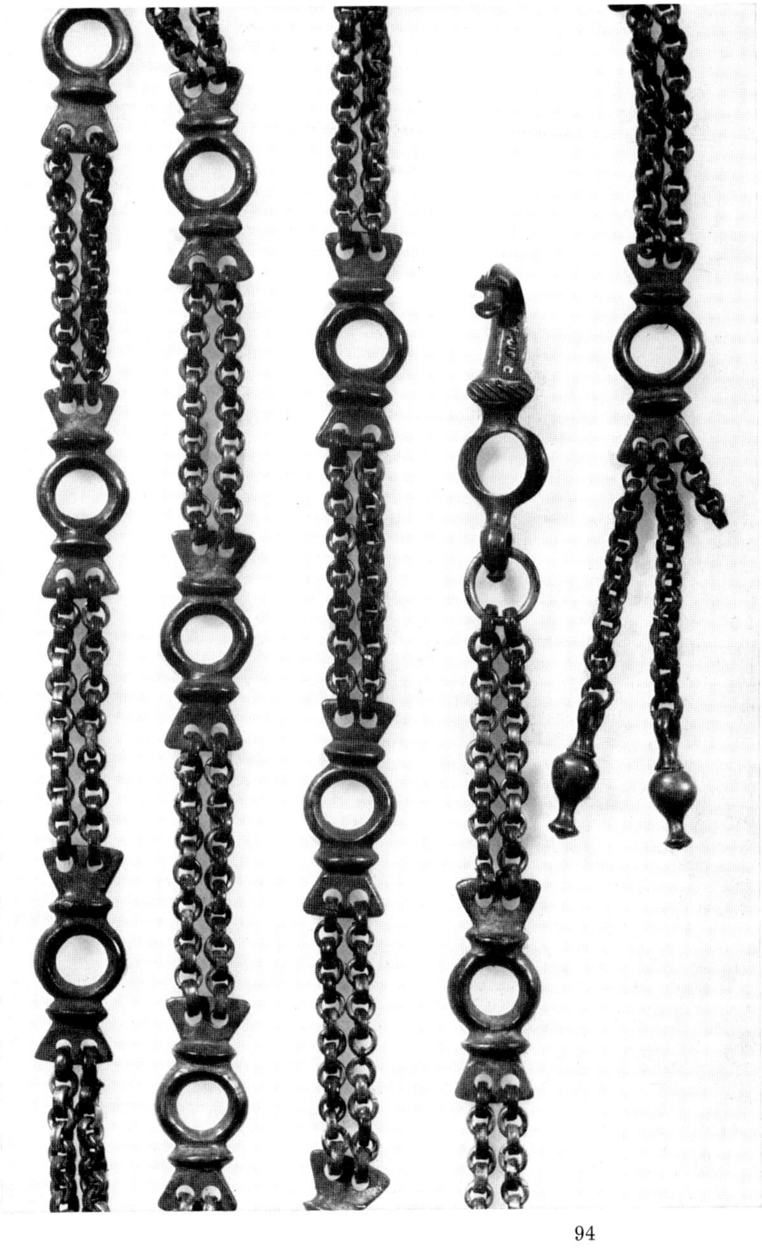

94

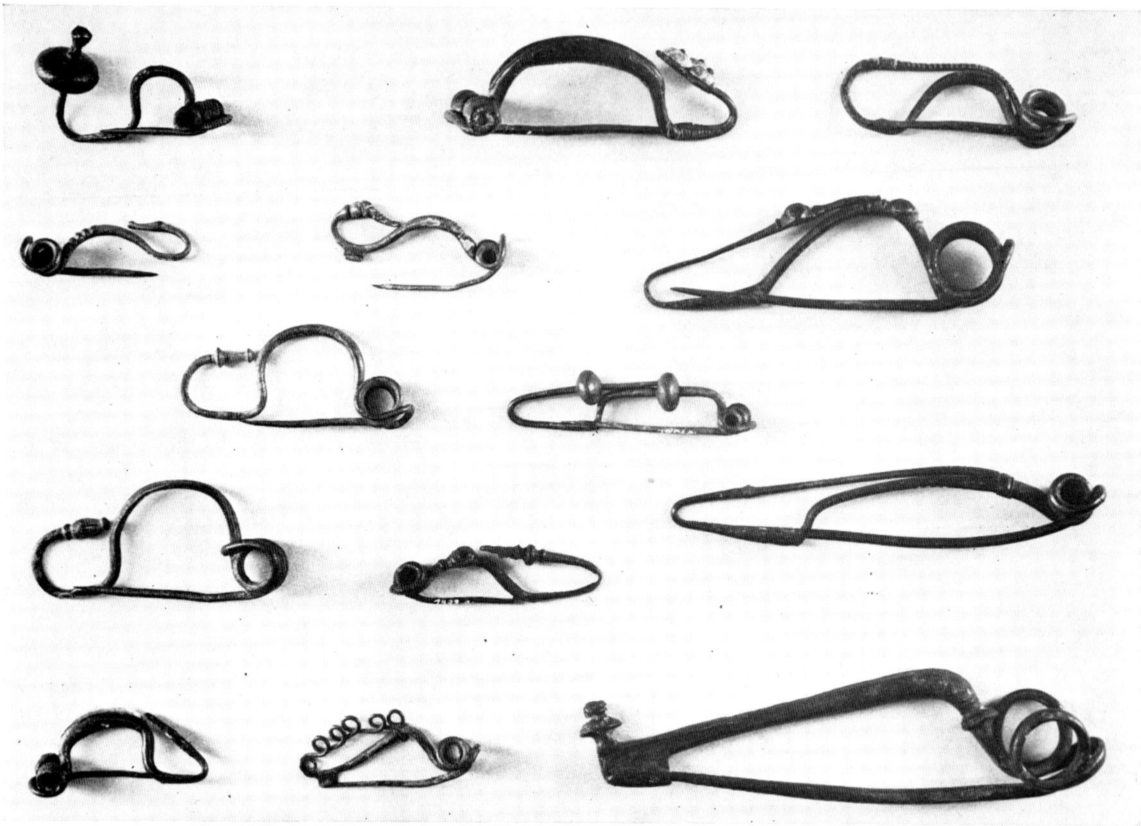

95

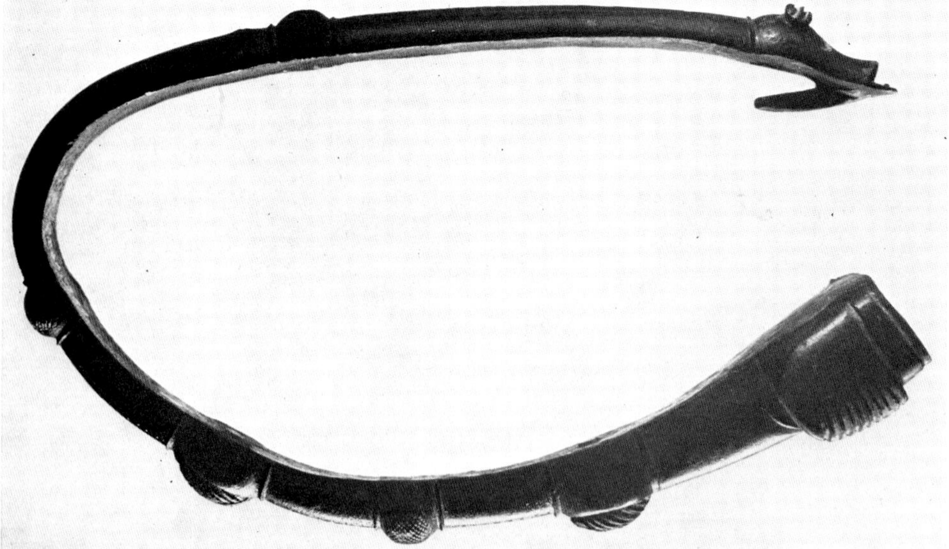

96

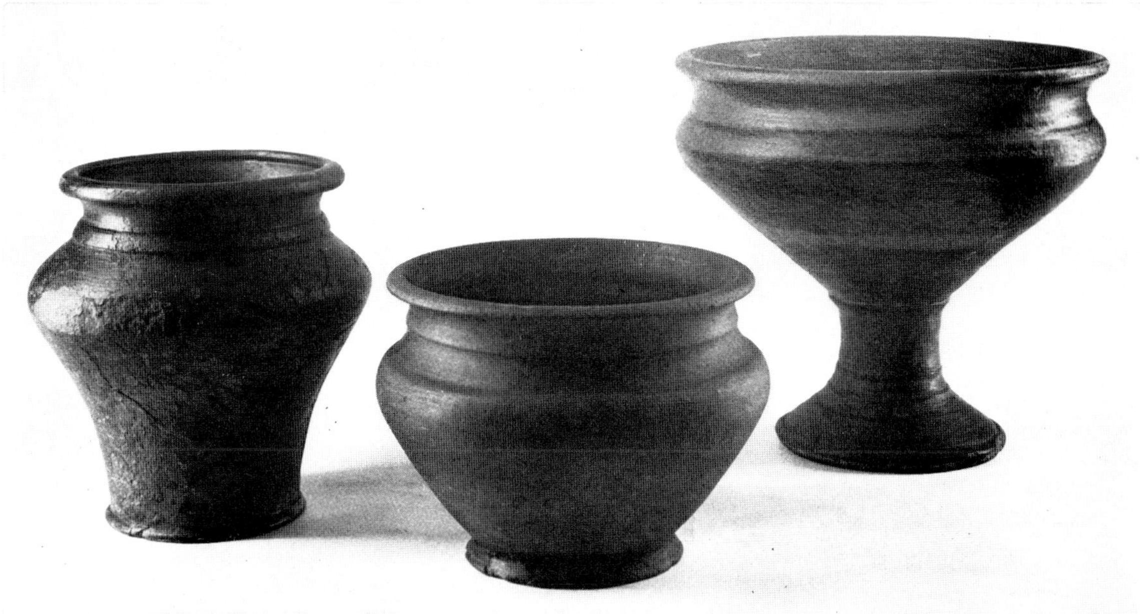

97

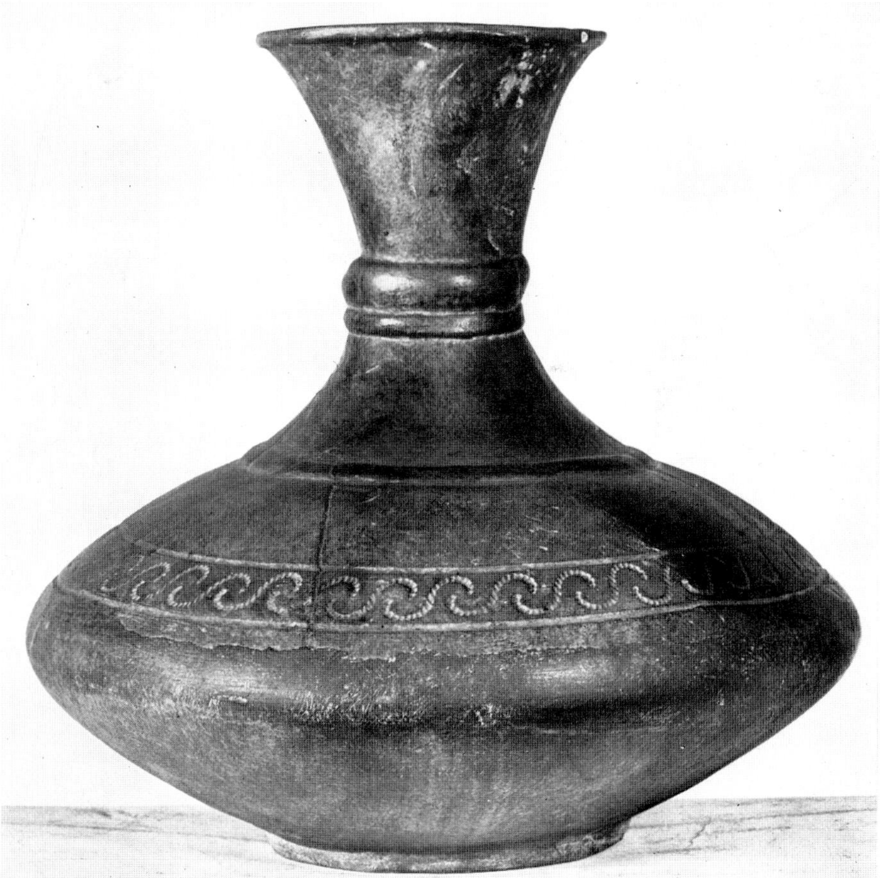

98

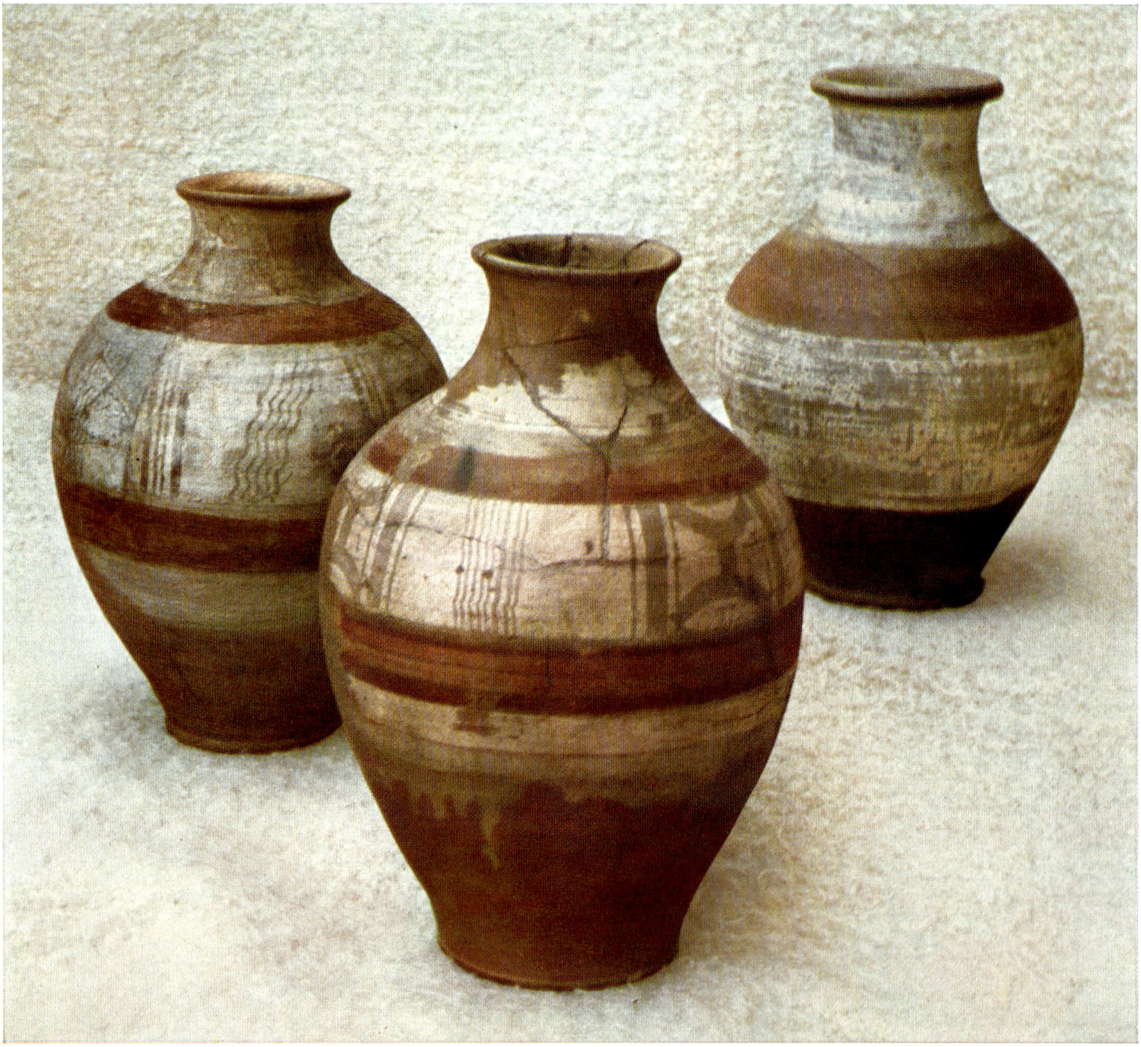

99

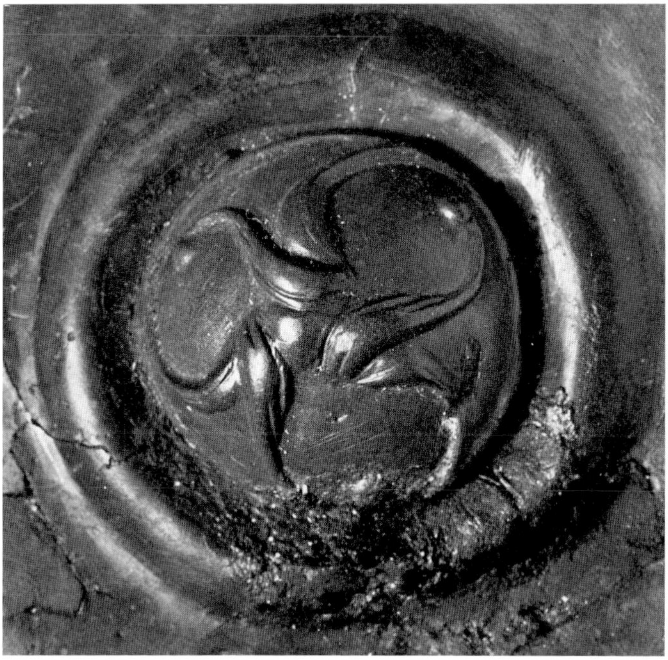

100

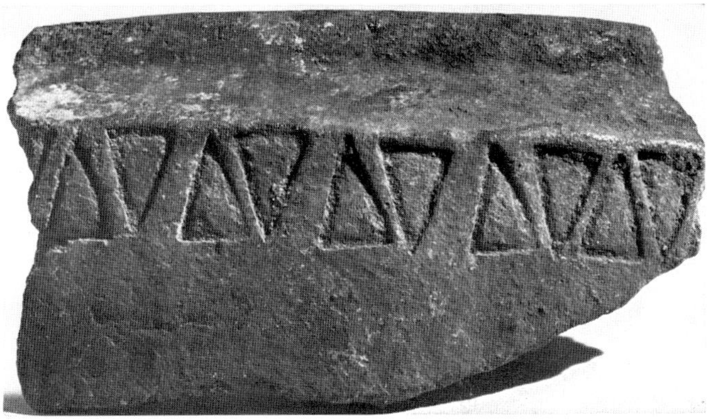

101

102

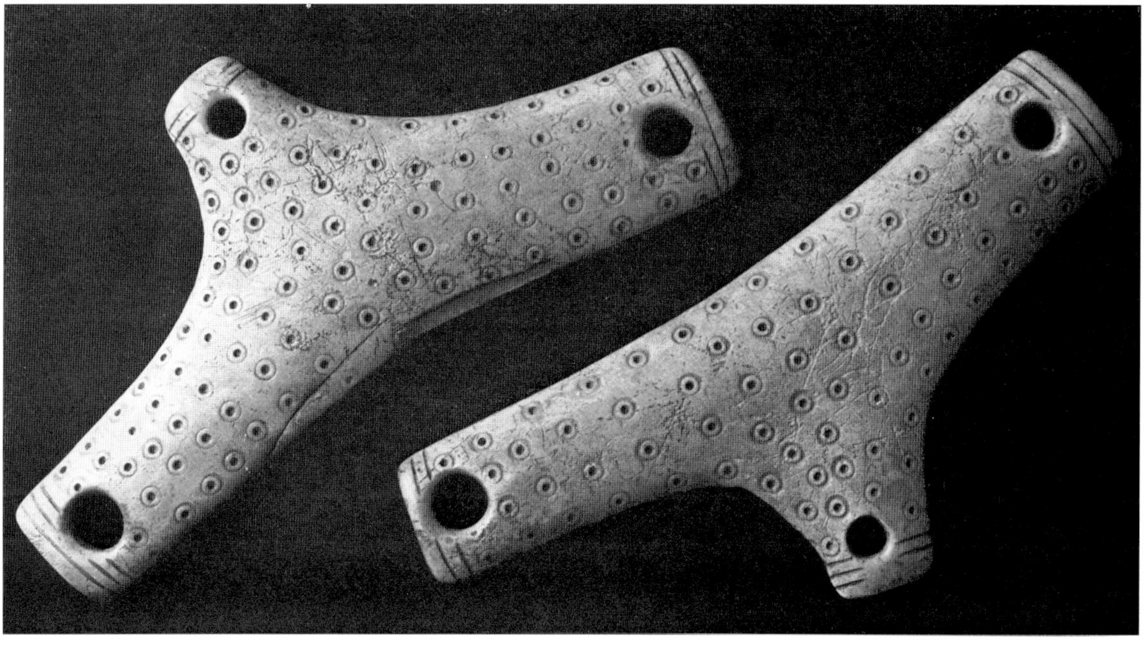

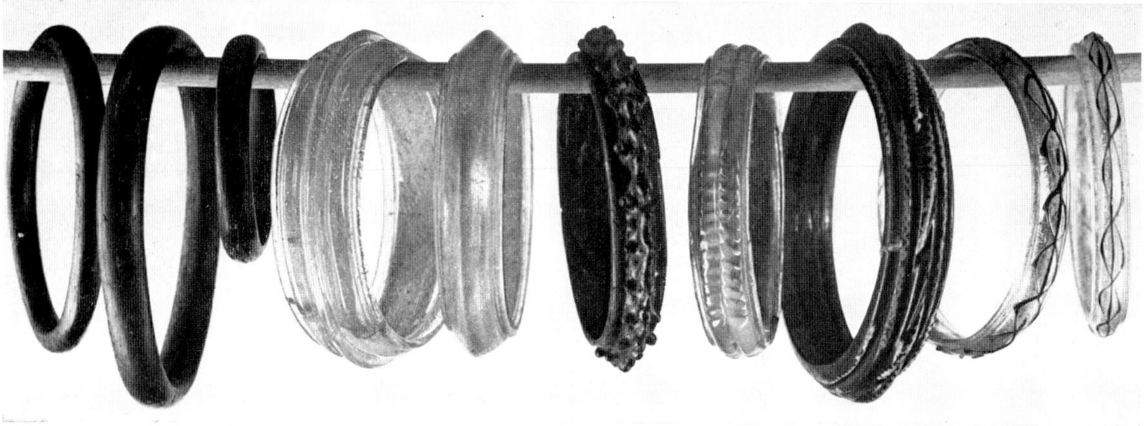

103

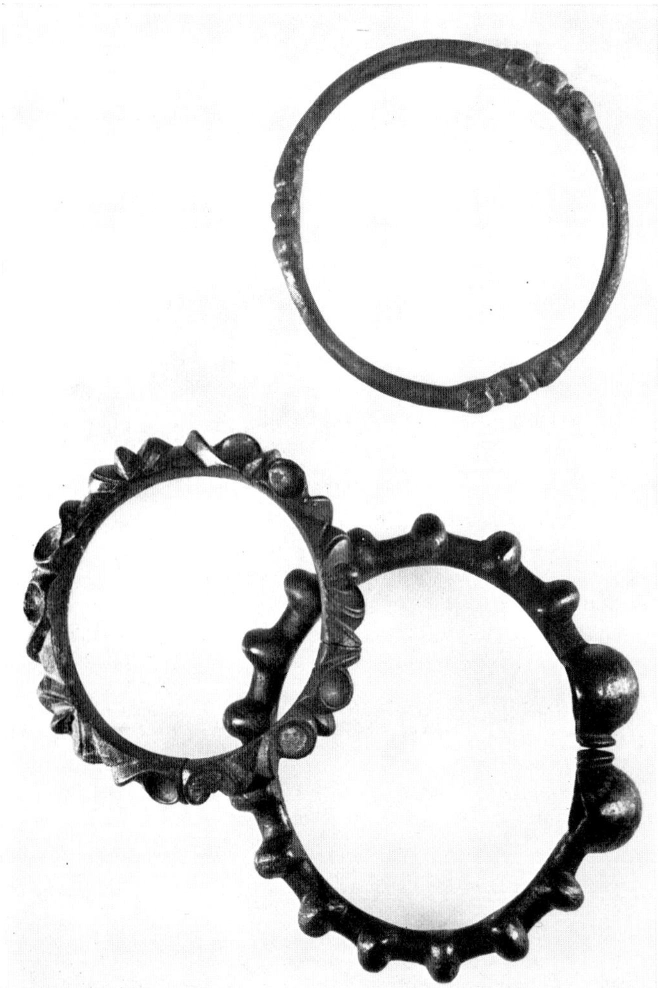

104

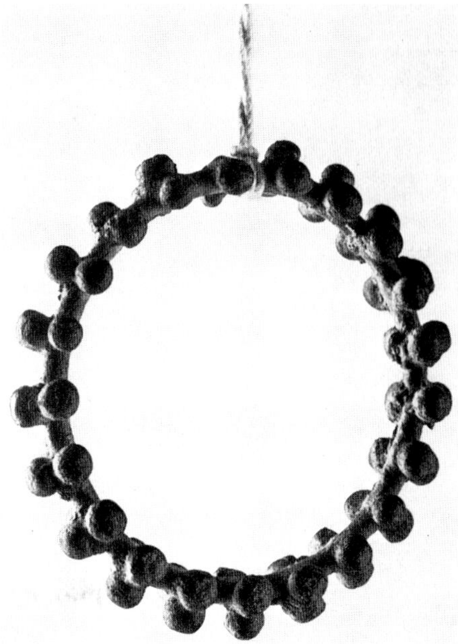

105

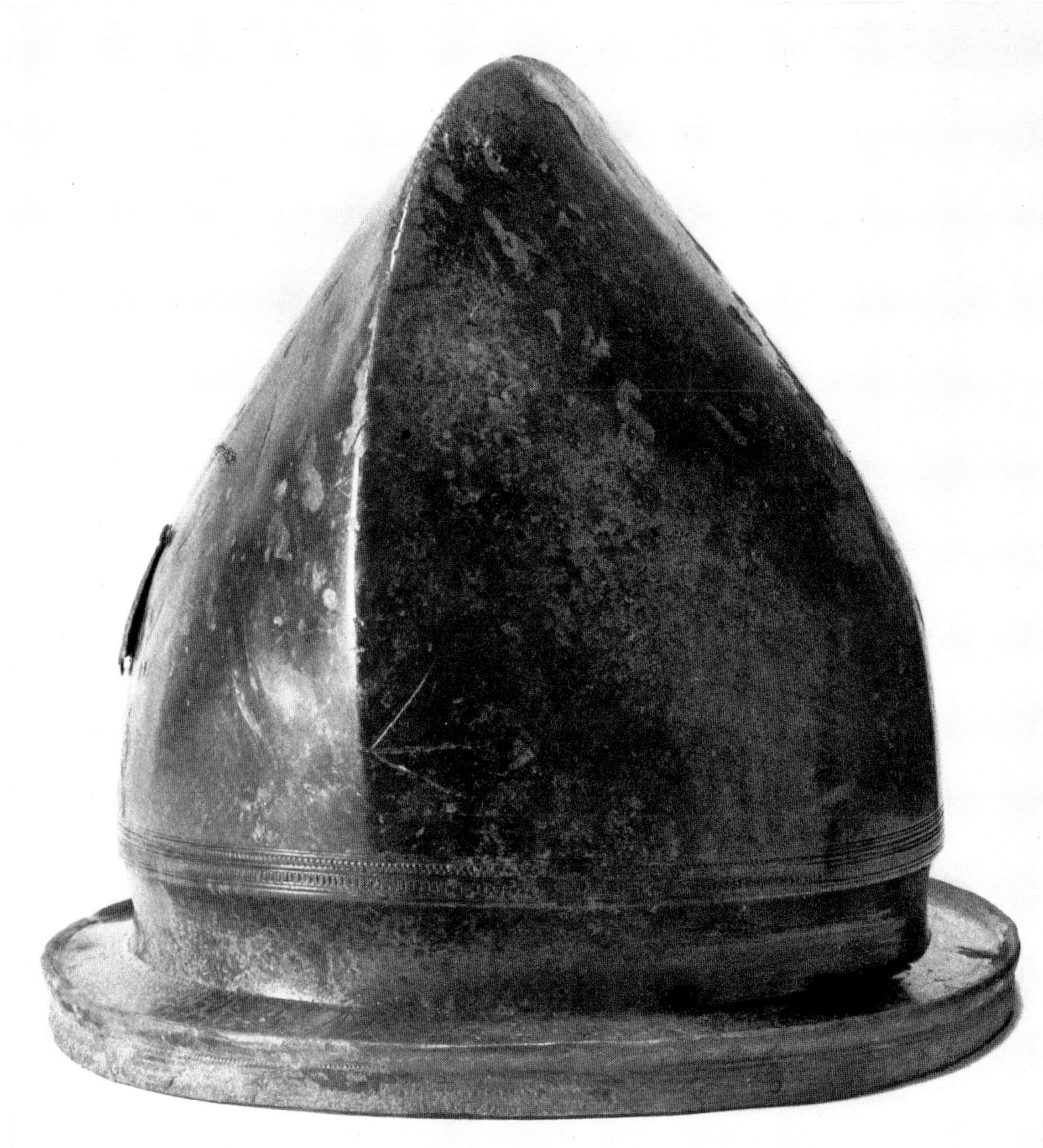

106

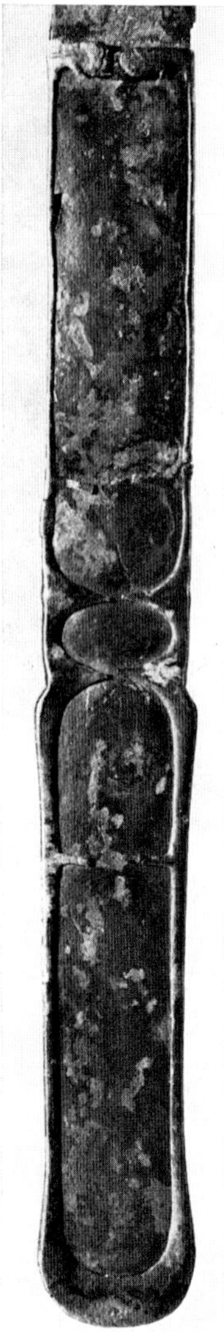

107

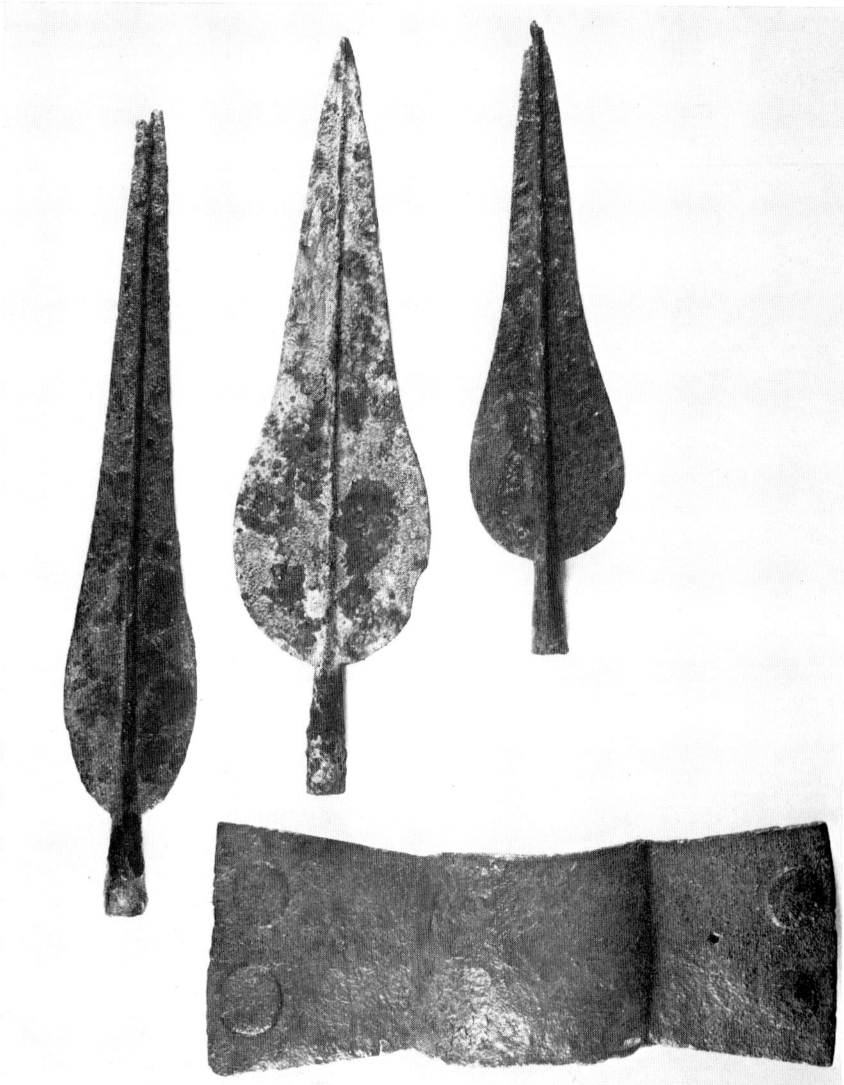

108

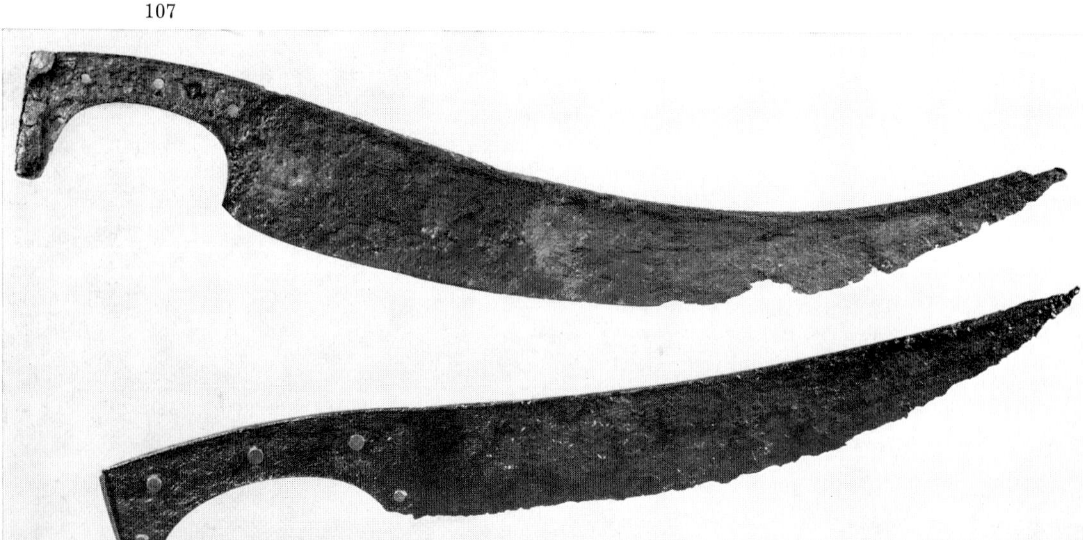

109

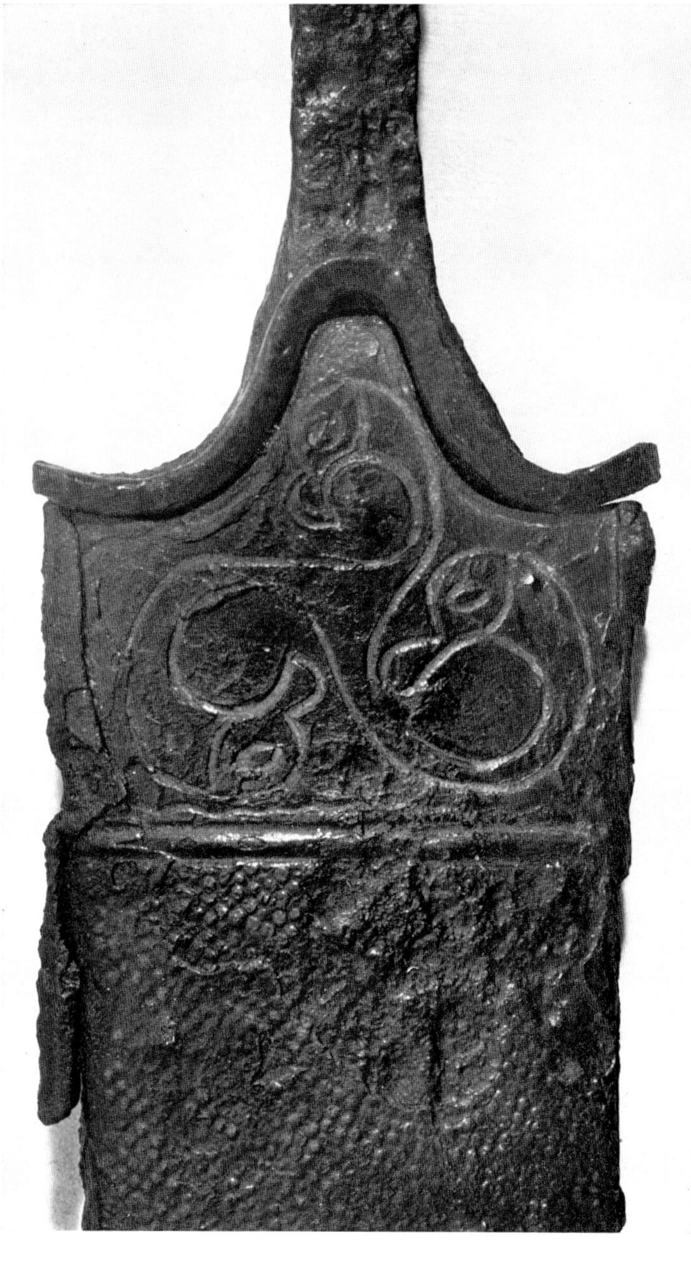

110

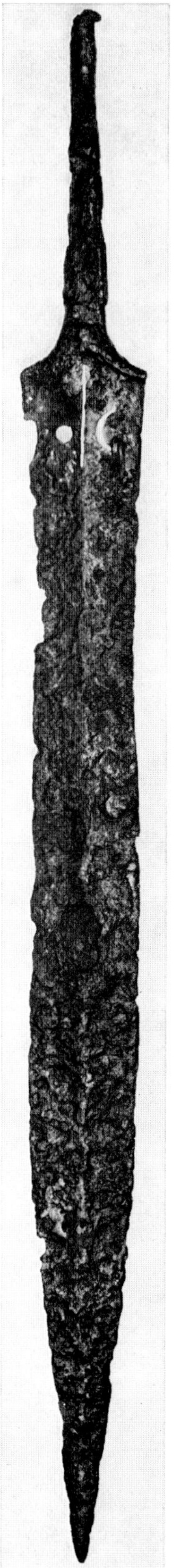

111

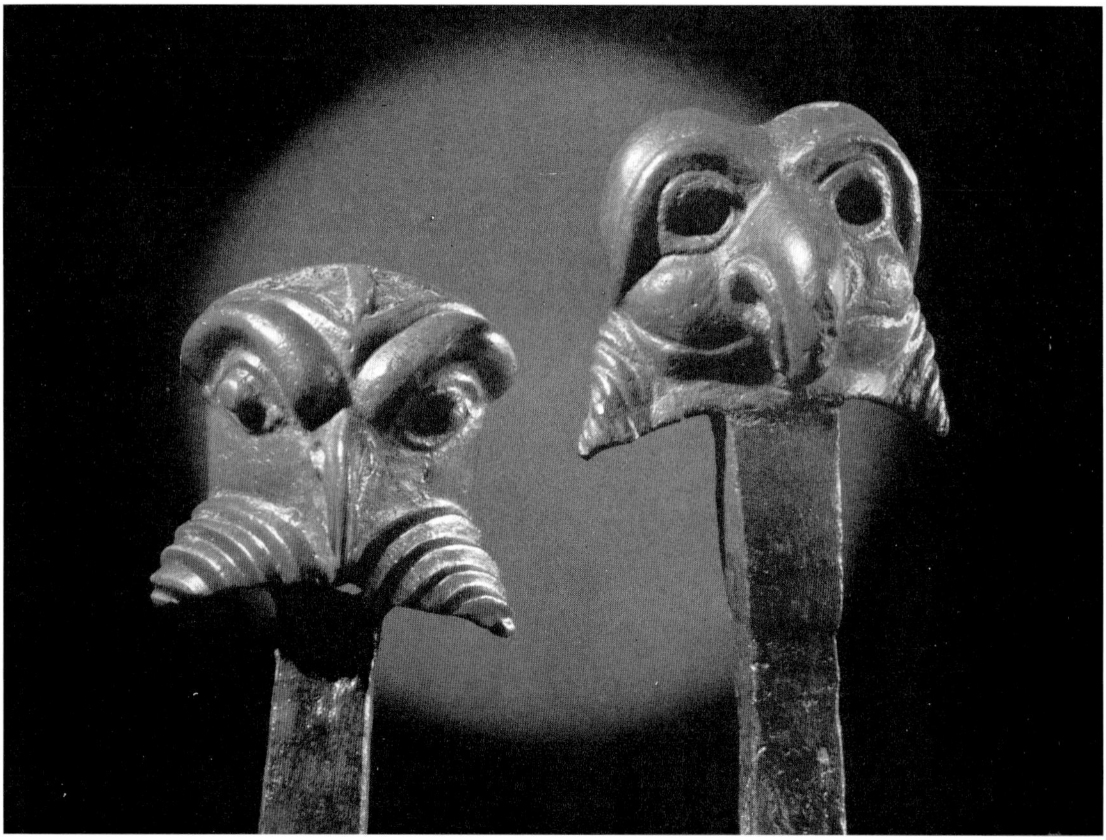
112

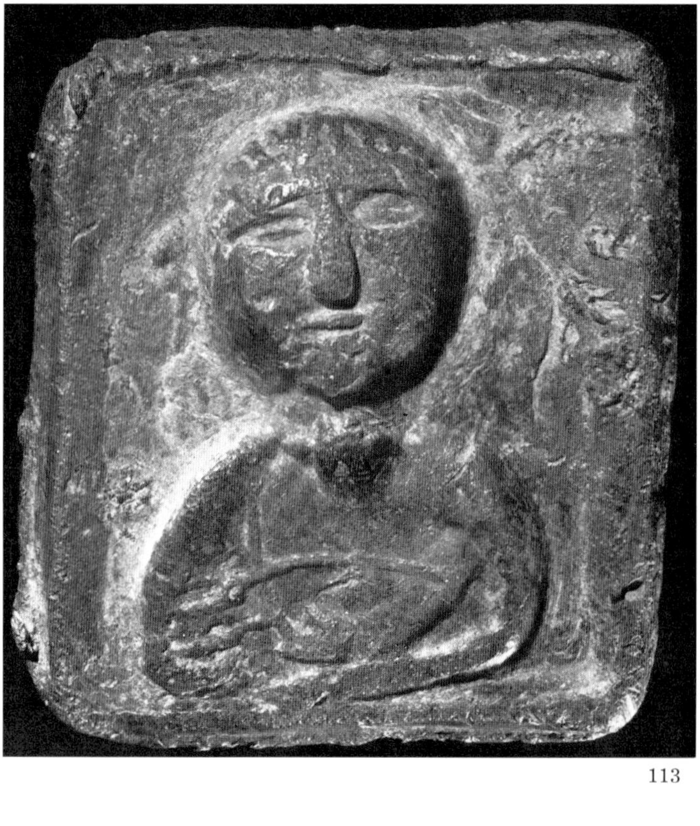
113

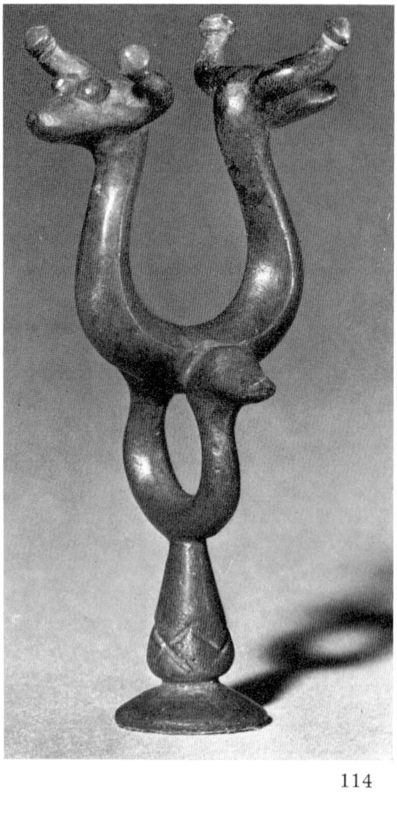
114

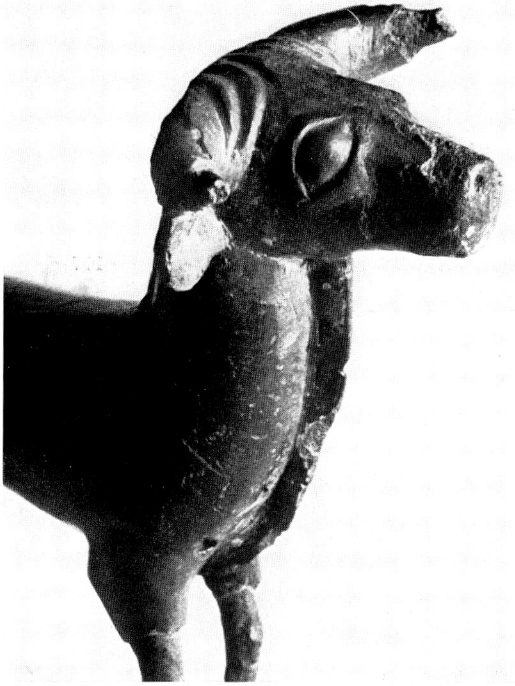

115

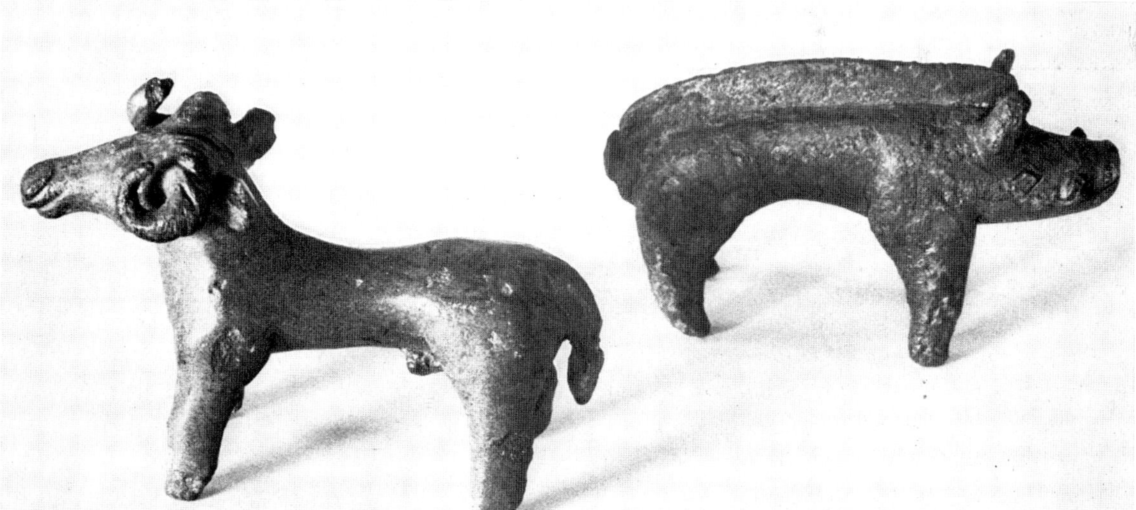

116

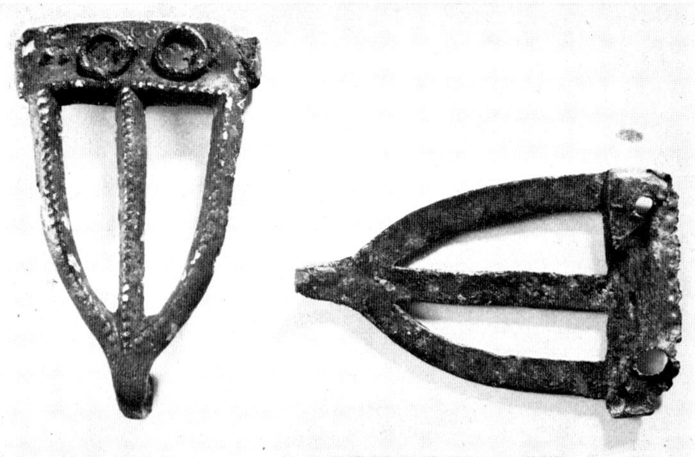
117

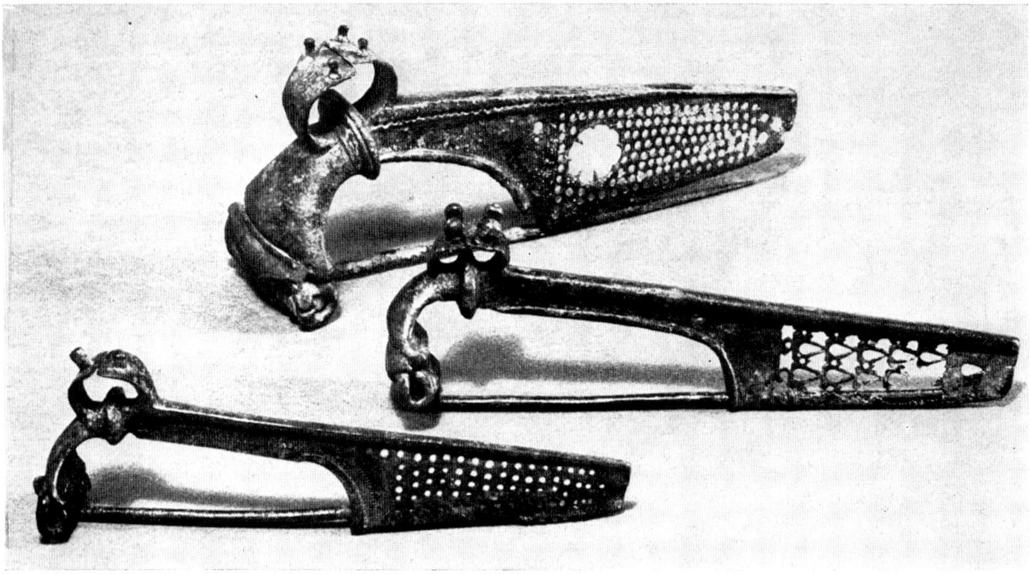
118

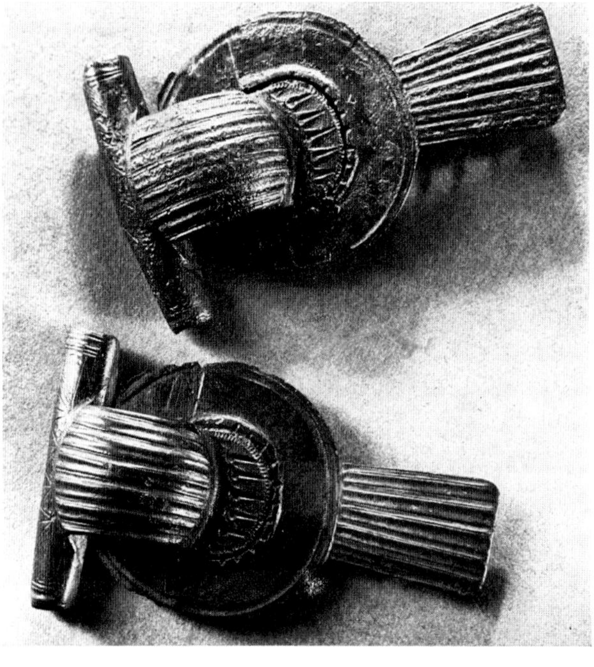
119

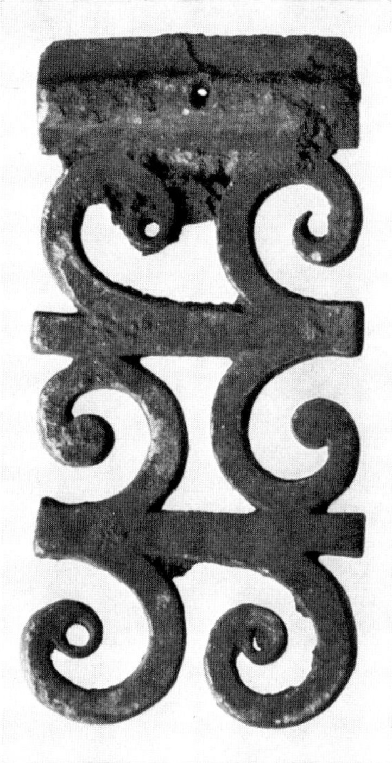

120

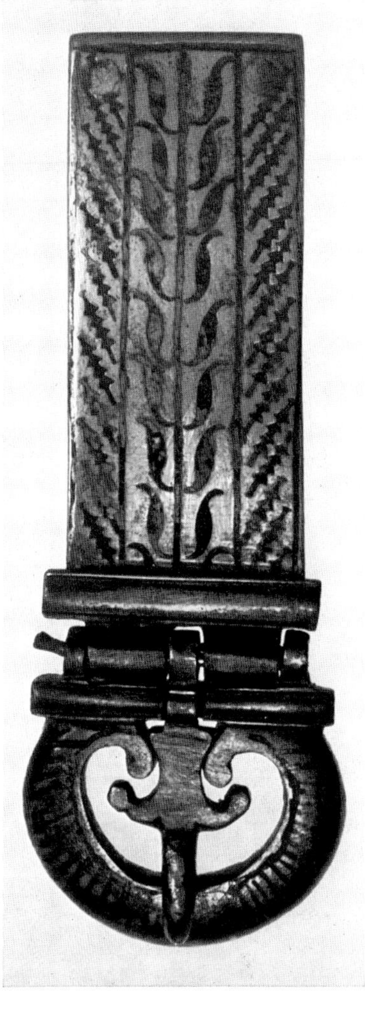

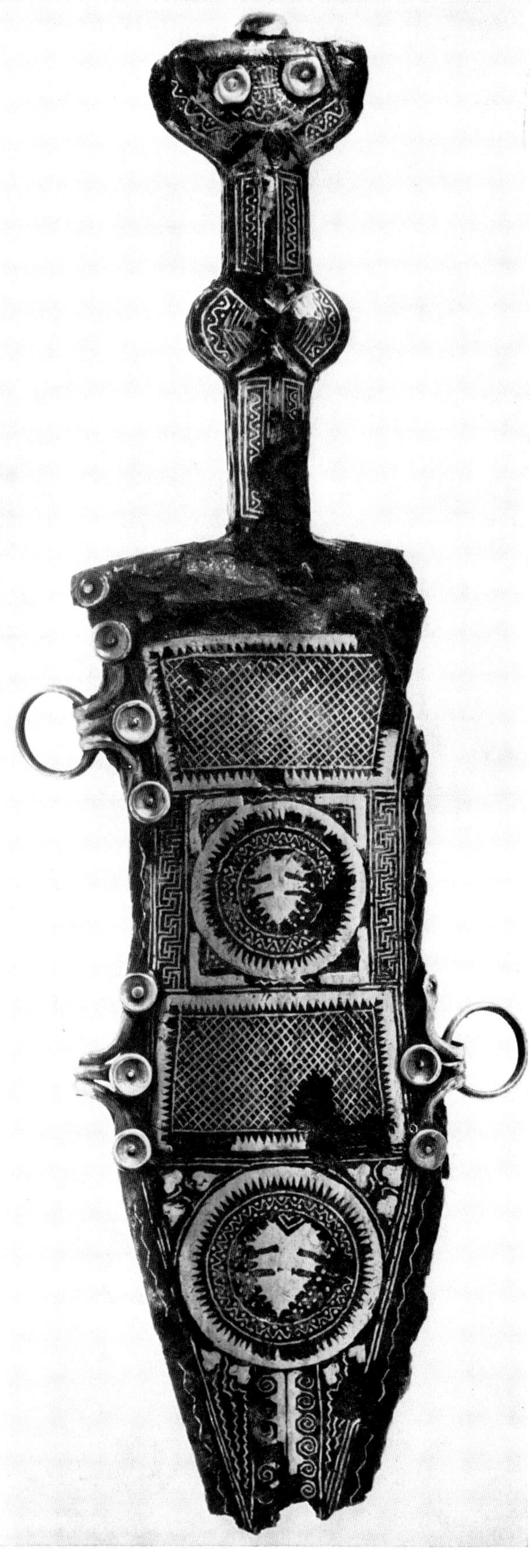

121—122

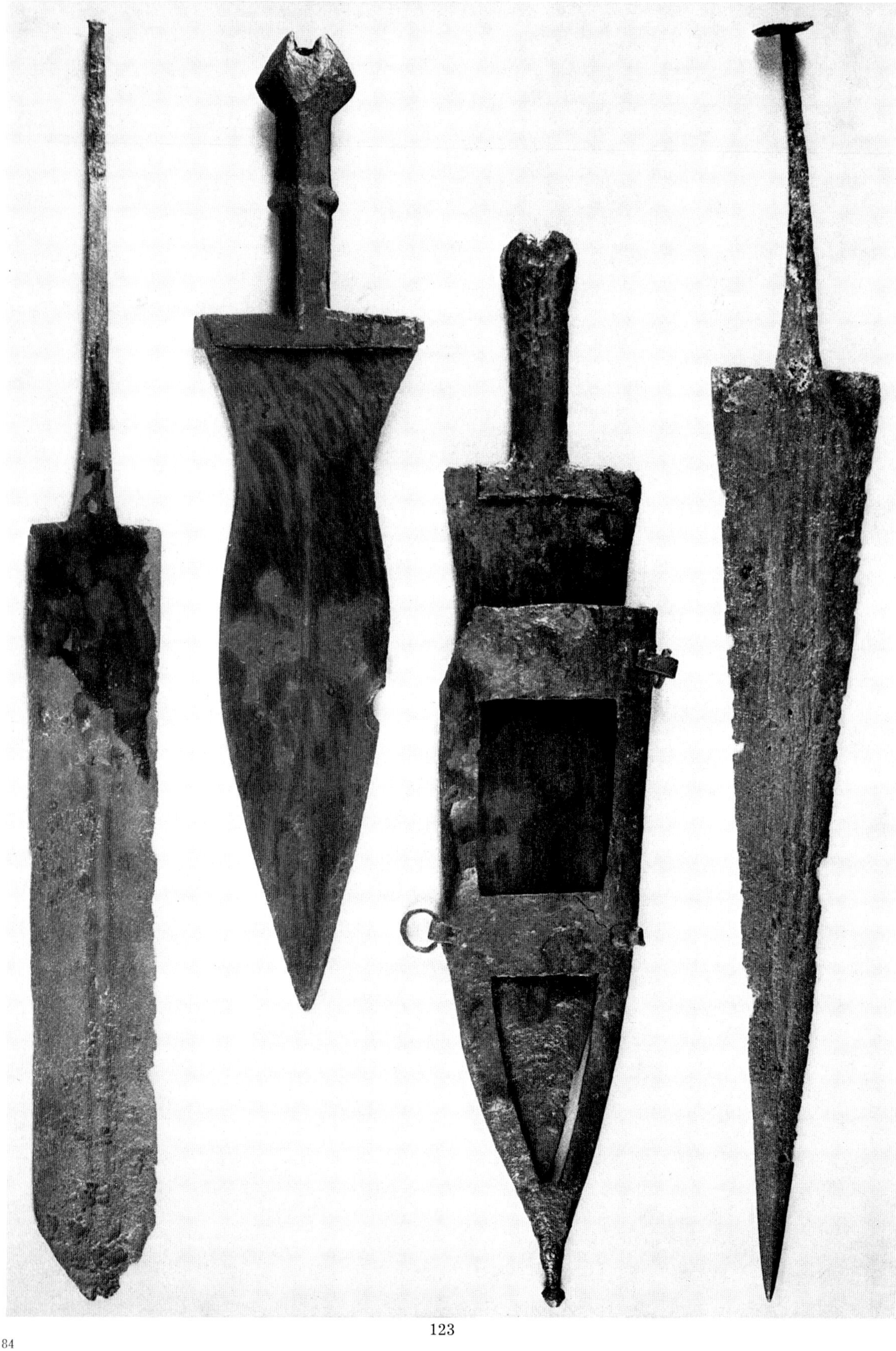

123

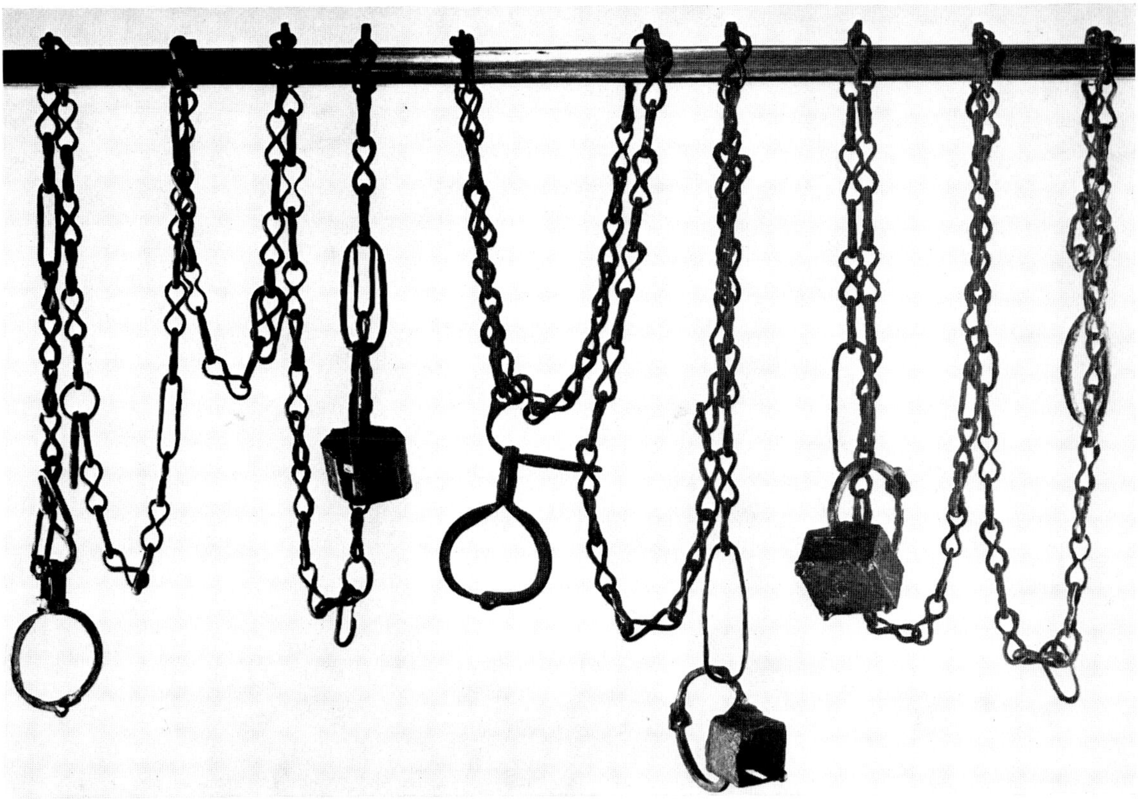

124

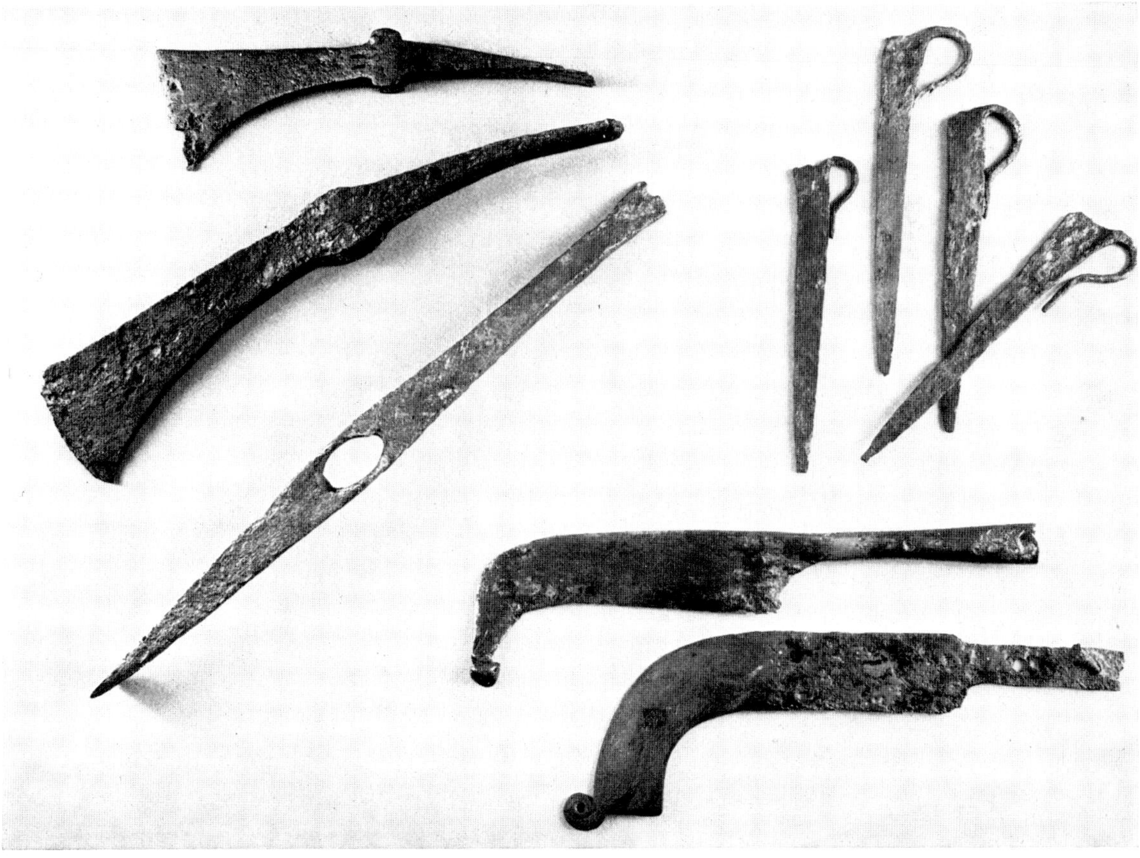

125

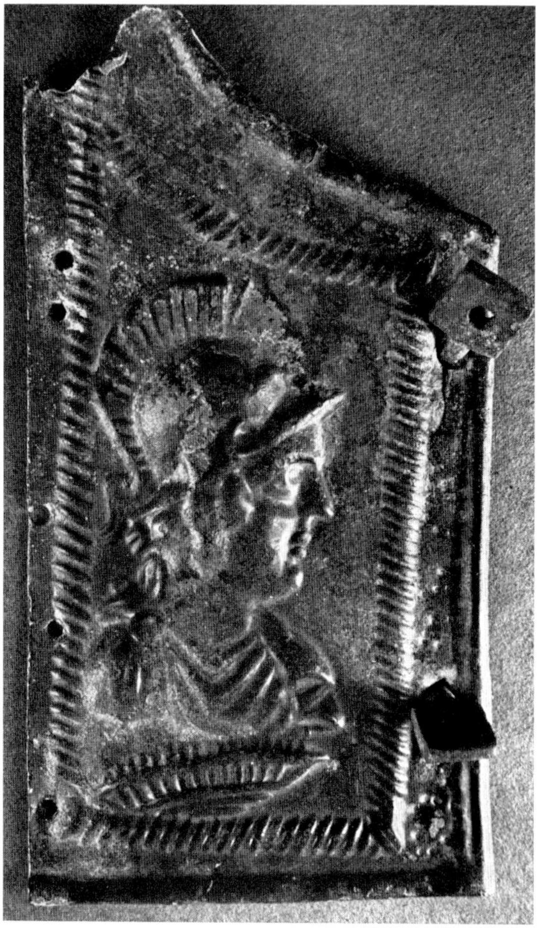

126

127

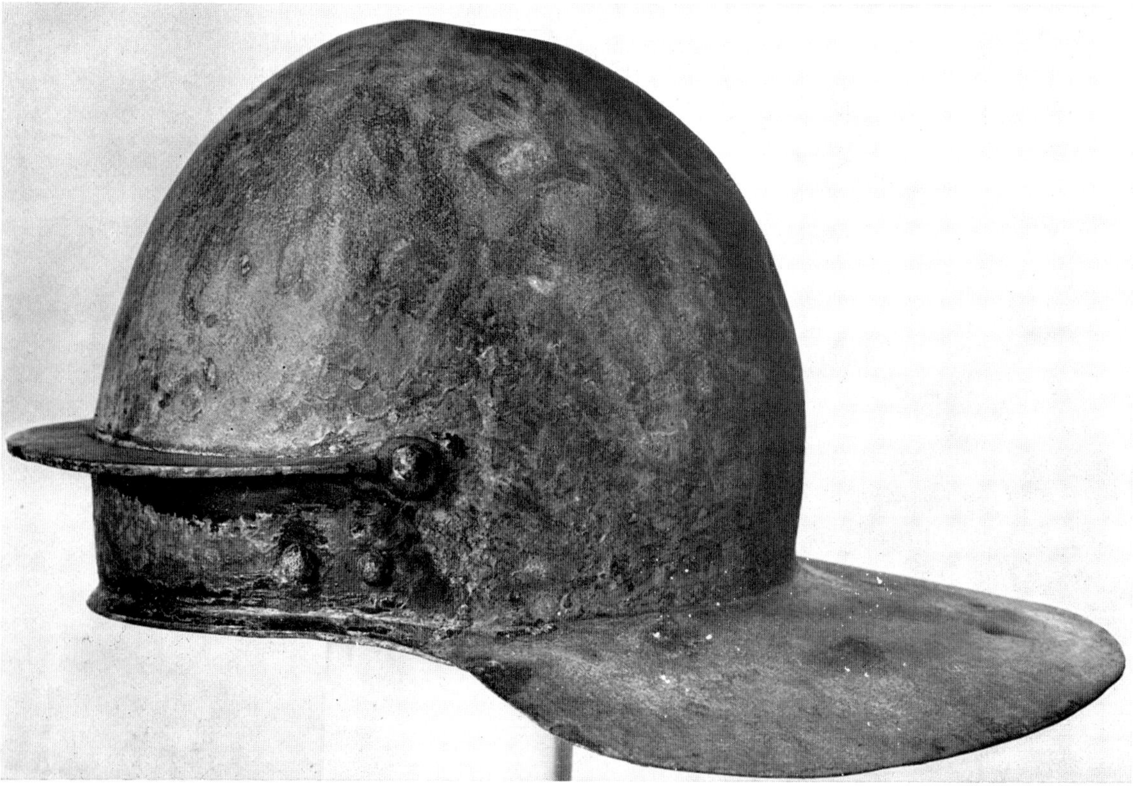

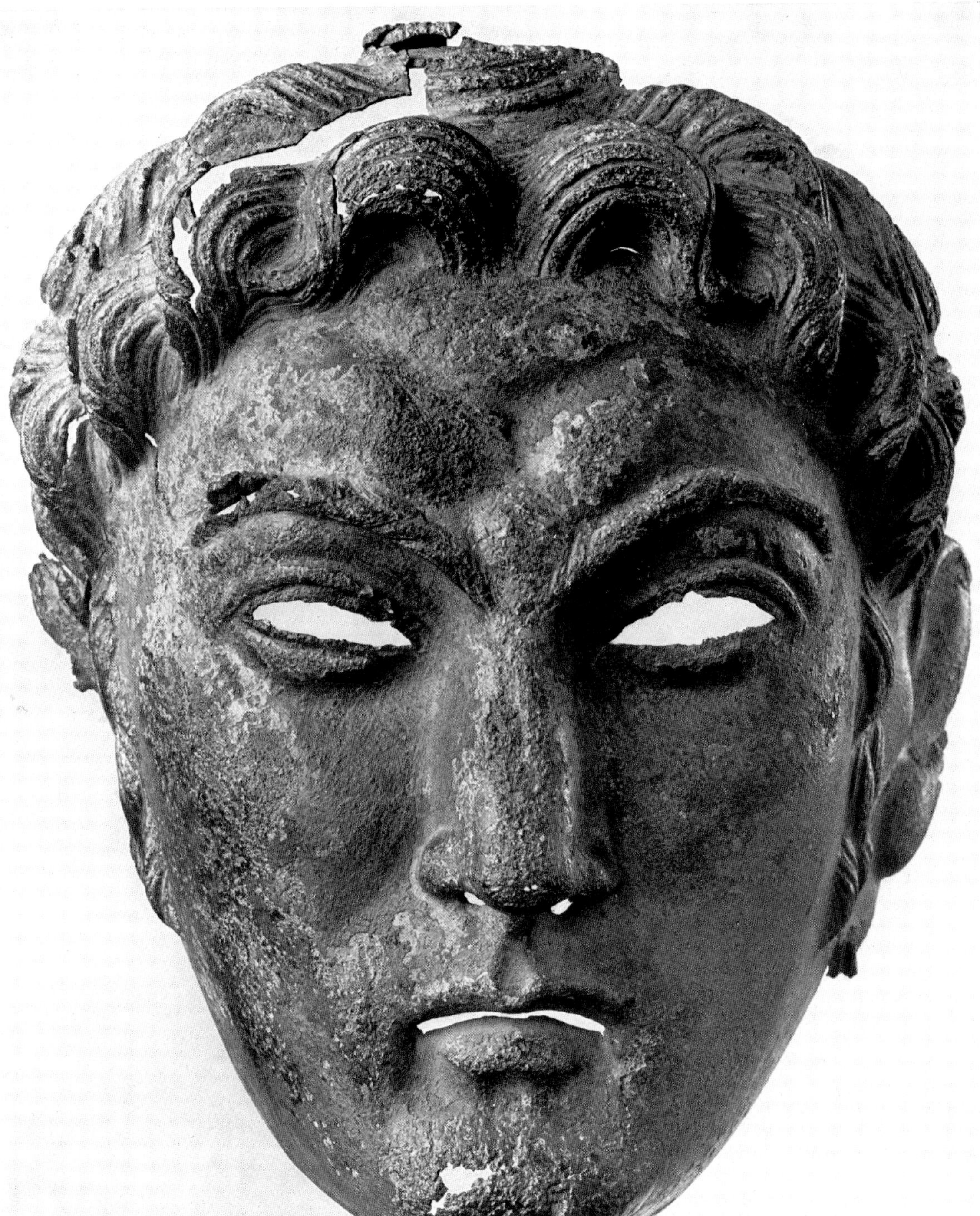

128

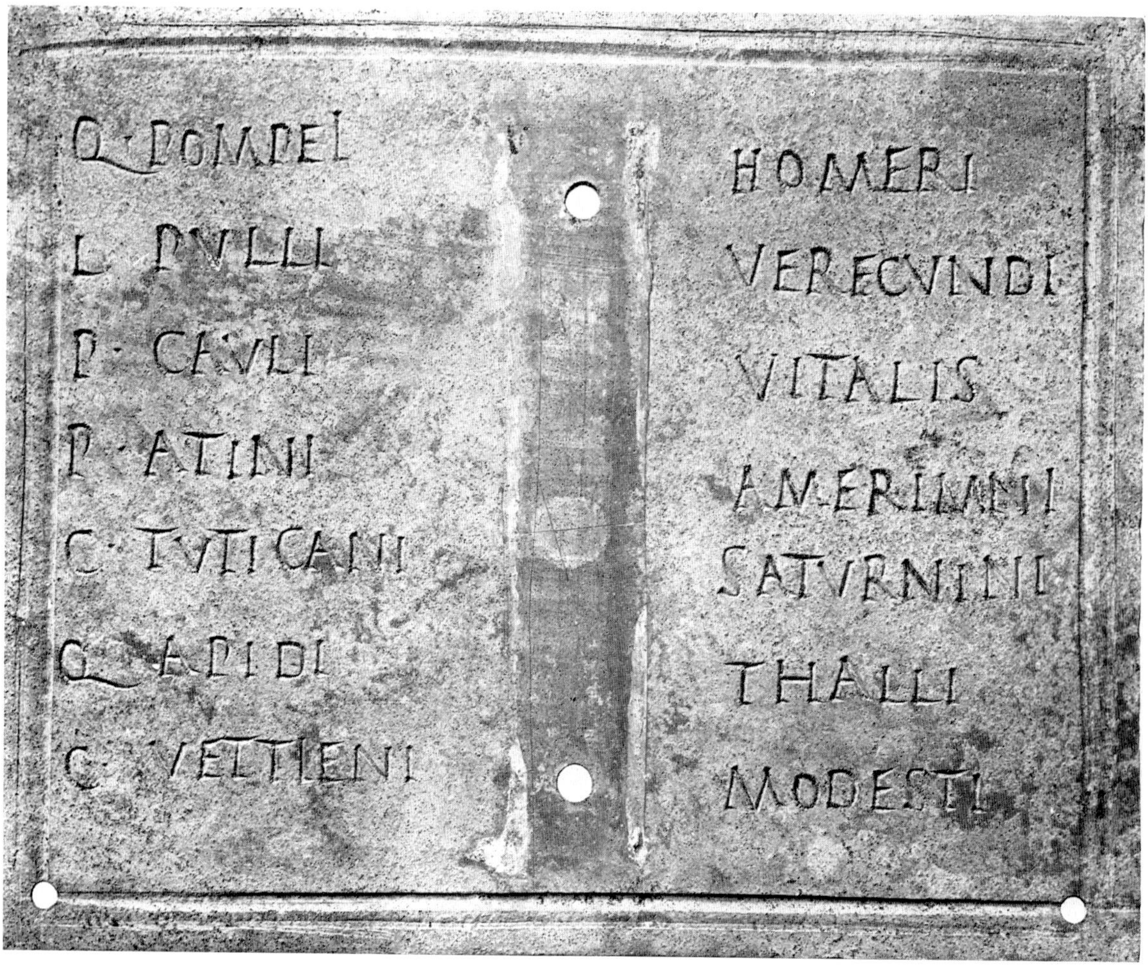
Q · POMPEI
L · PVLLI
P · CAVLI
P · ATINI
C · TVTICANI
C · VETTIENI
HOMERI
VERECVNDI
VITALIS
AMERIMNI
SATVRNINI
THALLI
MODESTI

129

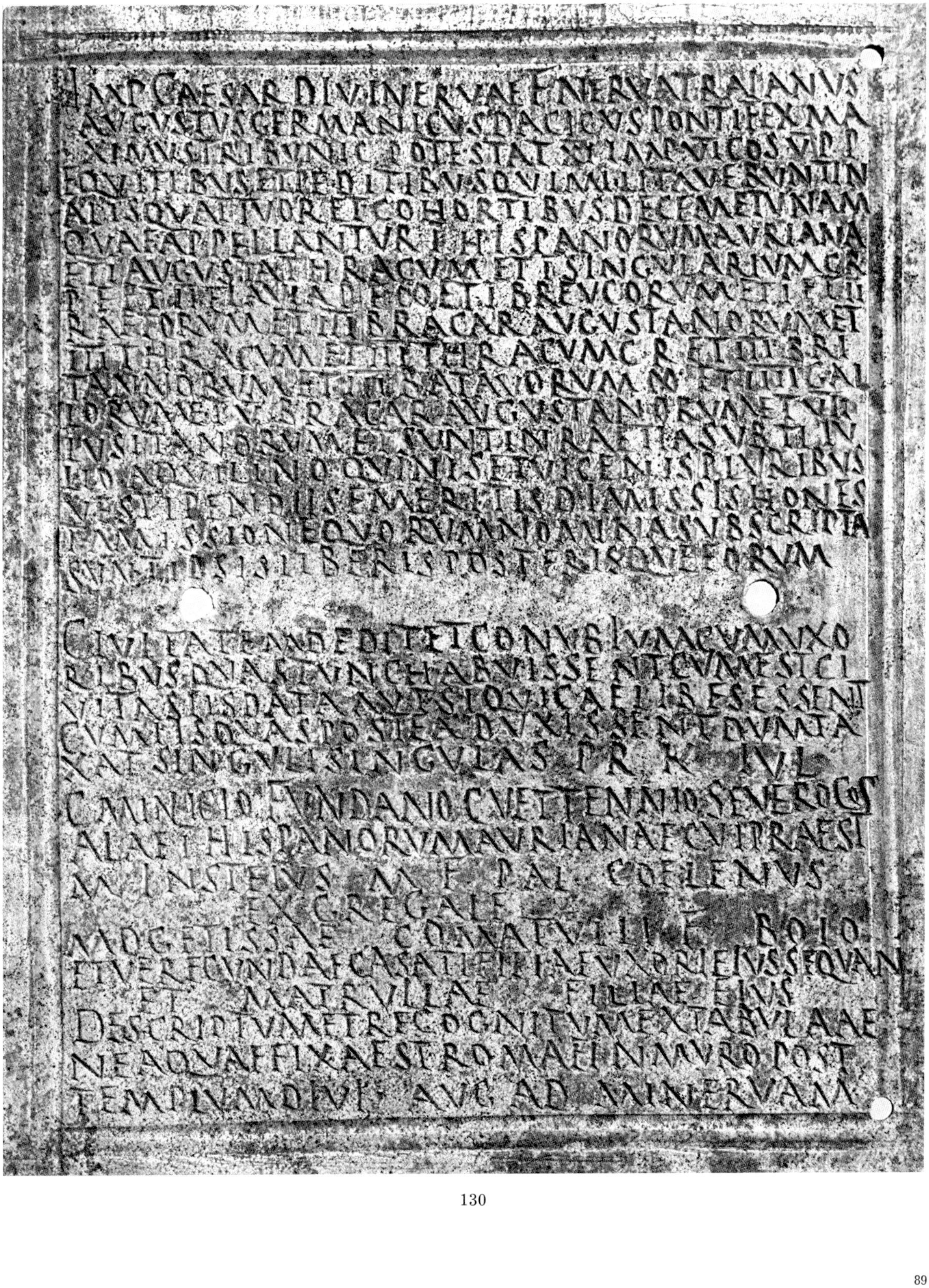

130

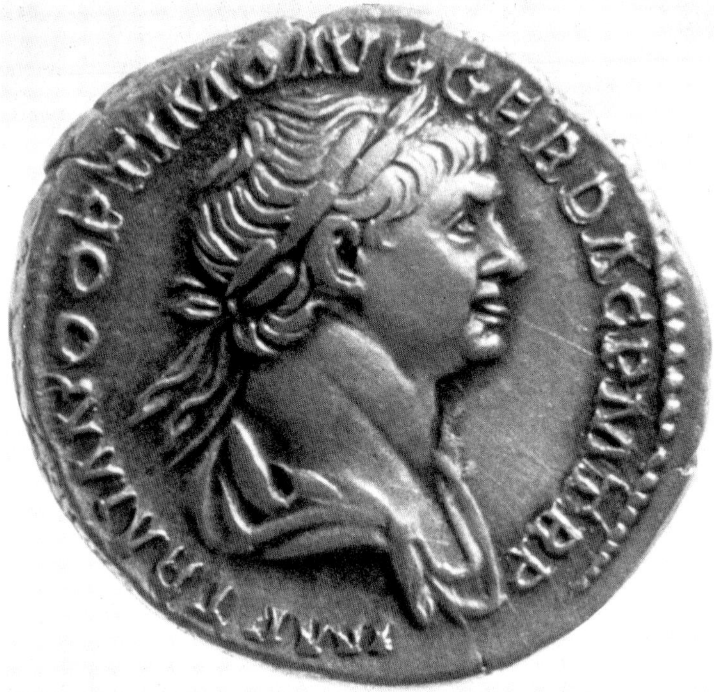

131

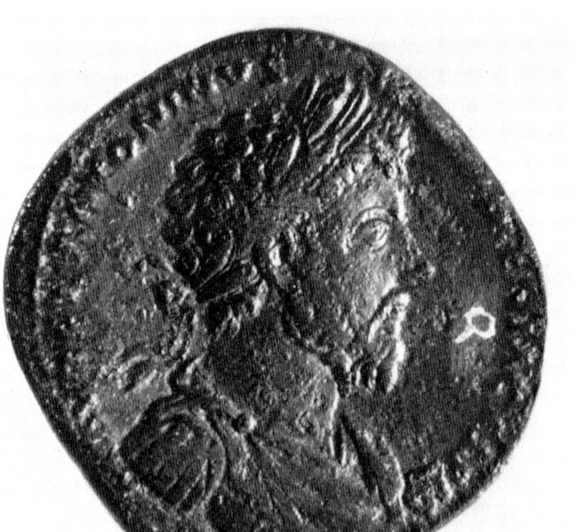

132

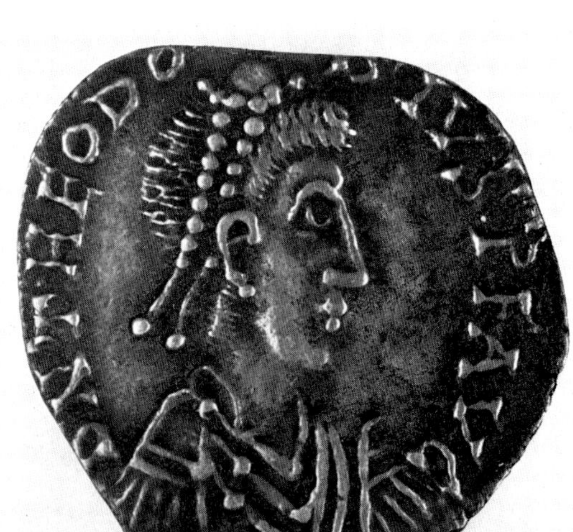

133

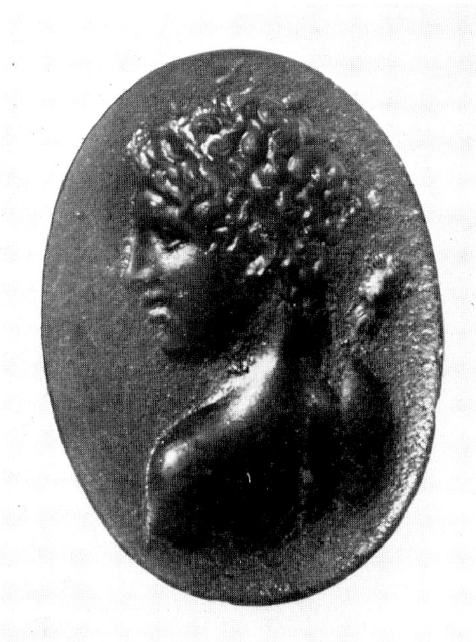

134

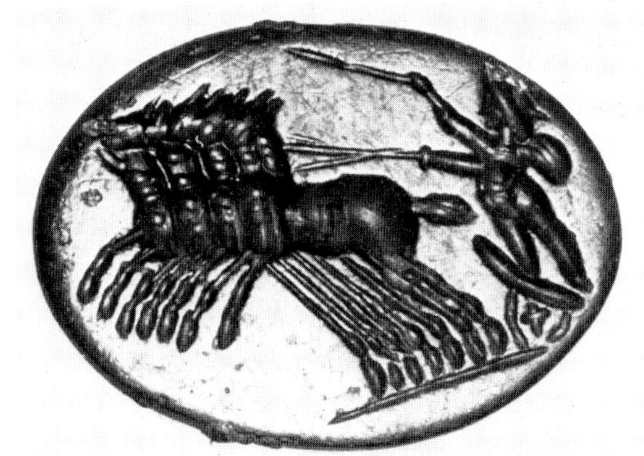

135

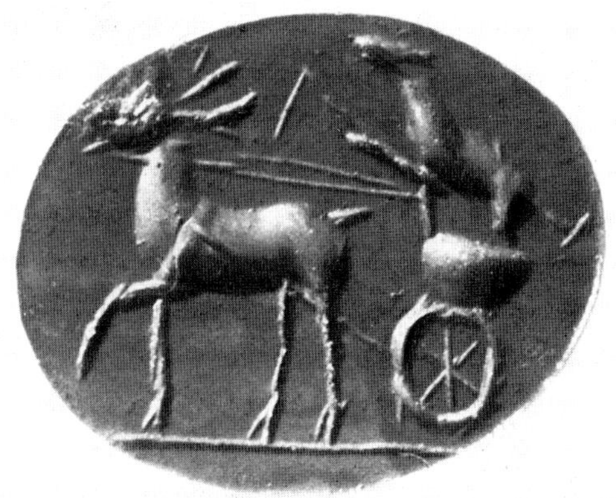

136

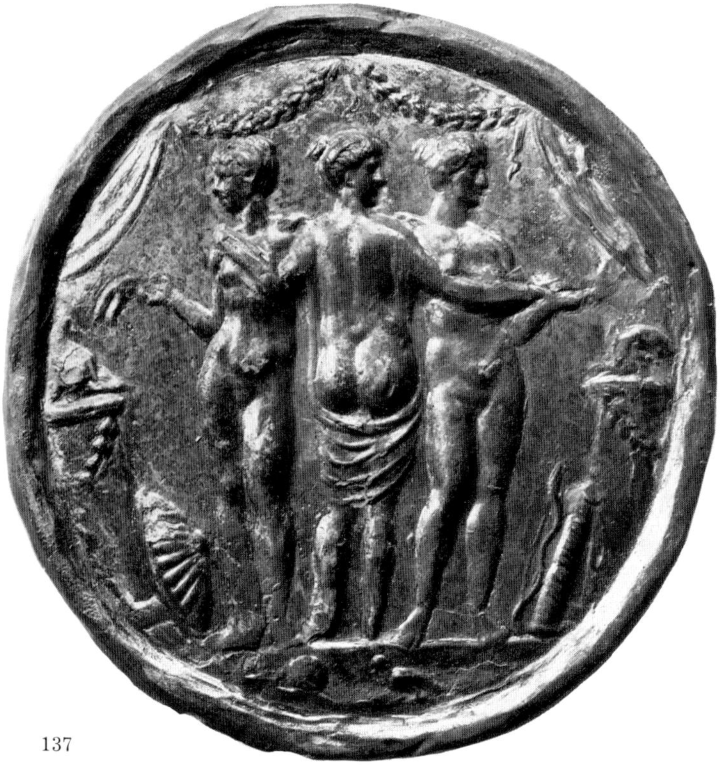
137

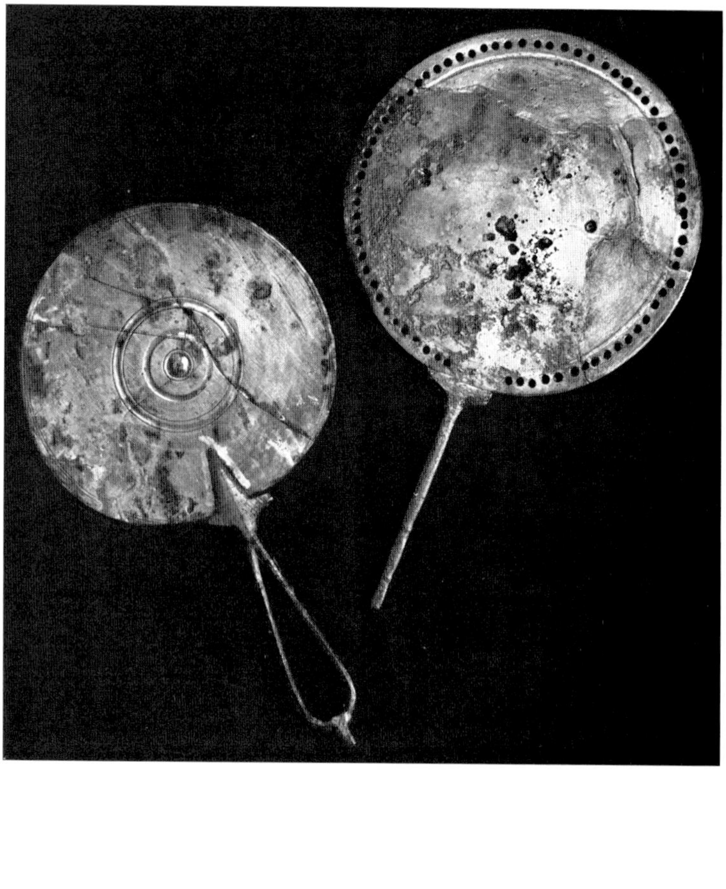
138

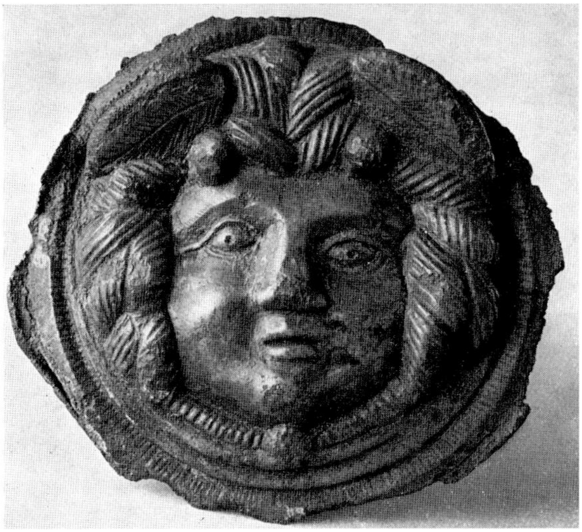

139

140

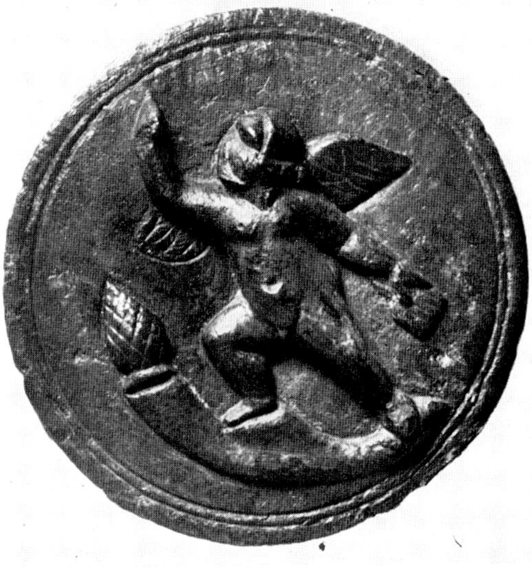

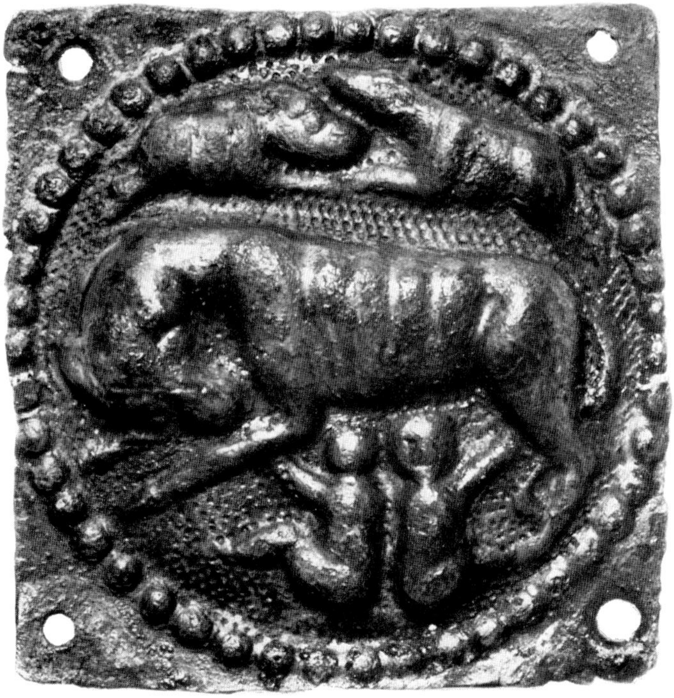

141

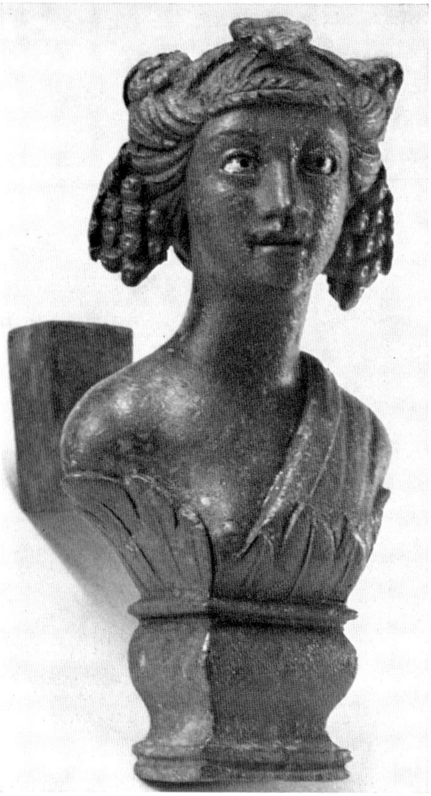

142

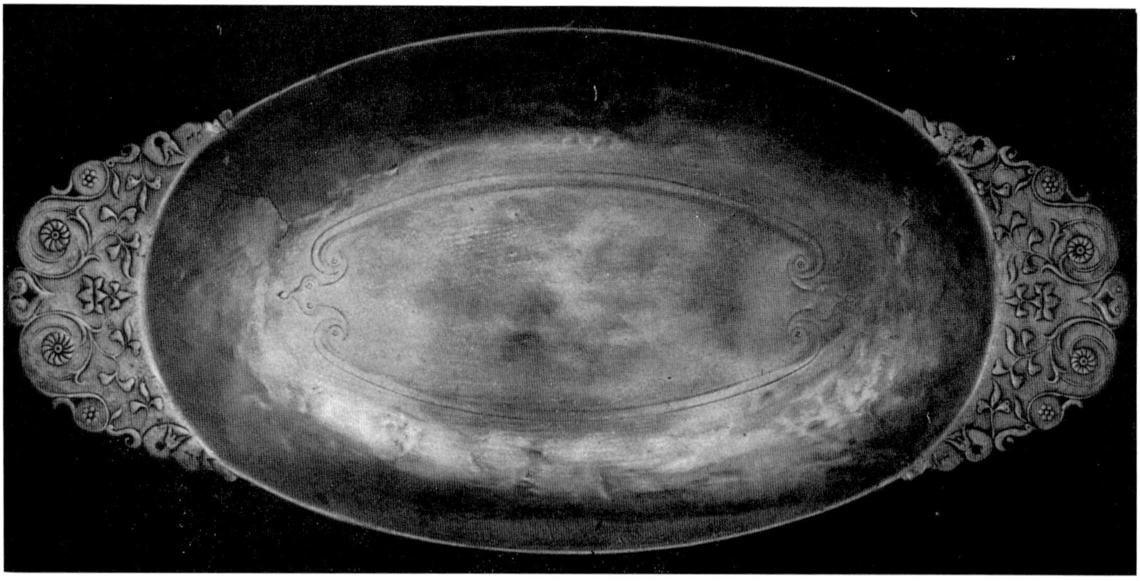

143

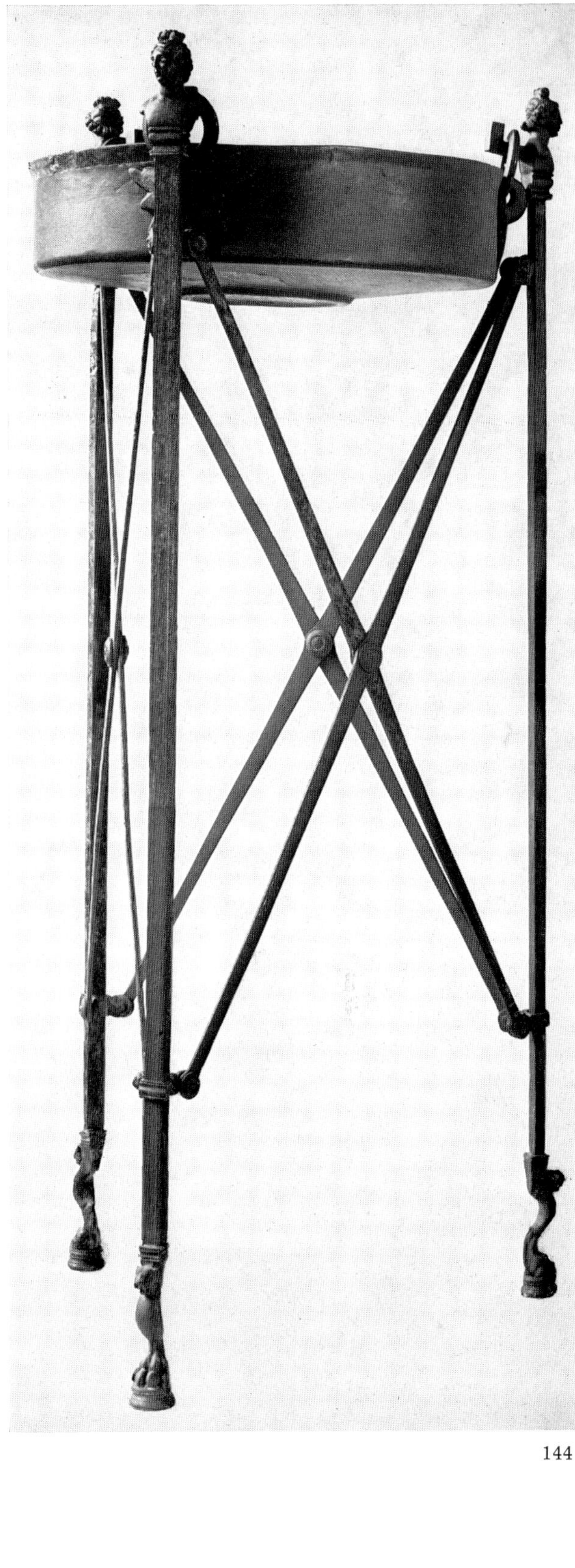

144

145

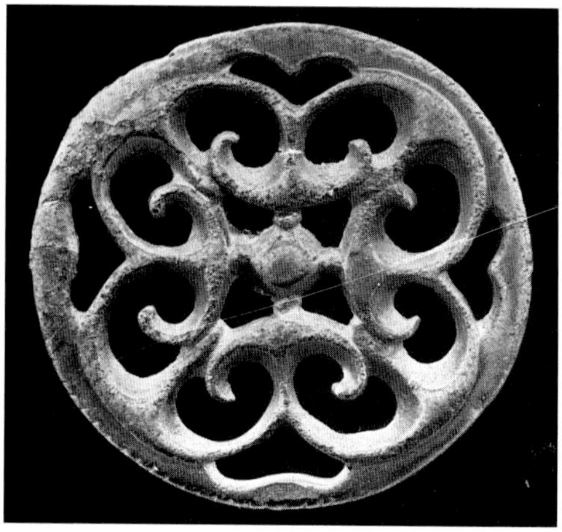

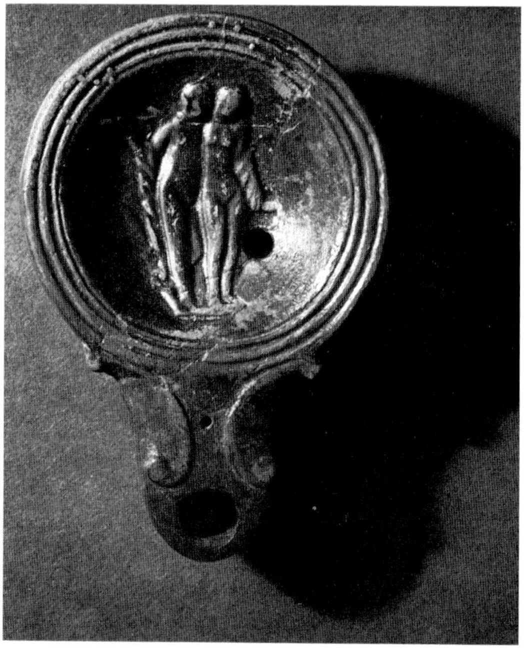

146

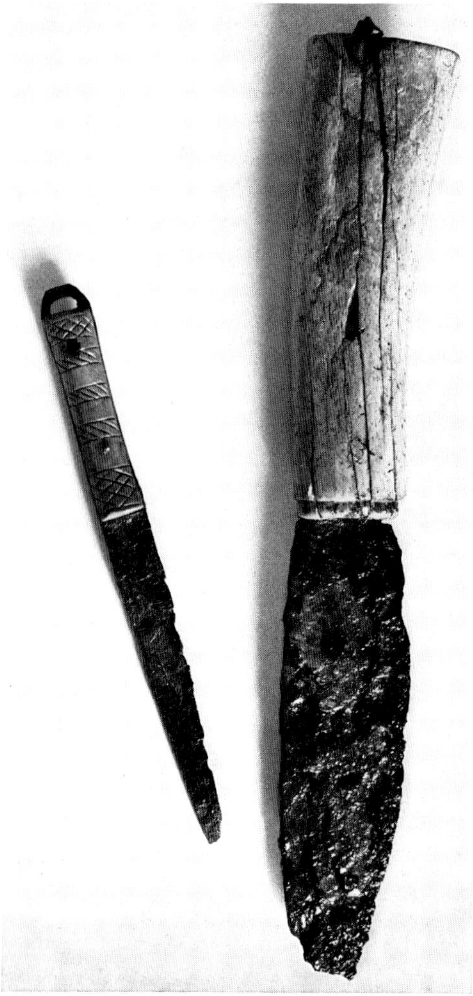

148

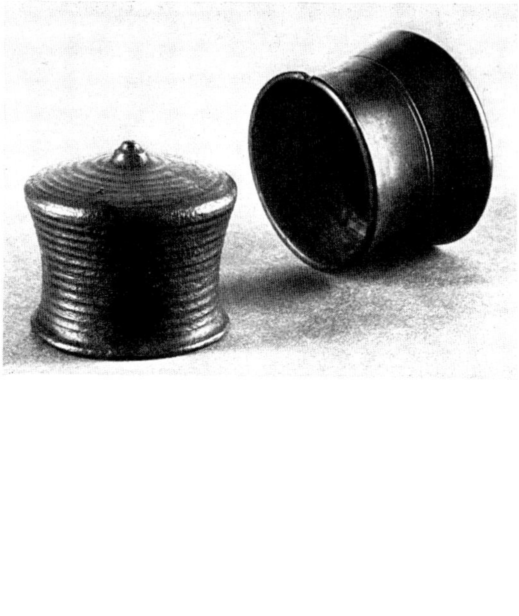

147

149

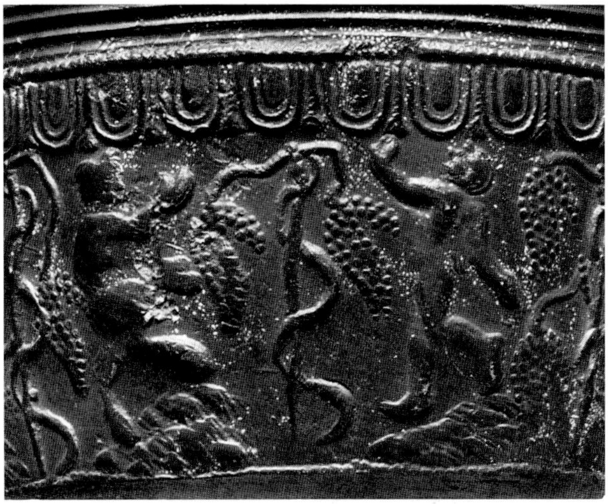

150

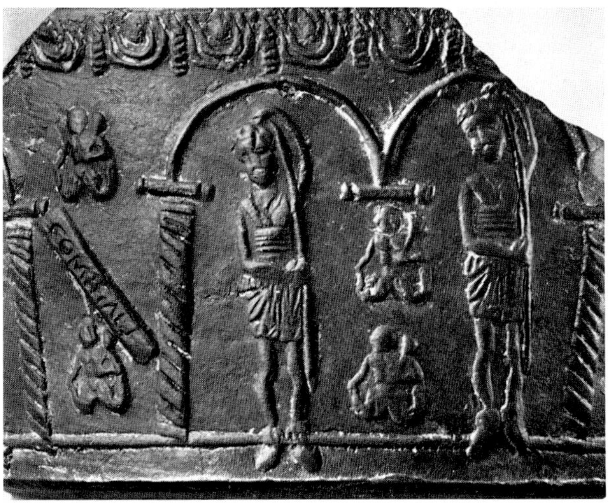

151

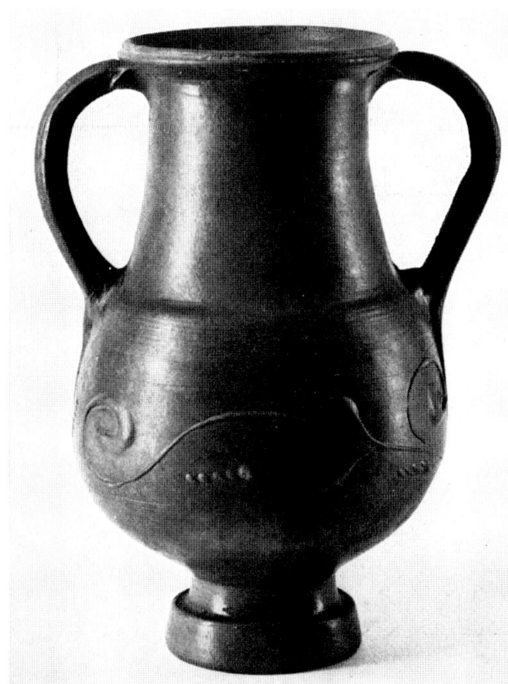

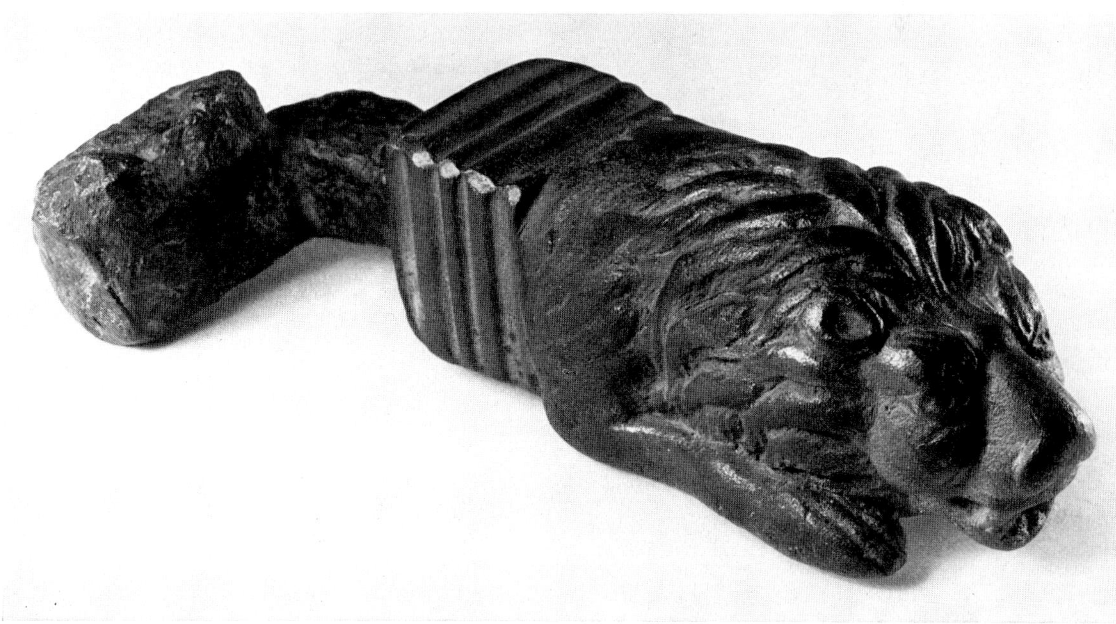

152

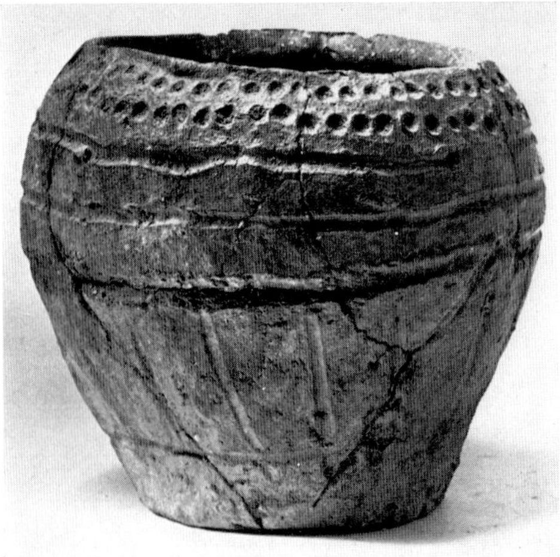

153

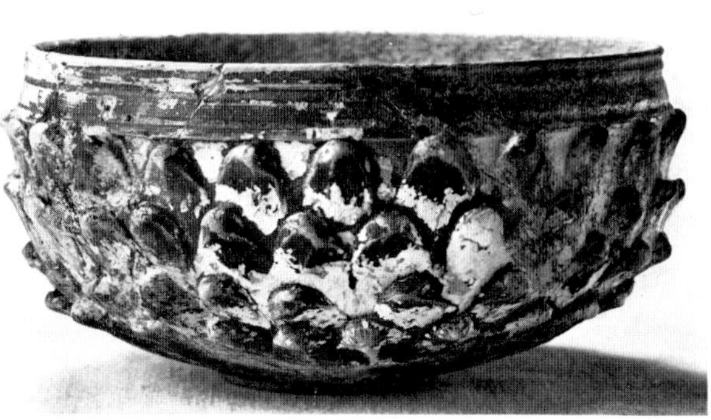

154

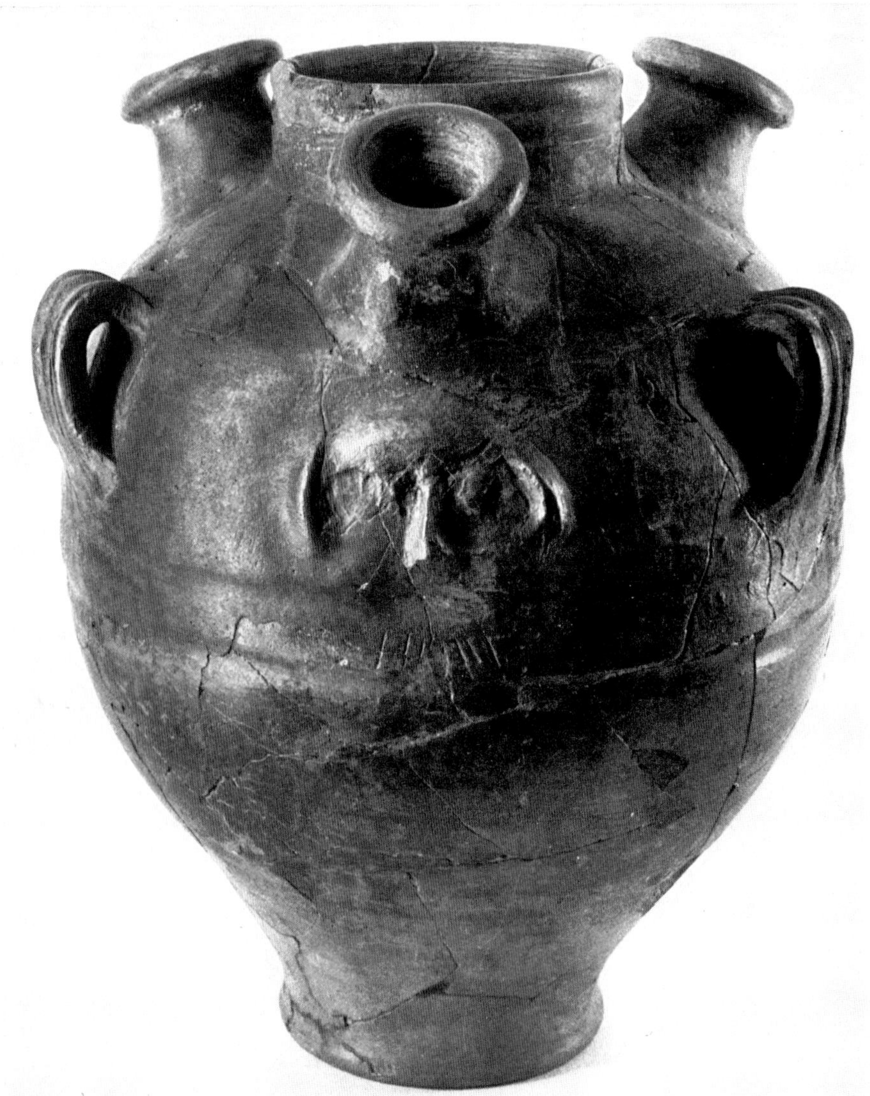

155

156

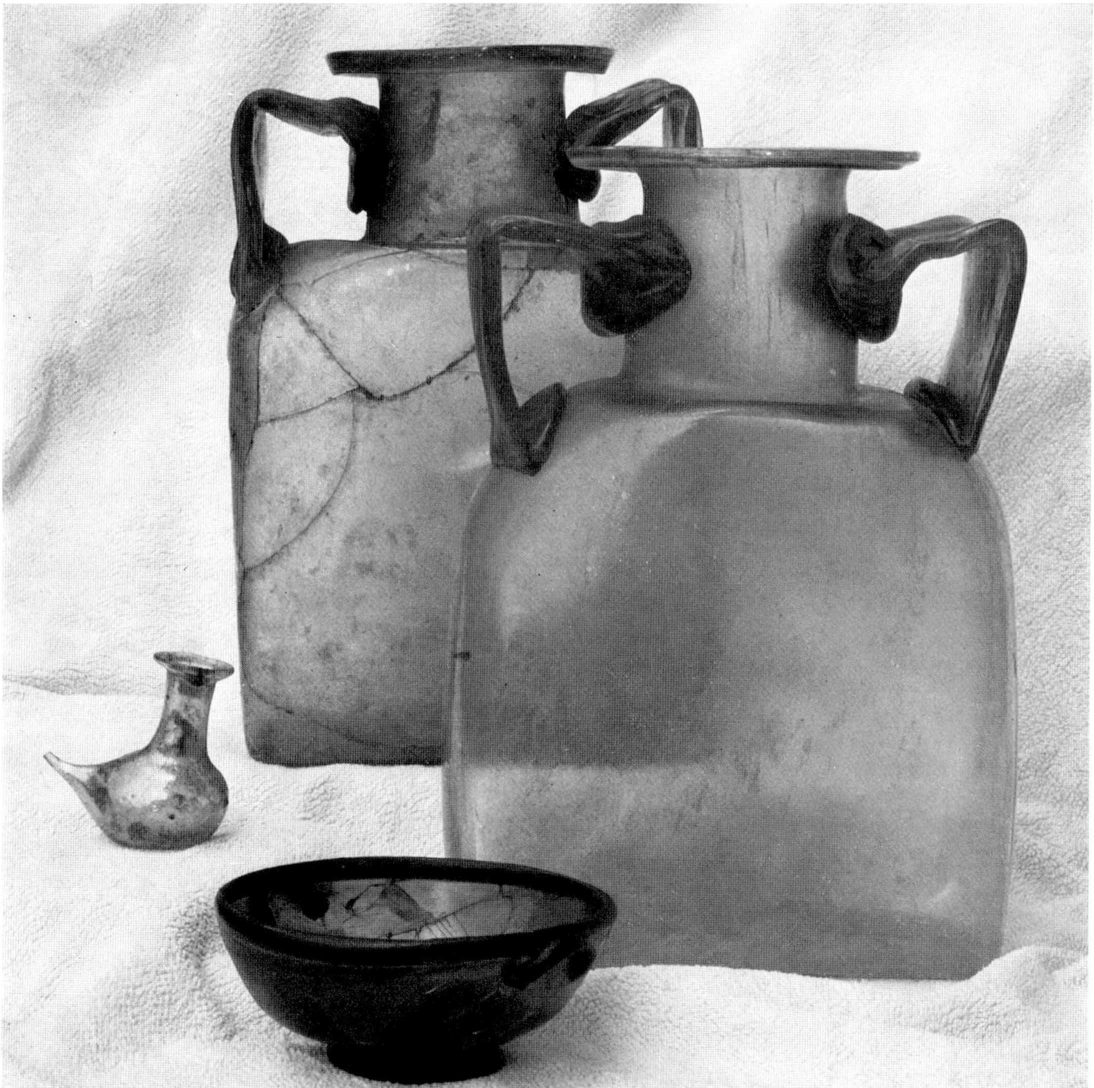

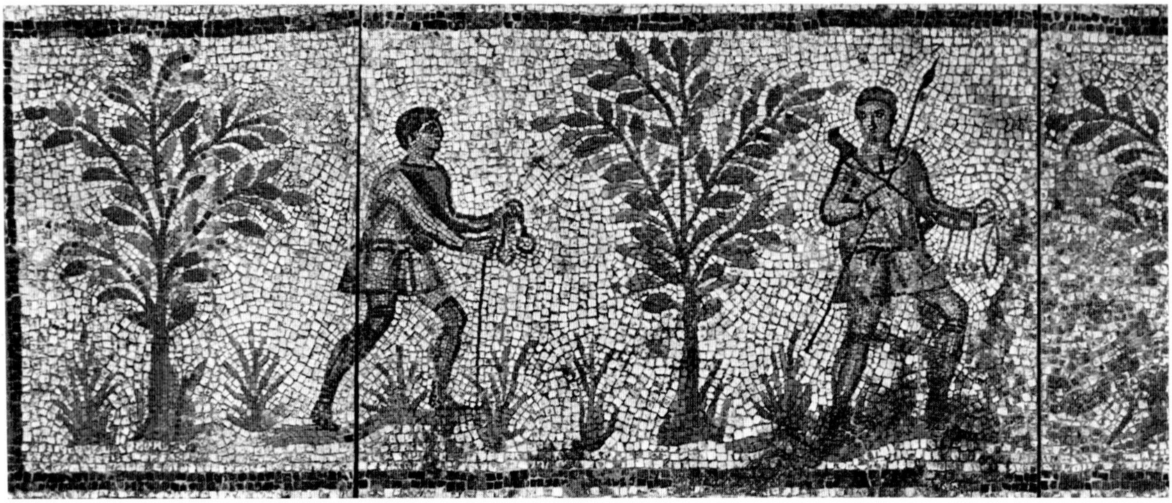

157

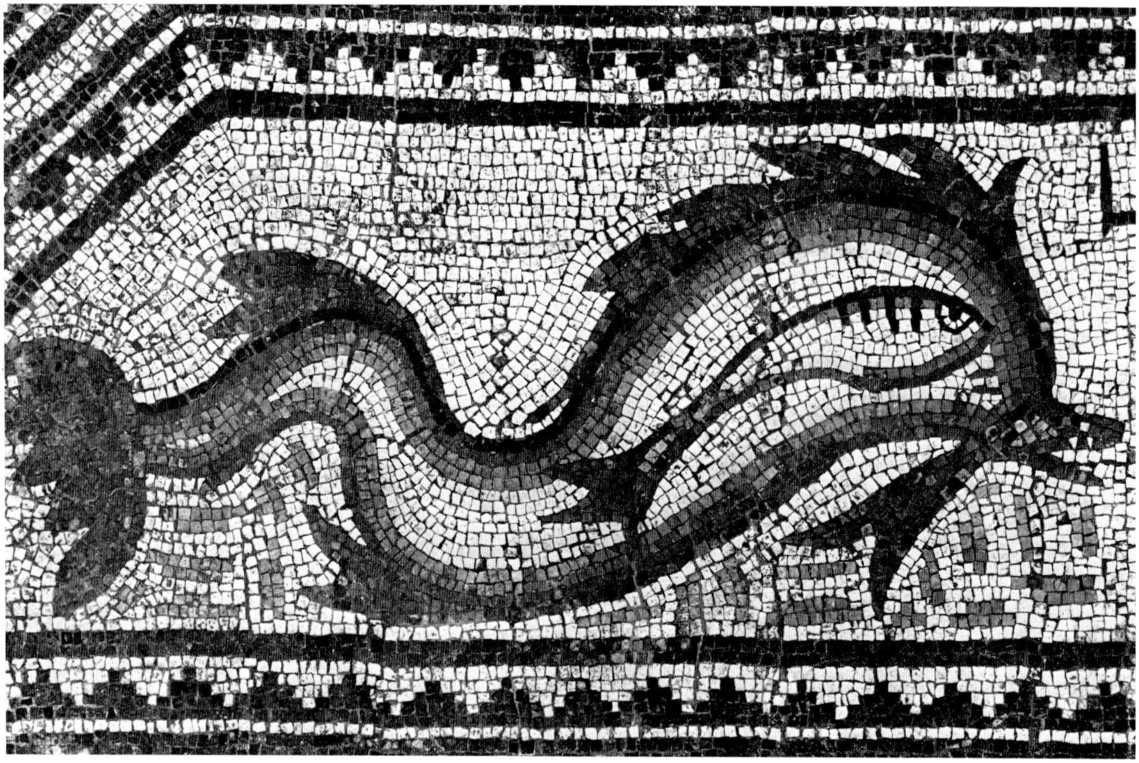

158

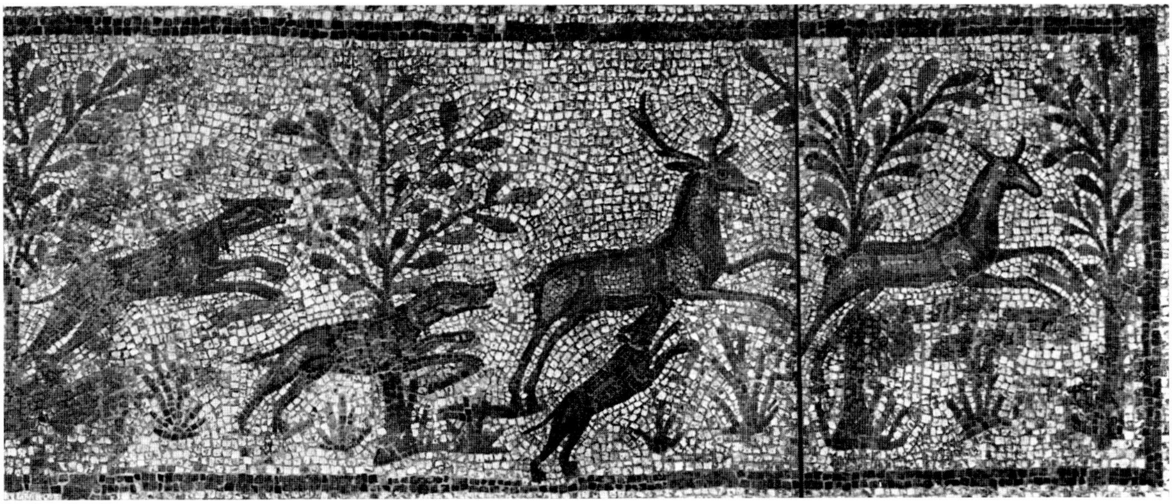

157

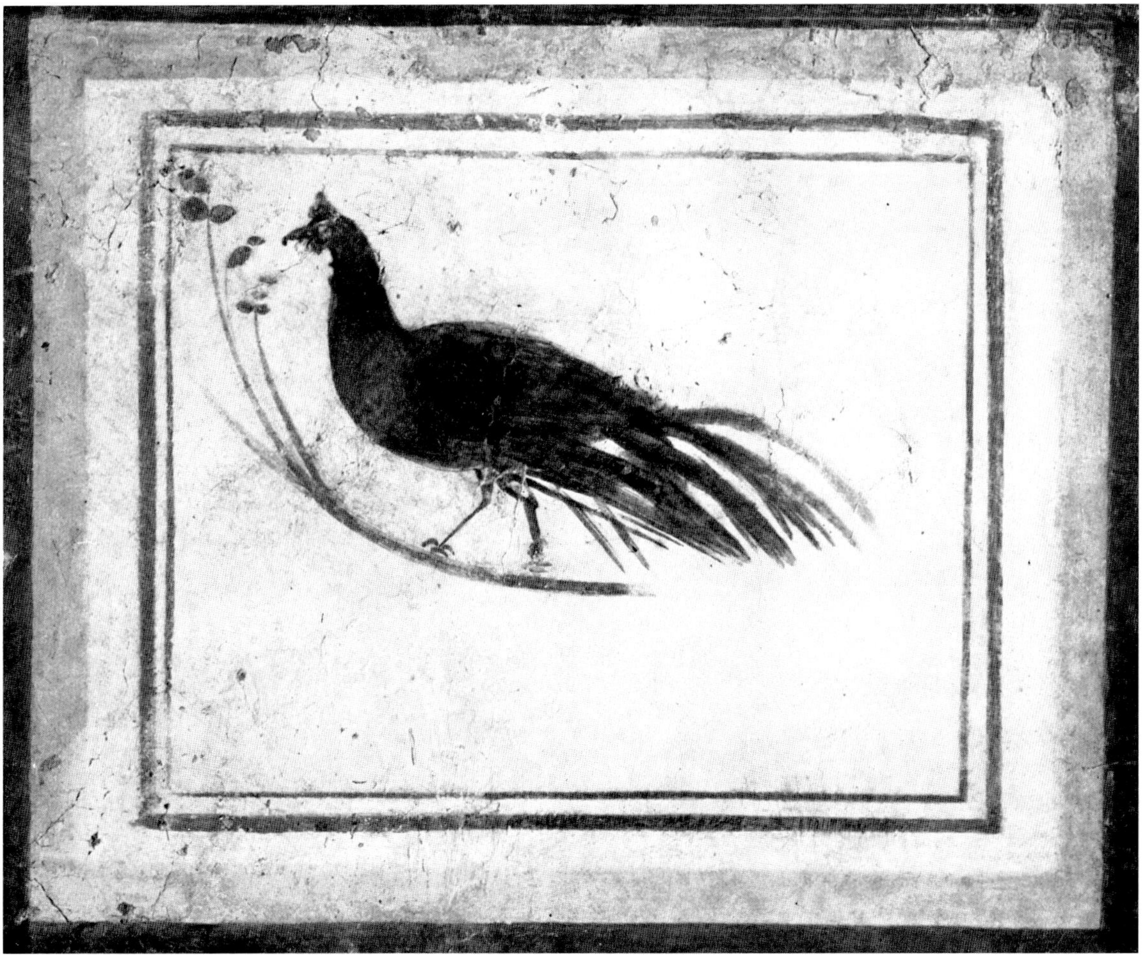

159

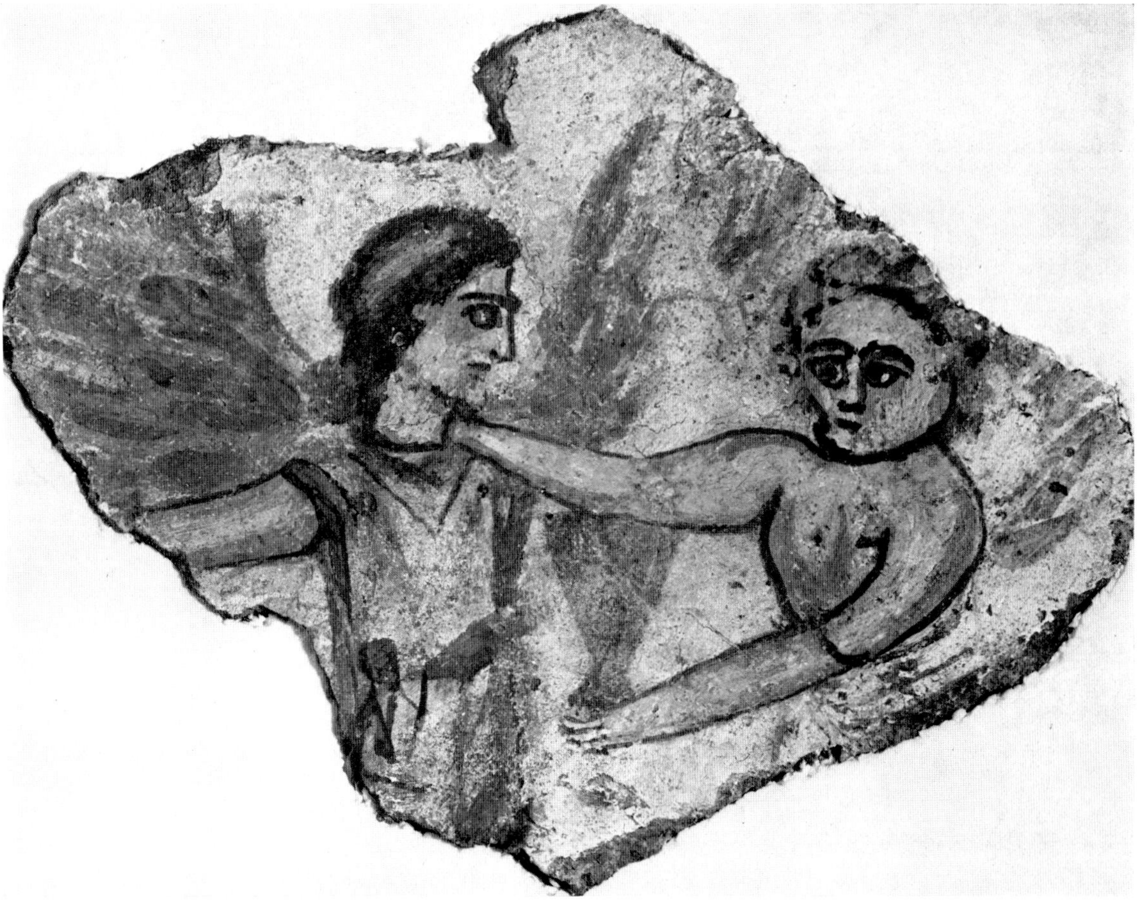

160

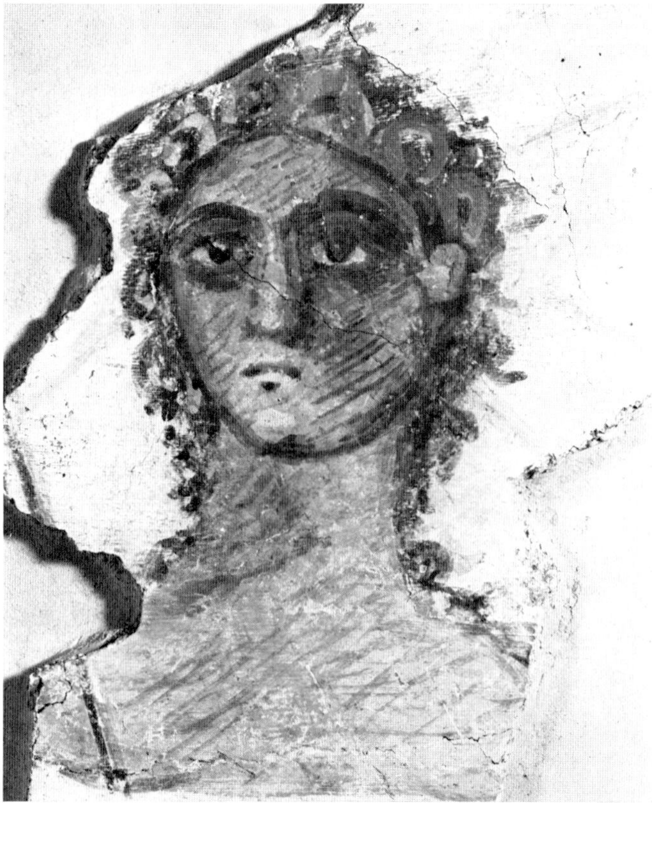

161

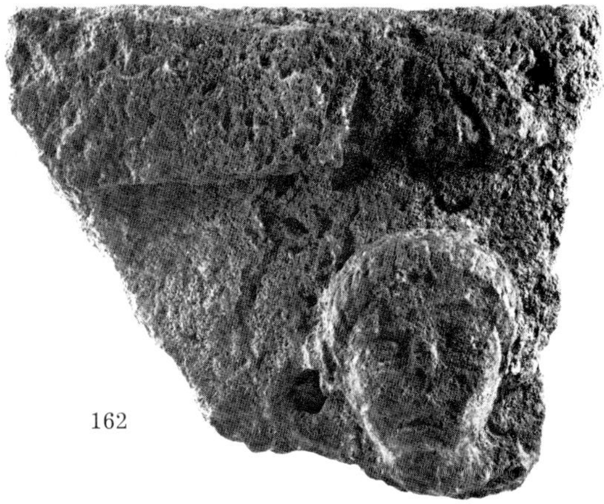

162

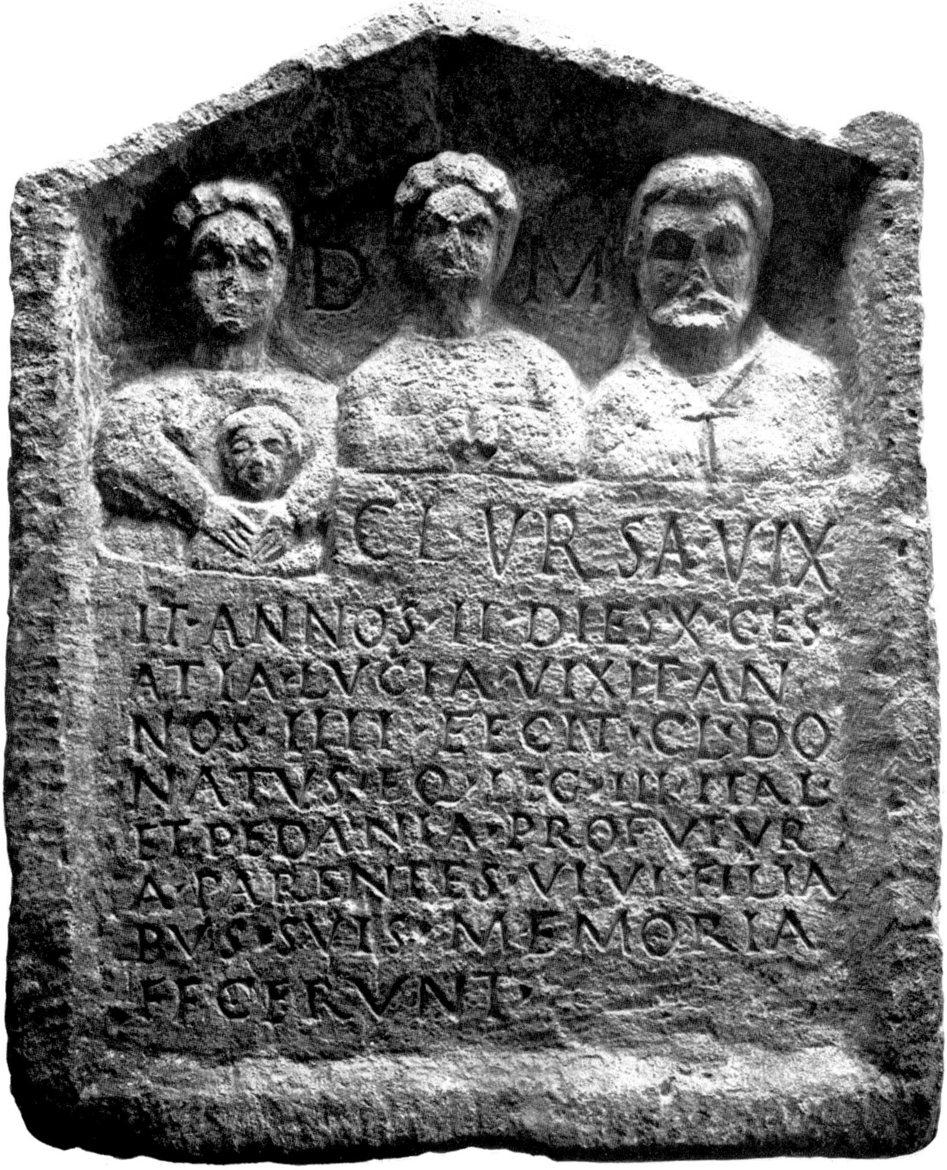

D M
C L VRSA VIX
IT ANNOS II DIES X CES
ATIA LVCIA VIXIT AN
NOS IIII FECIT CL DO
NATVS EQ LEG II ITAL
ET PEDANIA PROFVTVR
A PARENTES VIVI FILIA
BVS SVIS MEMORIA
FECERVNT

163

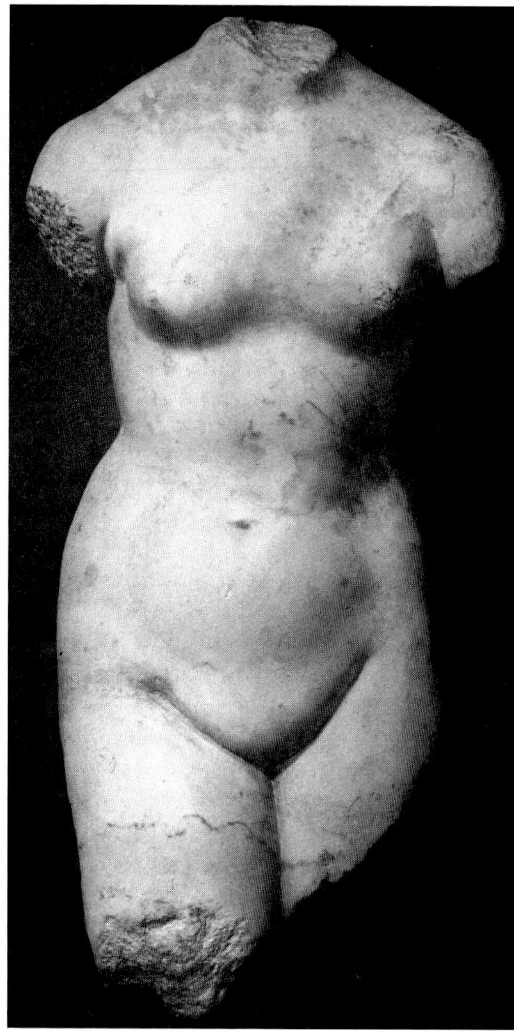

165

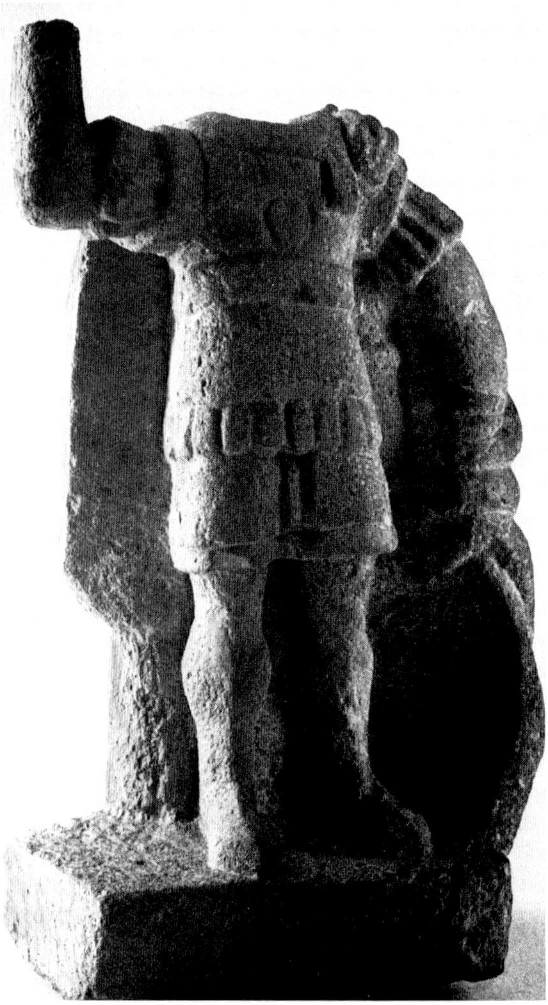

164

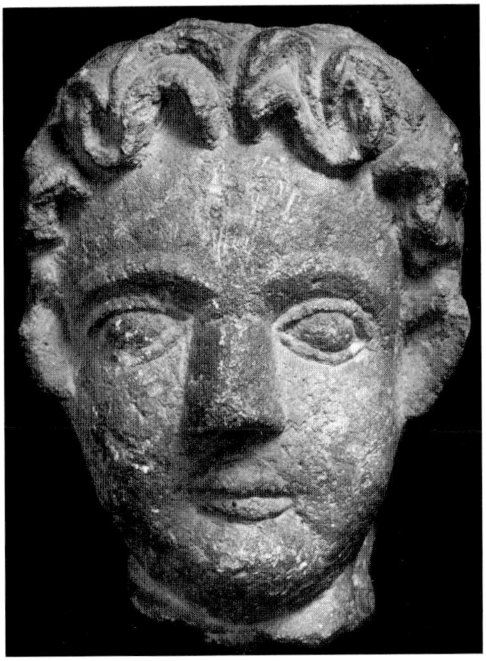

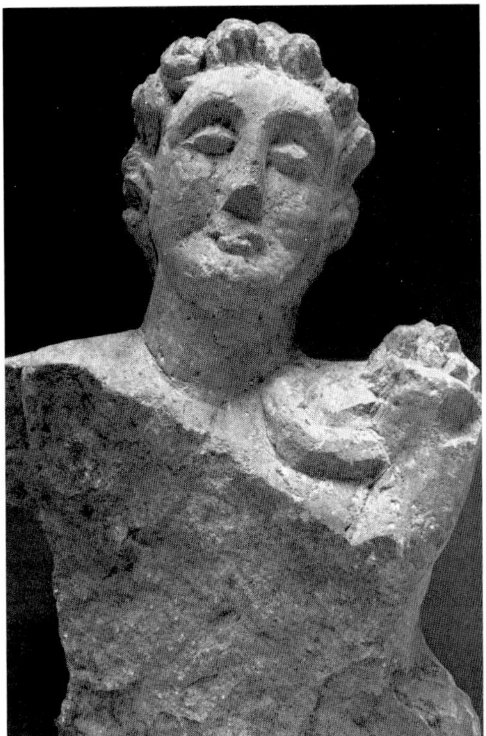

166—167

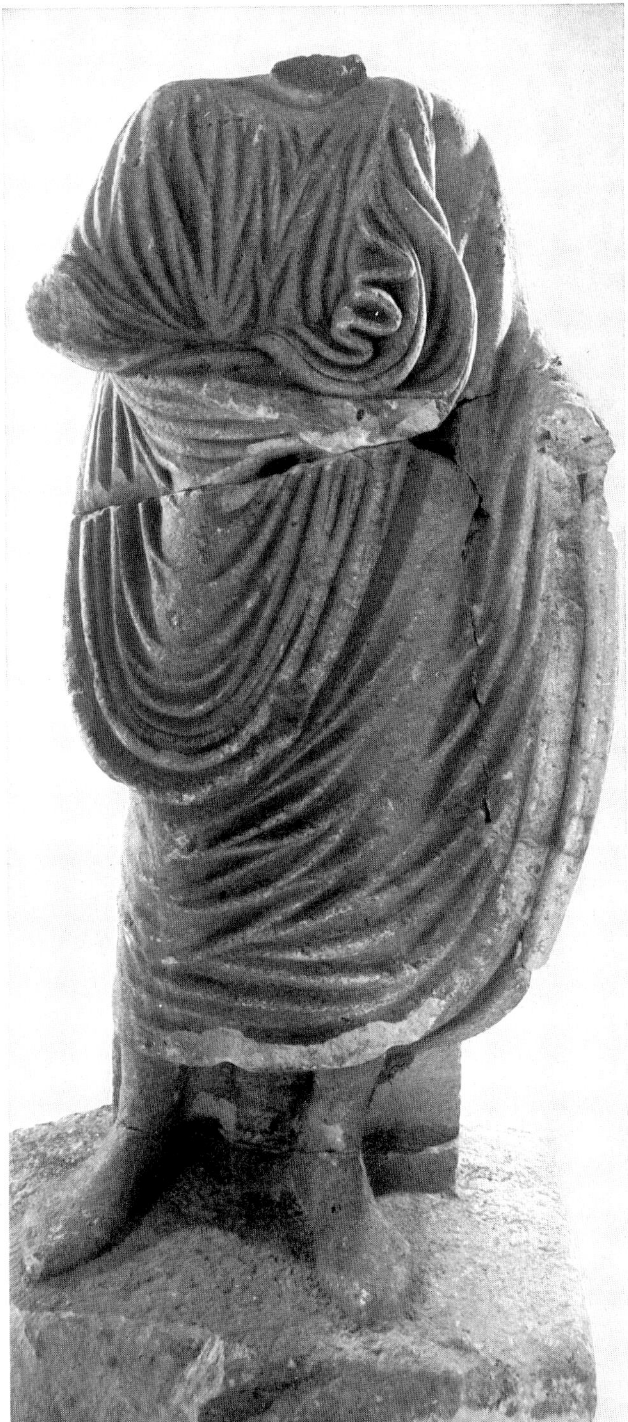

168

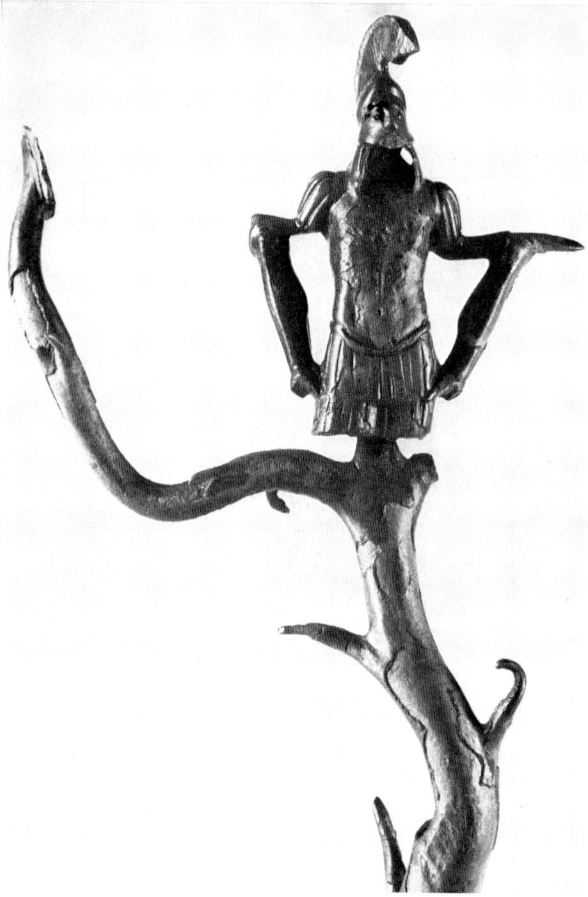
169

170

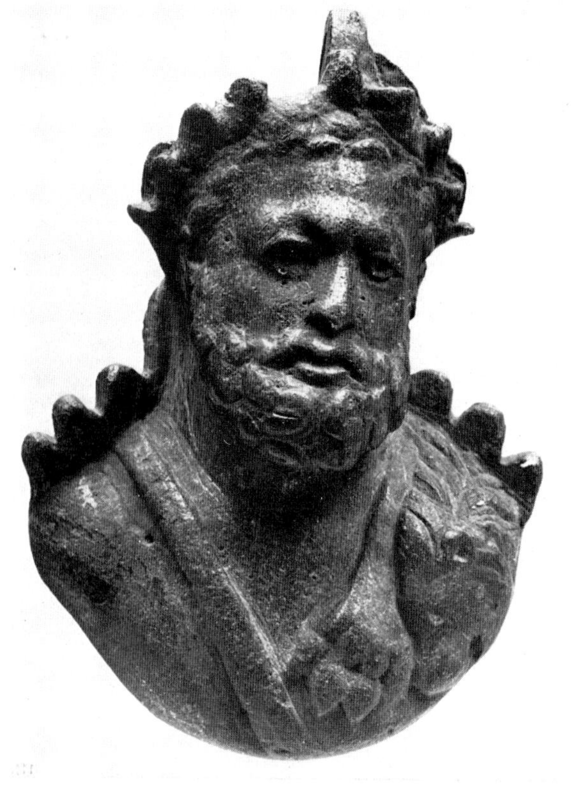

171

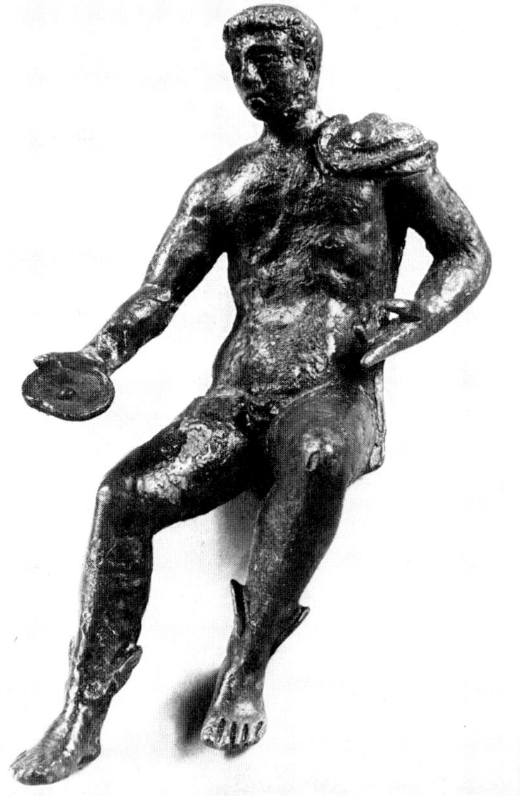

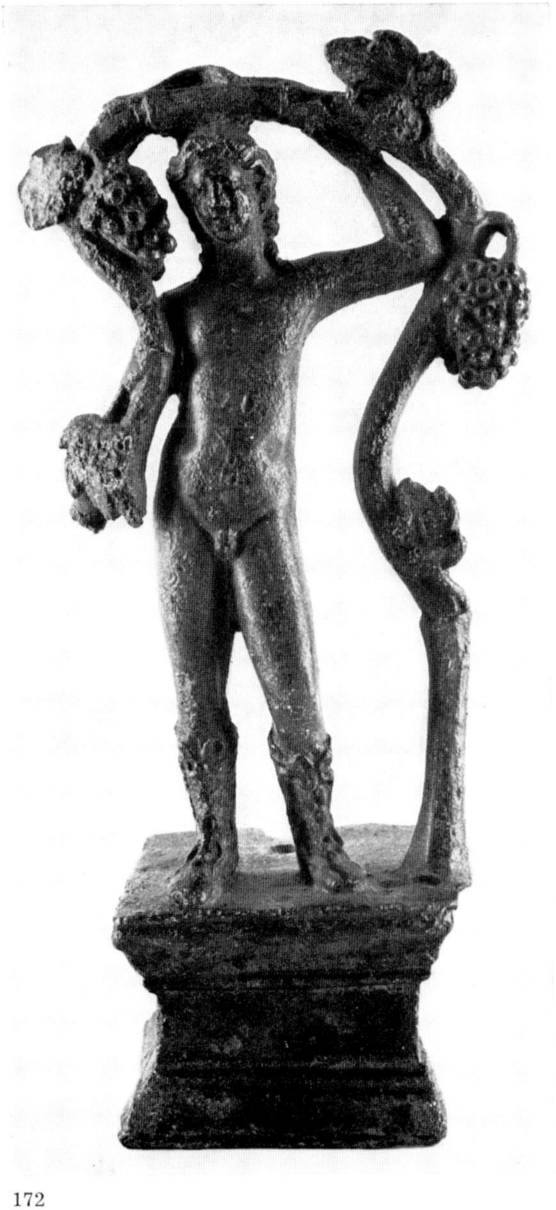
172

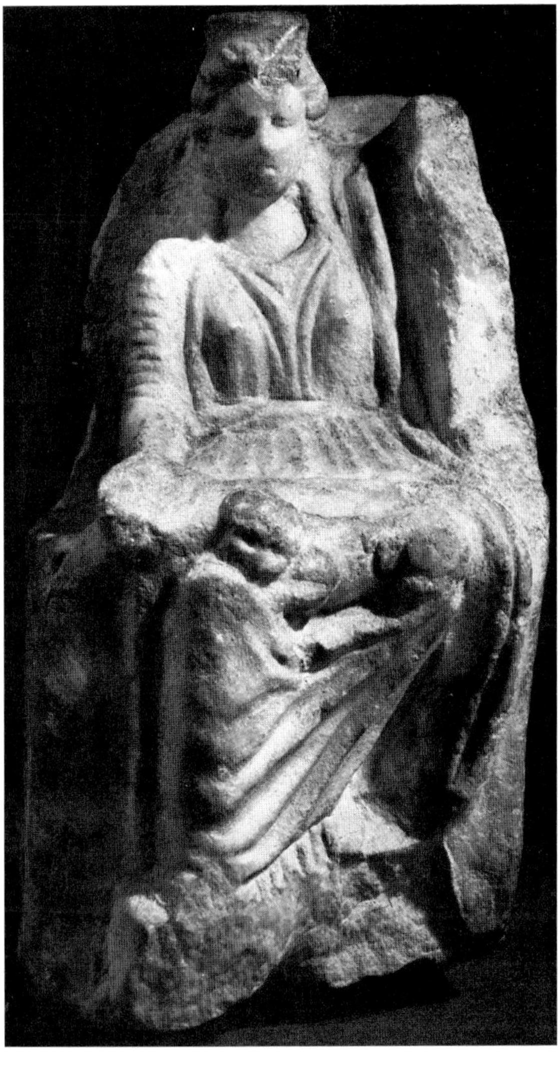
173

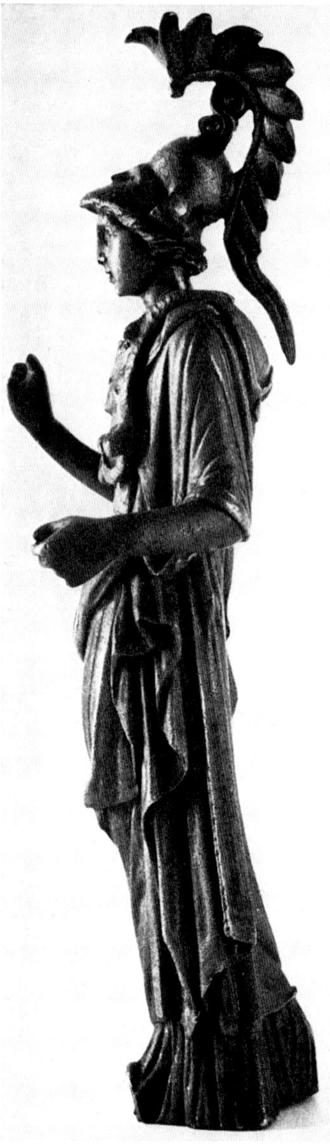

174

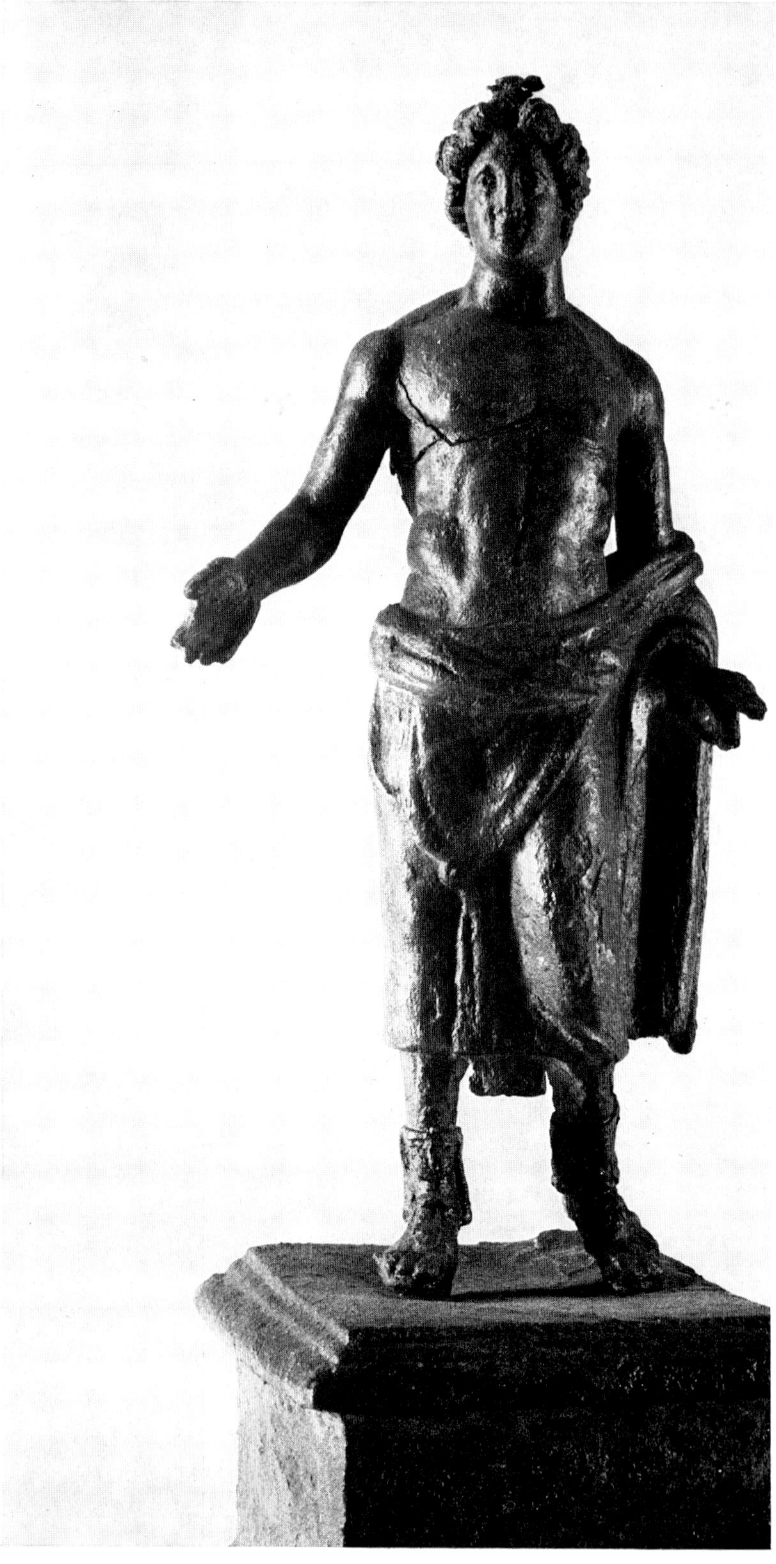

175

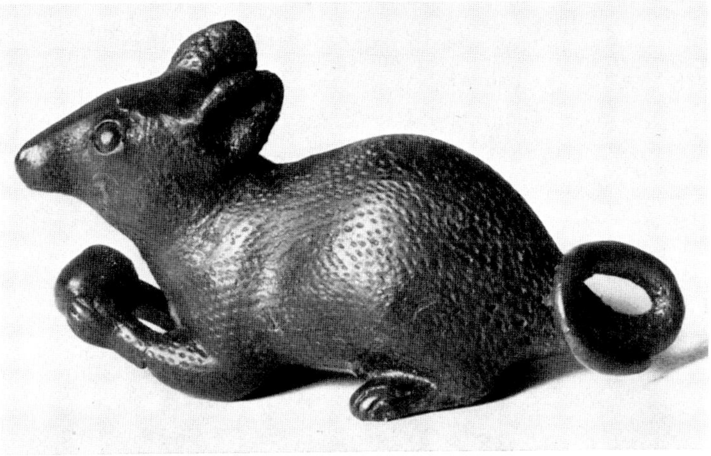

176

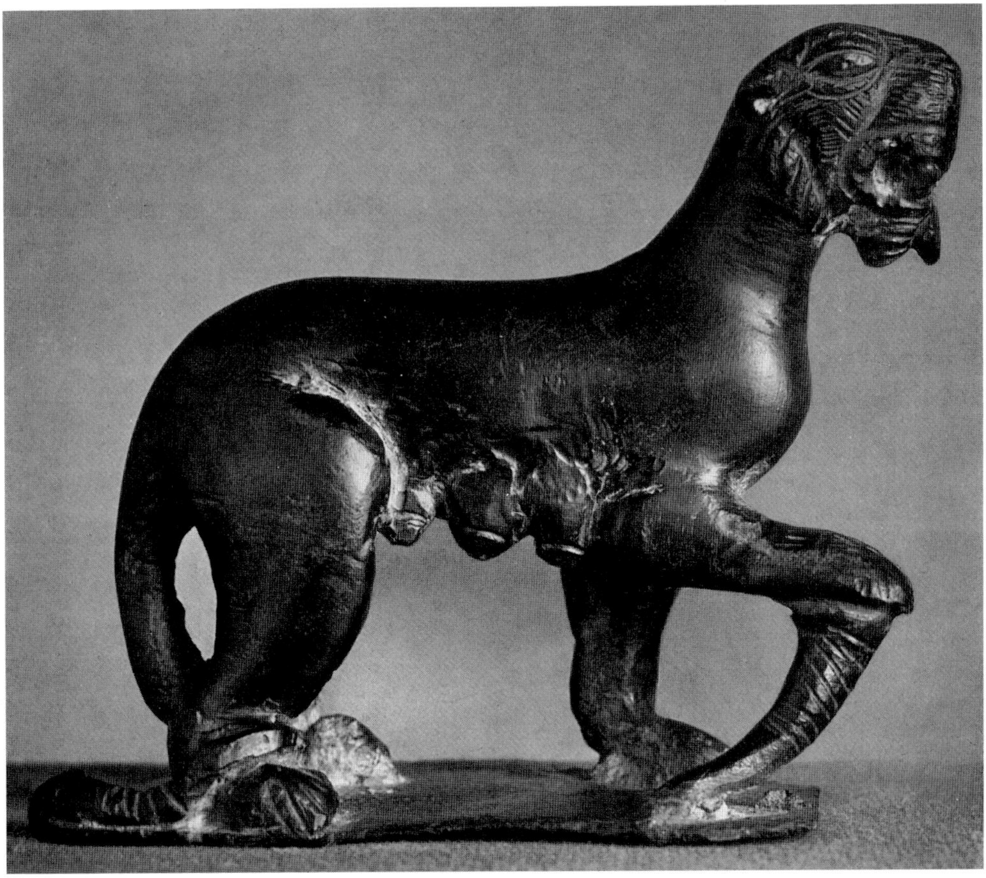

177

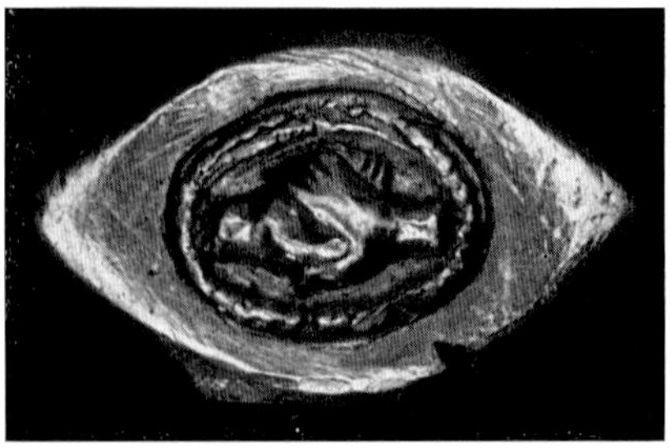

178

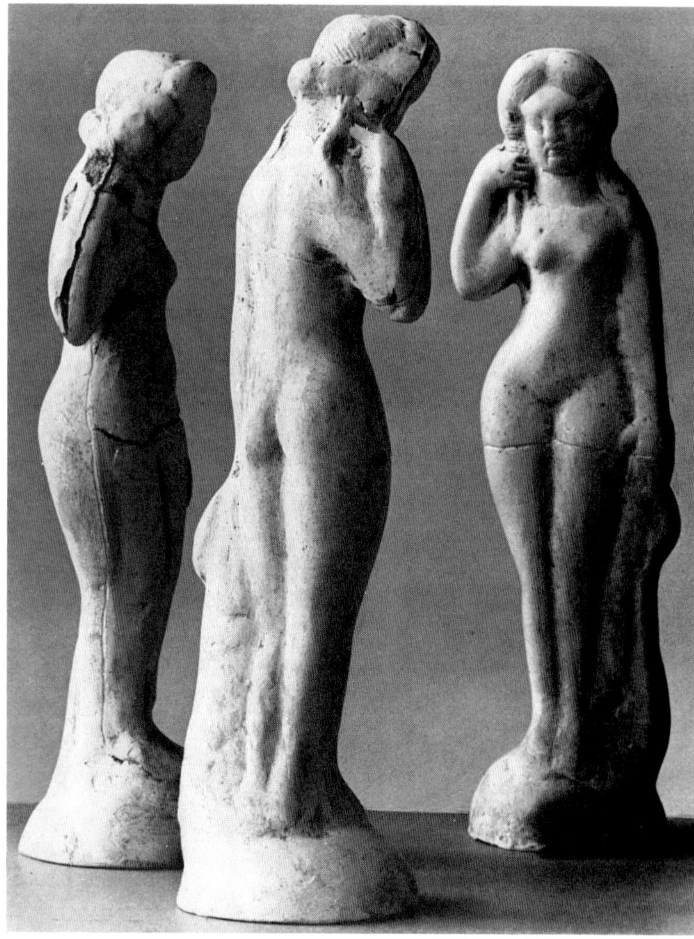

179

180

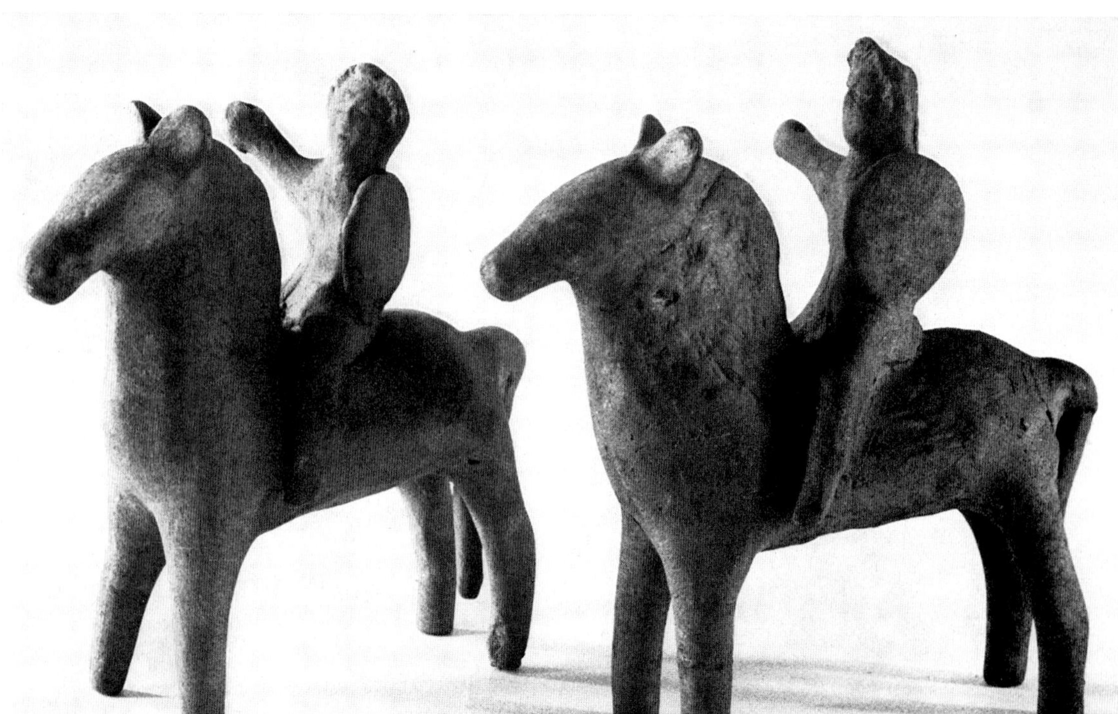

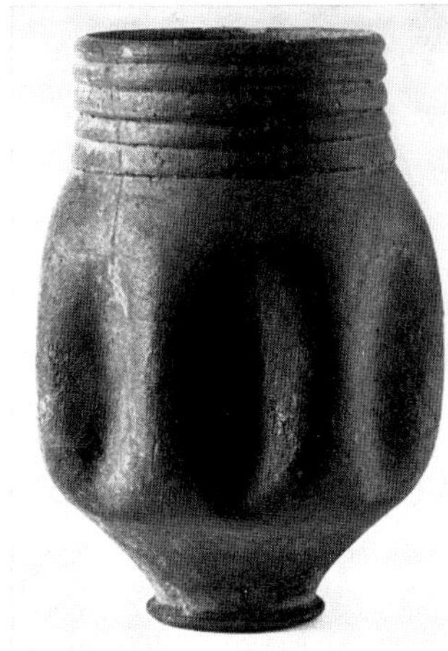

181

182

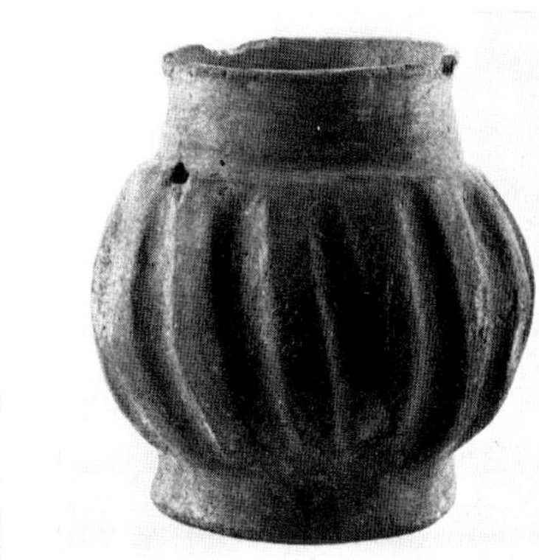

183

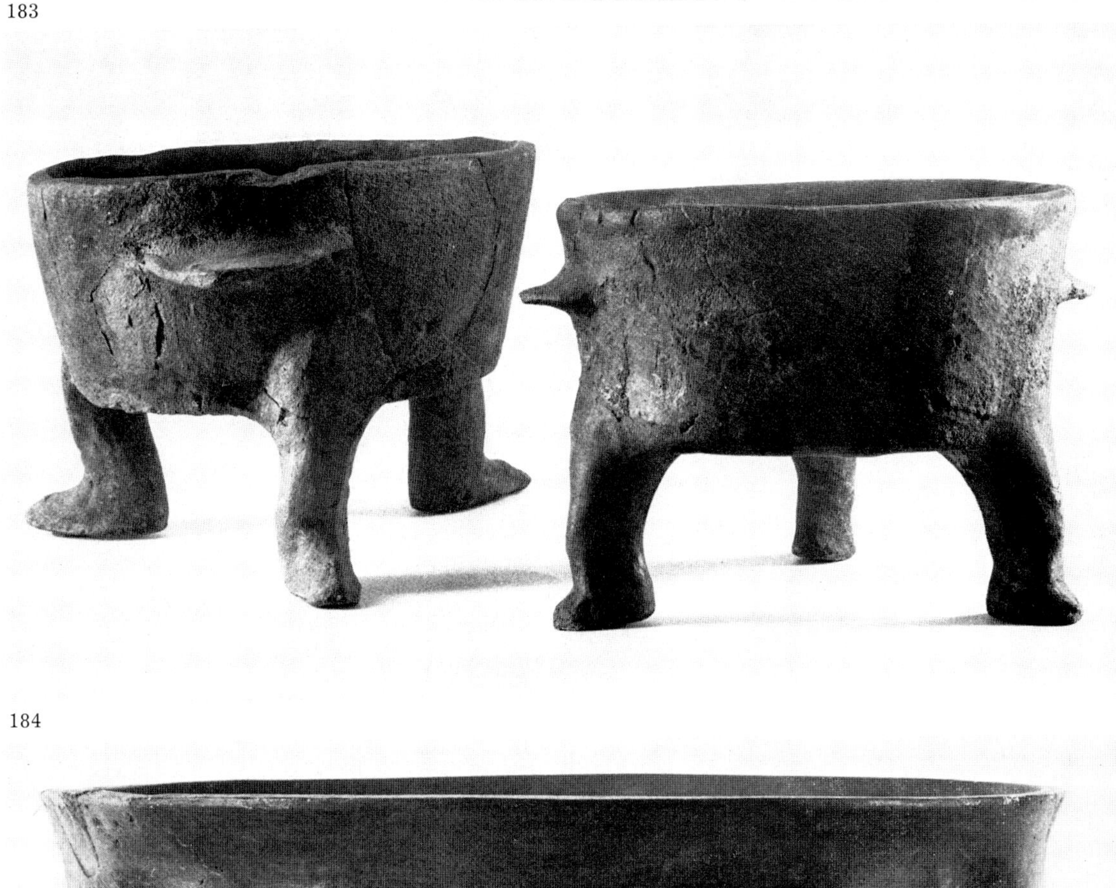

184

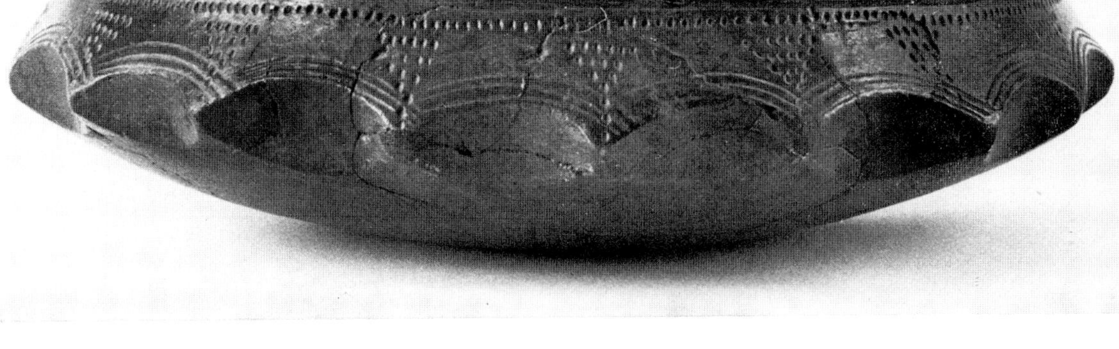

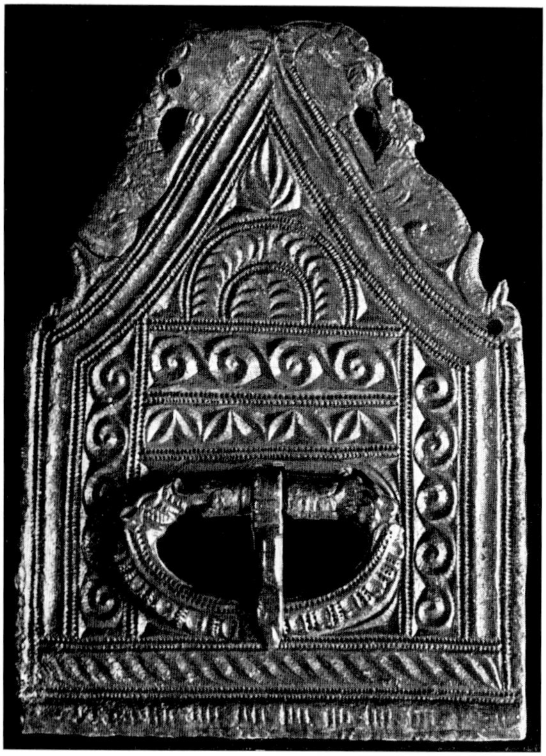
185

186
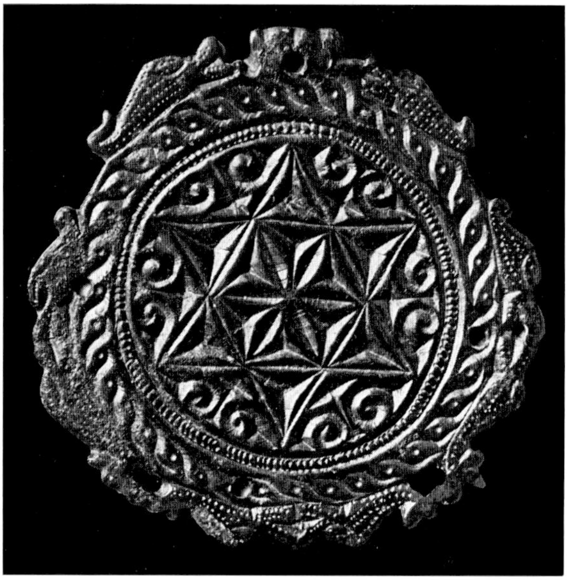

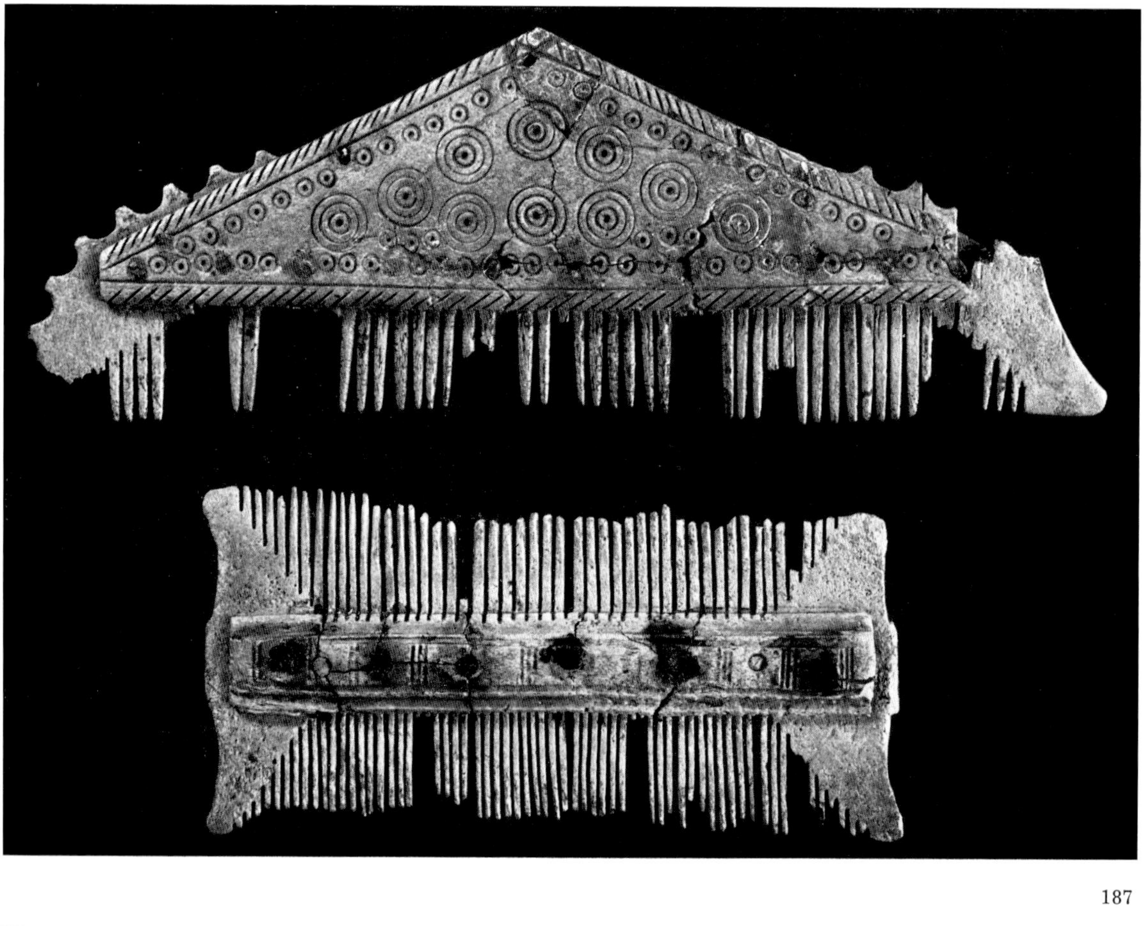
187

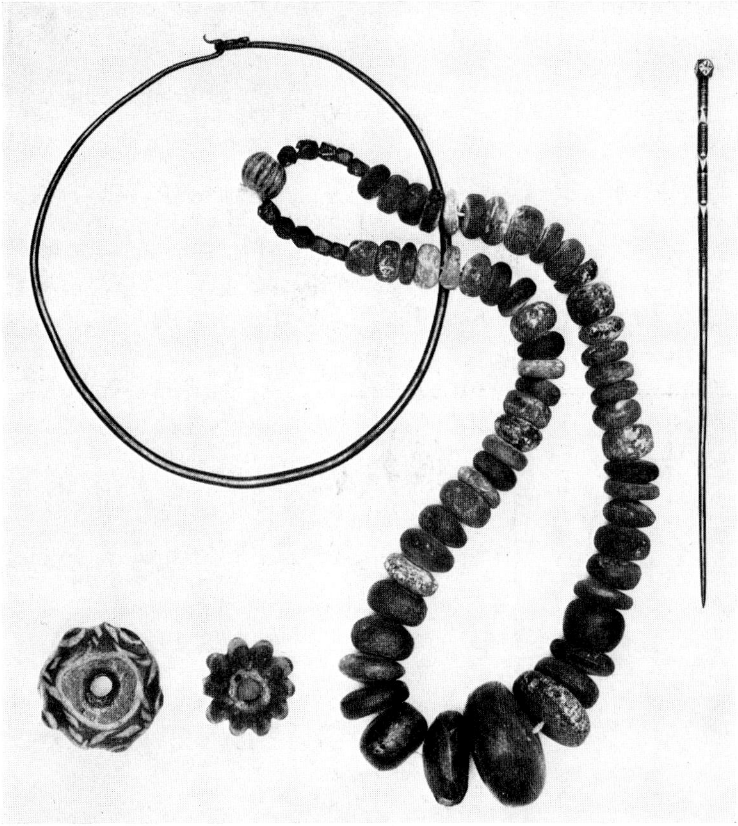

188

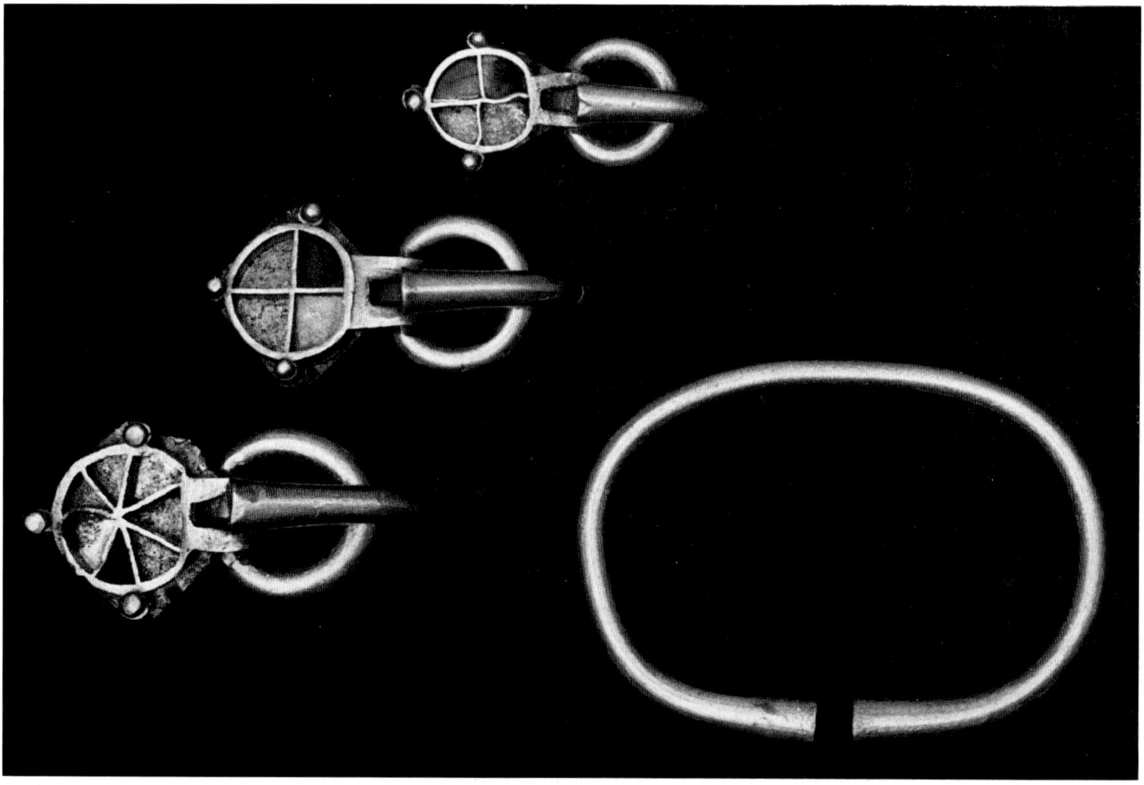

189

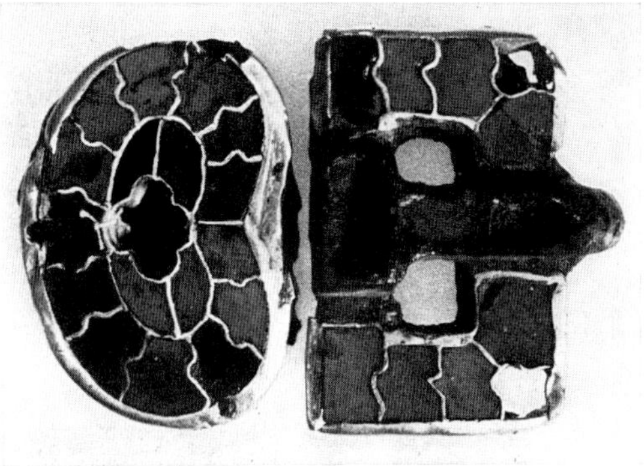
190

191
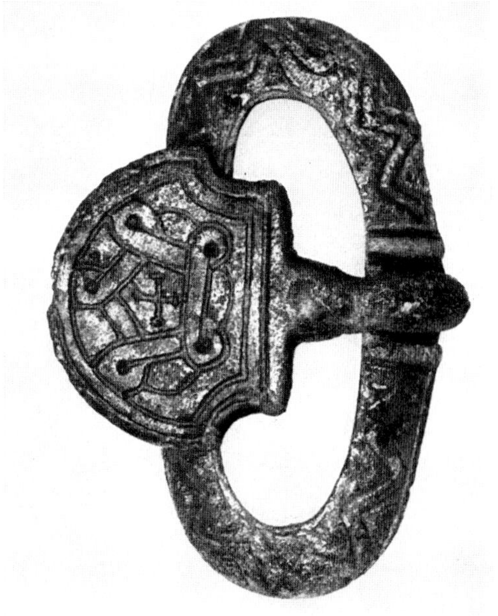

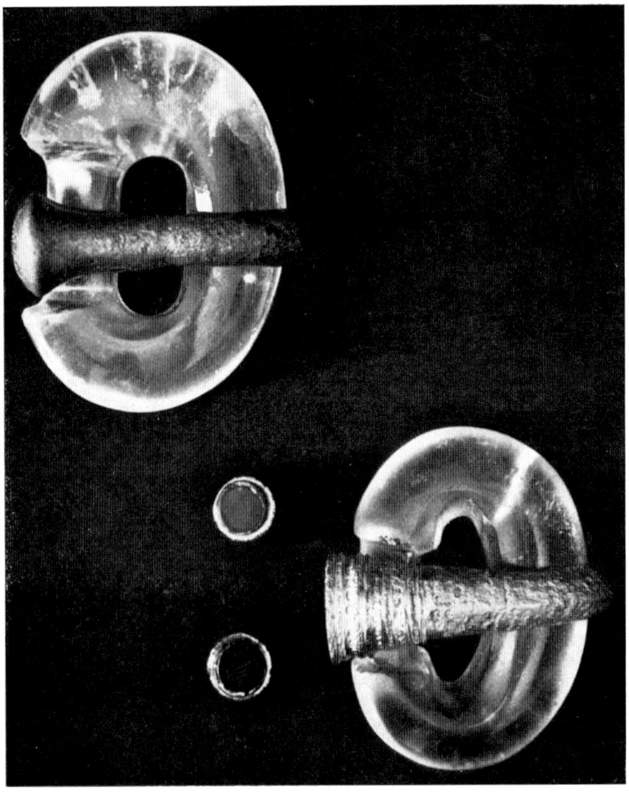
192

193
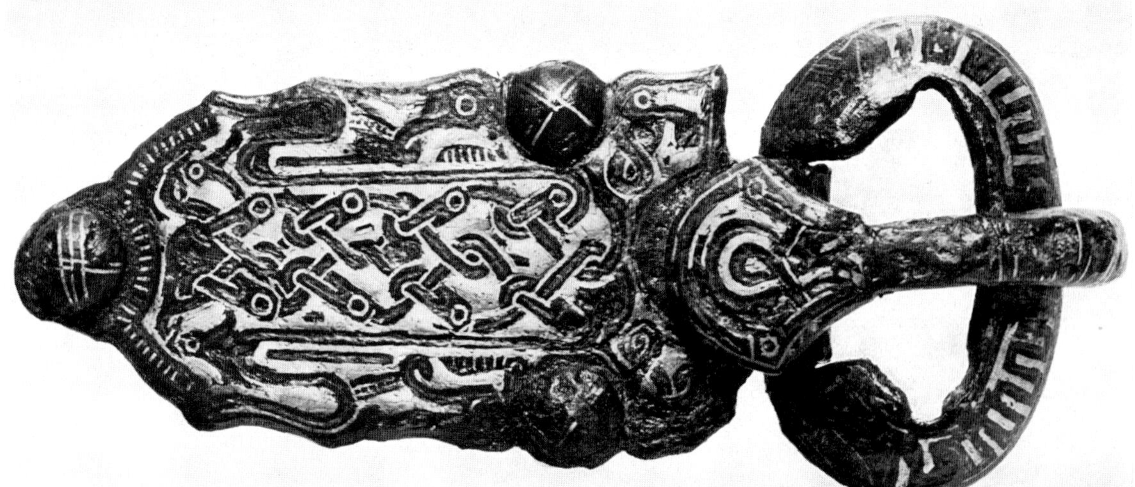

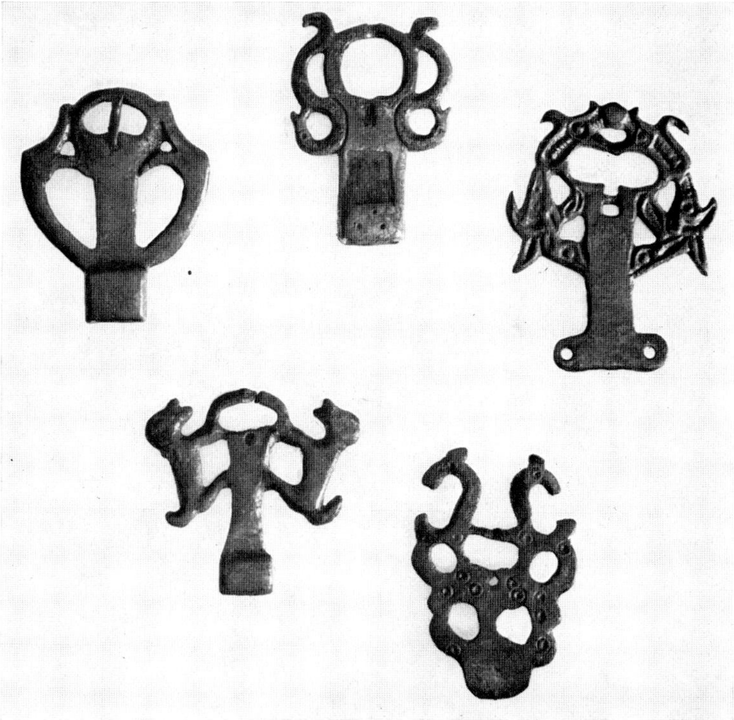
194

195
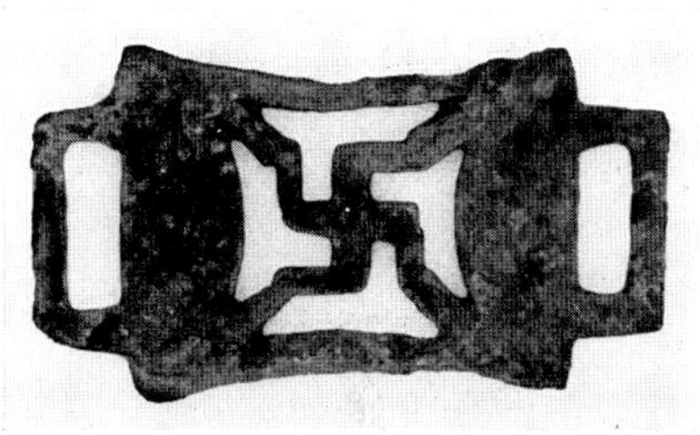

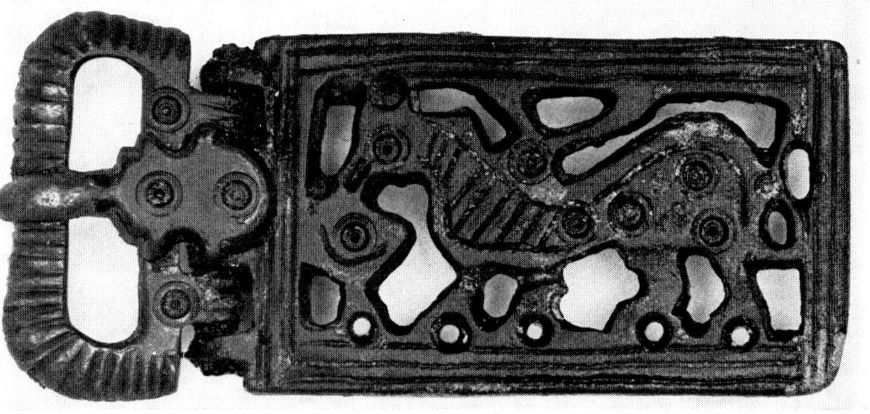
196

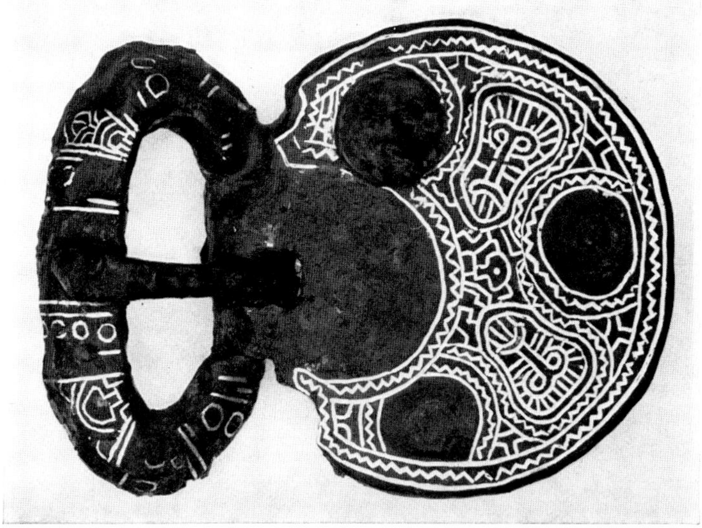
197

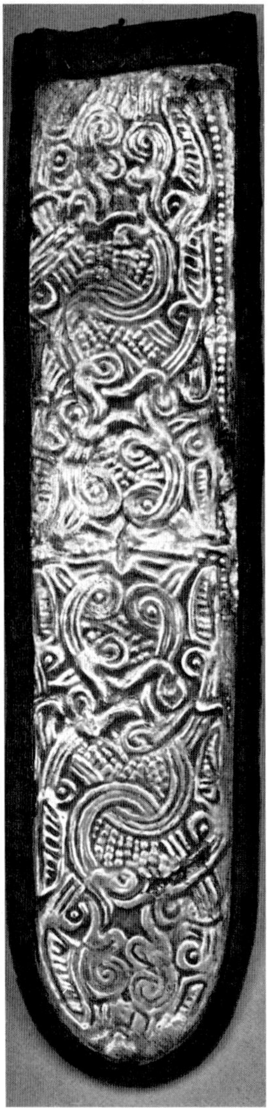

198

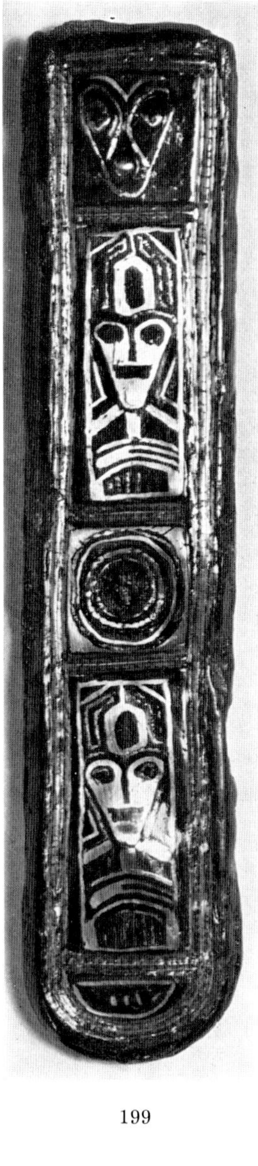

199

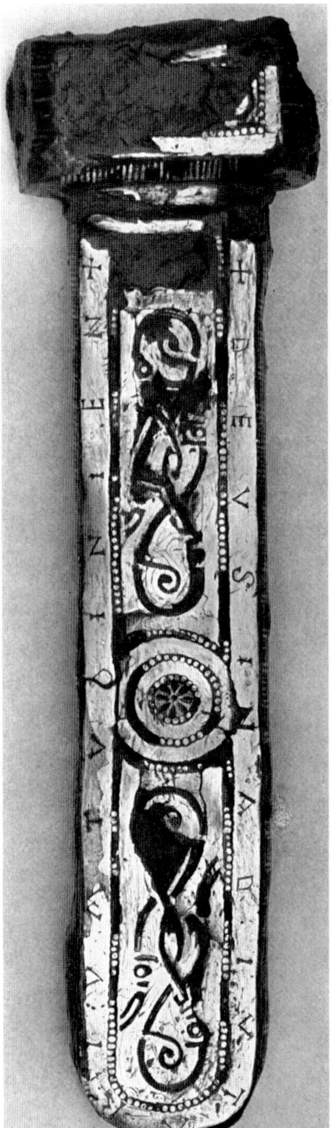

200

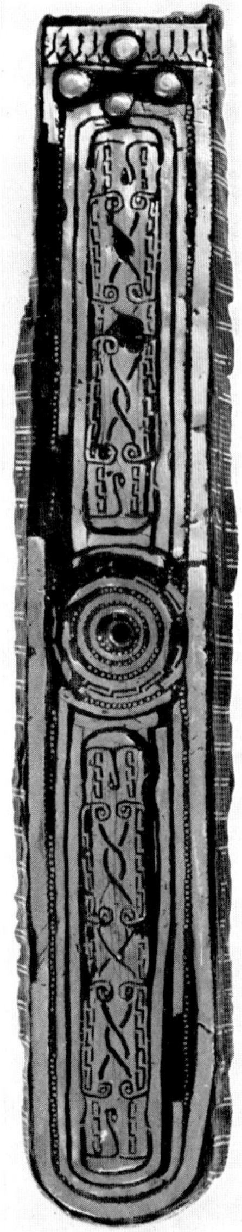

201

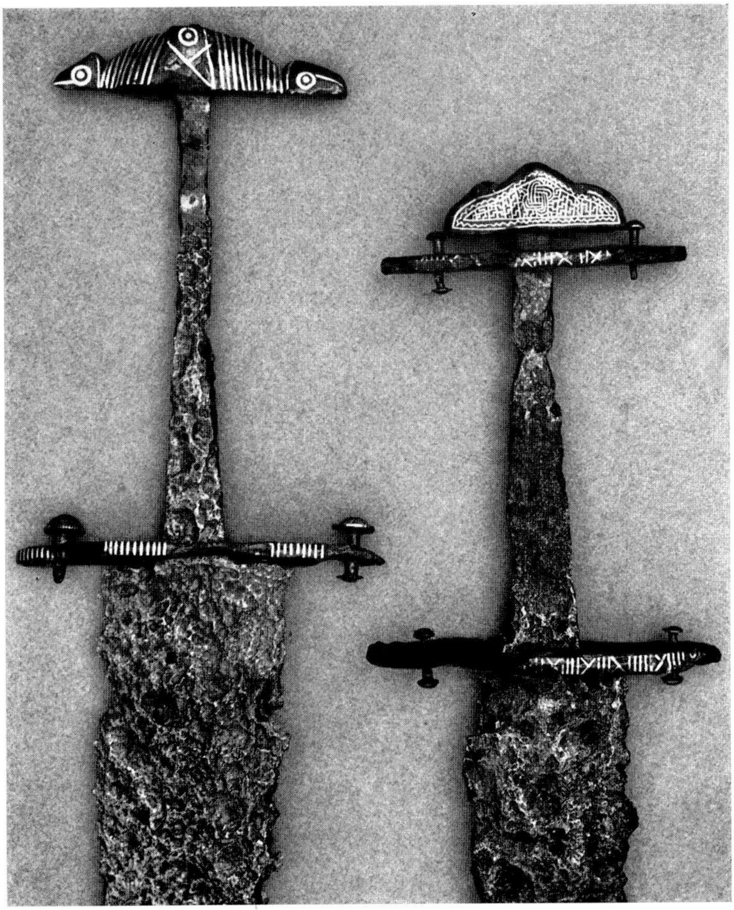

202

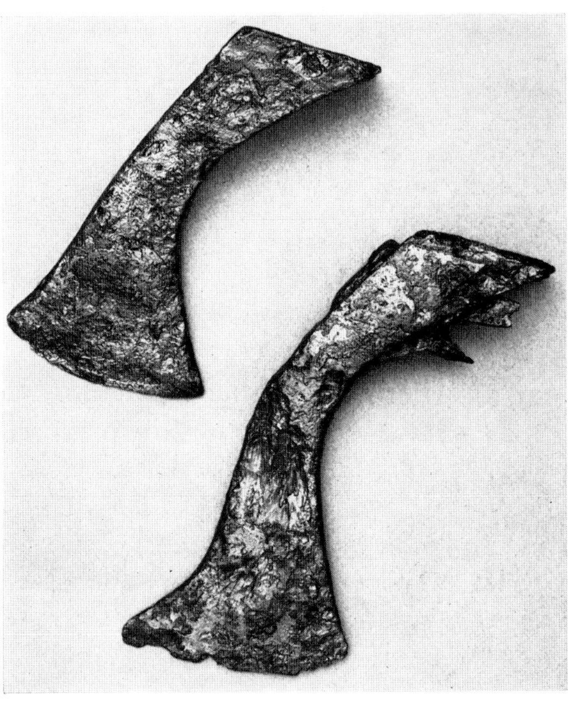

203—204

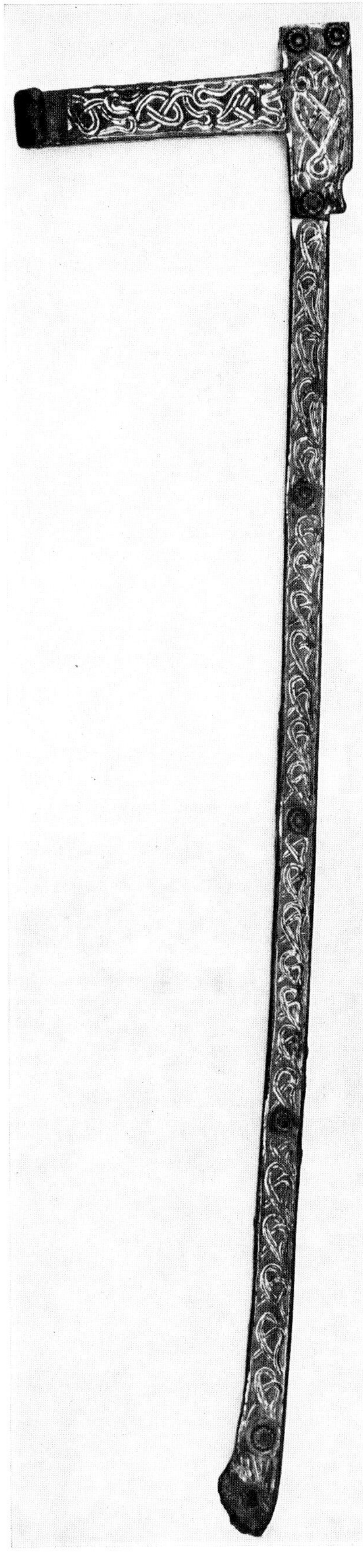

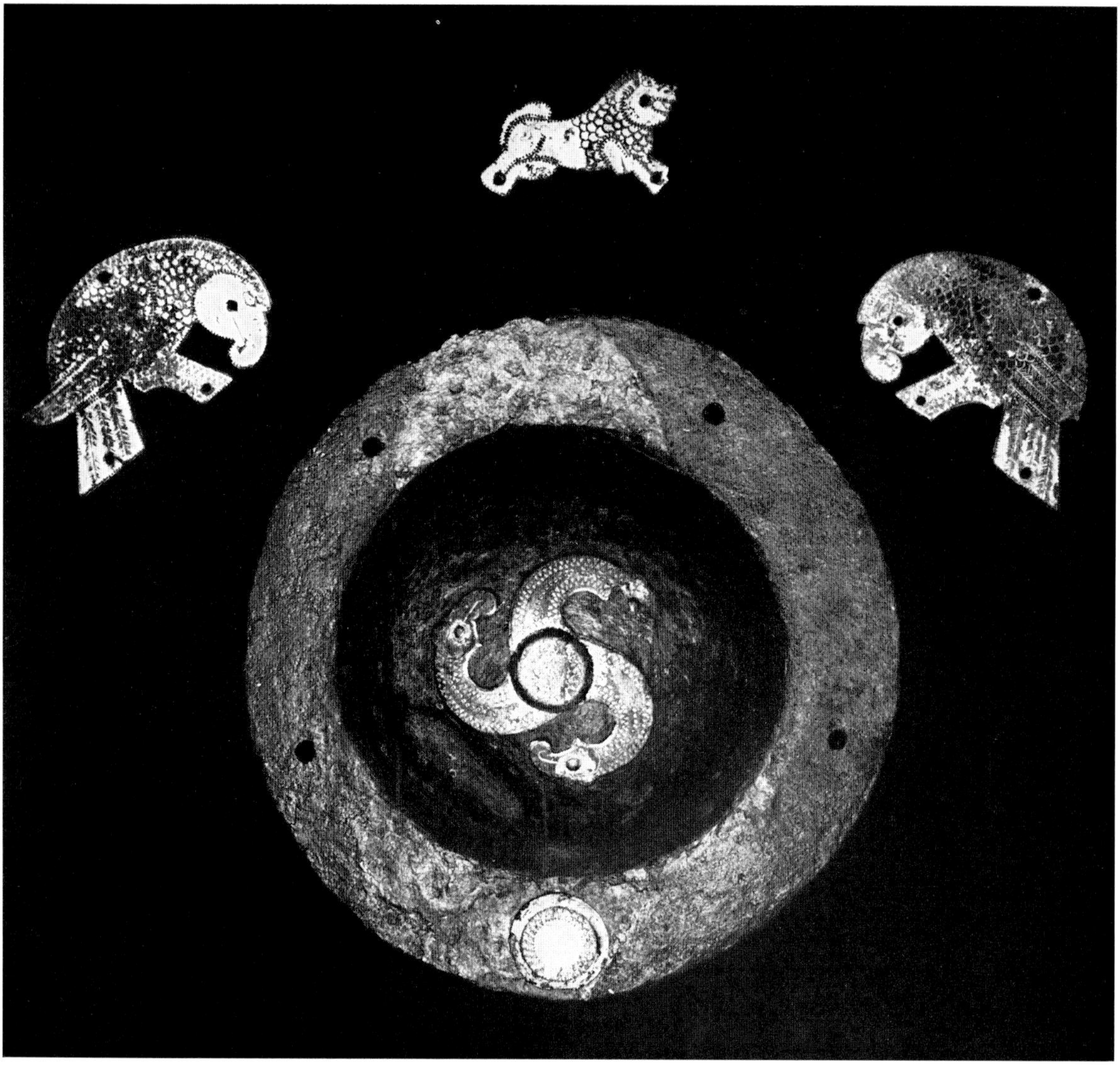

205

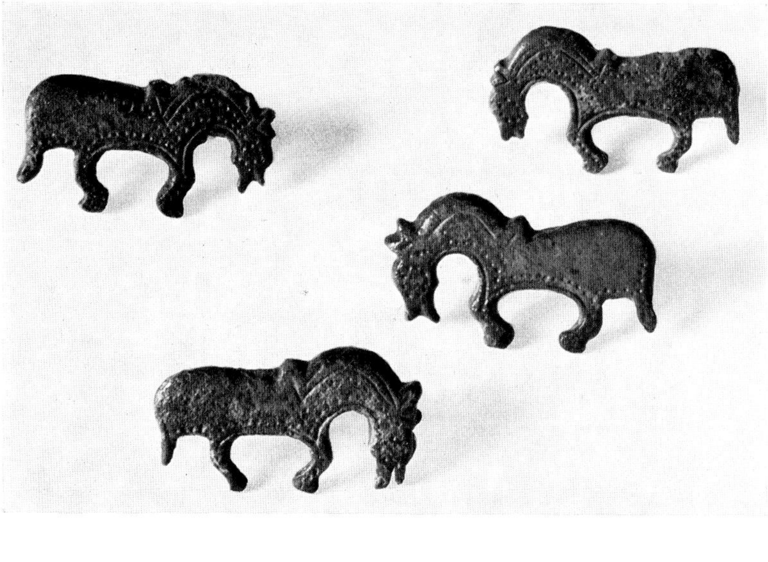

206

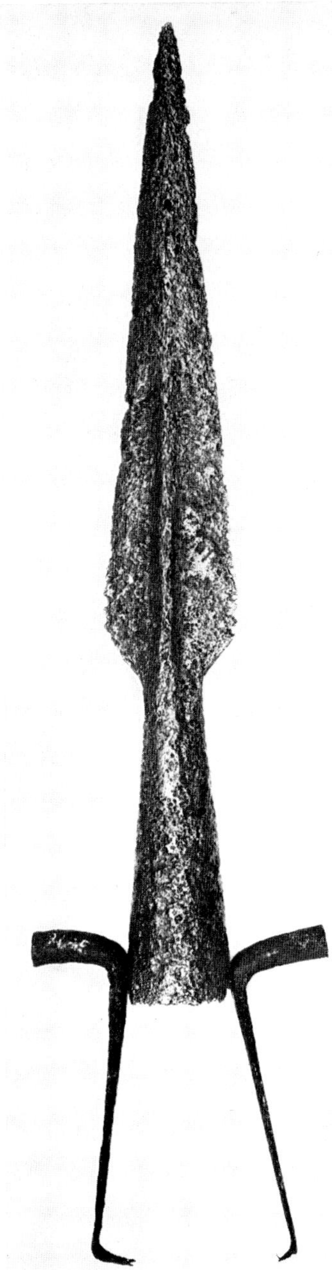

207

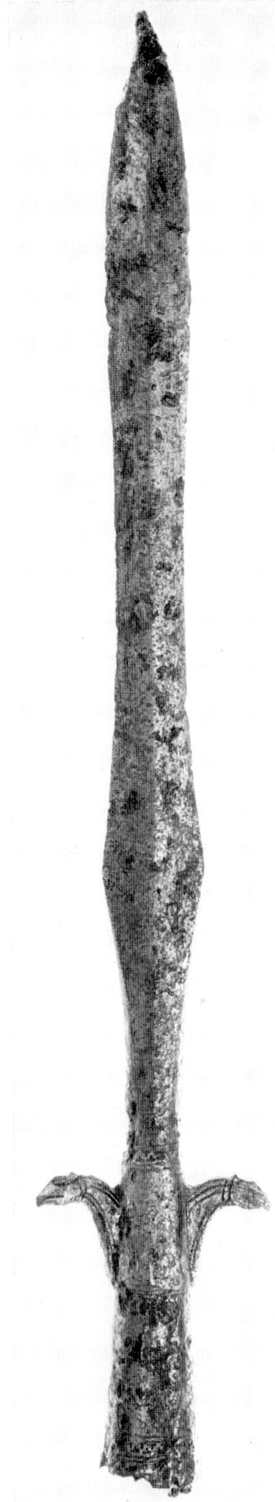

208

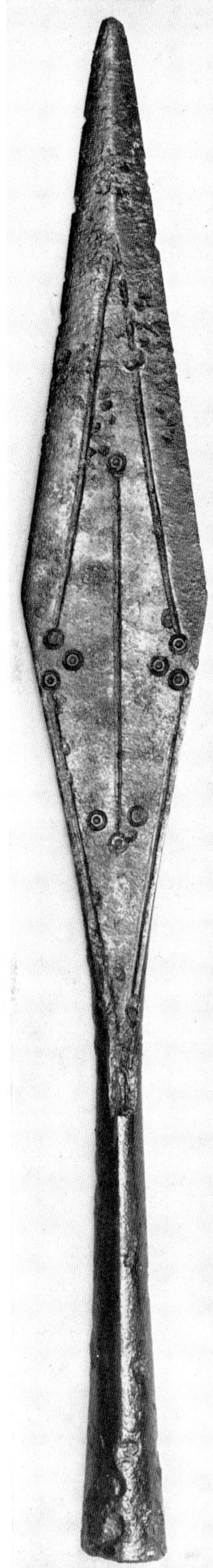

209

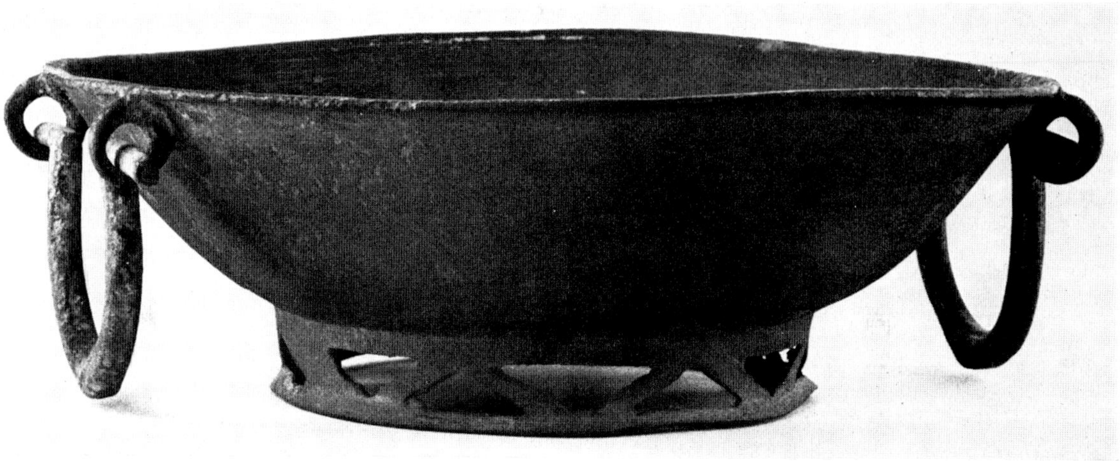

210

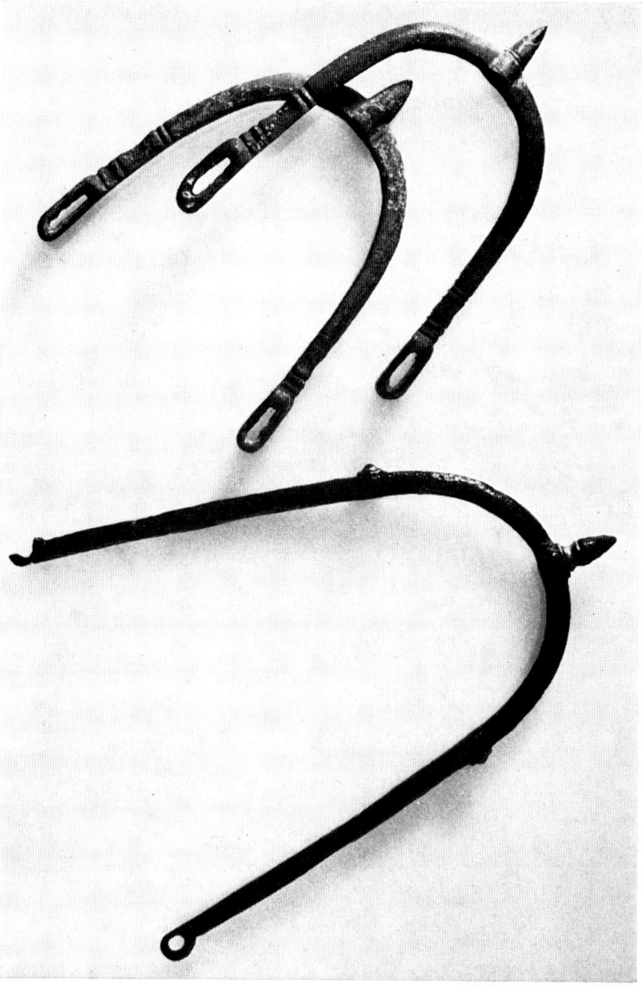

211

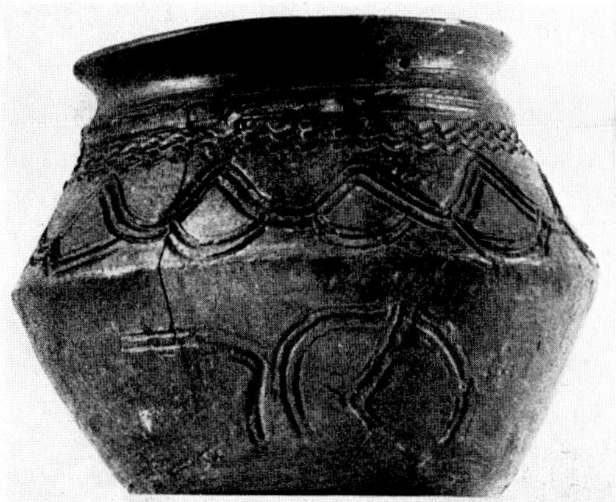

212

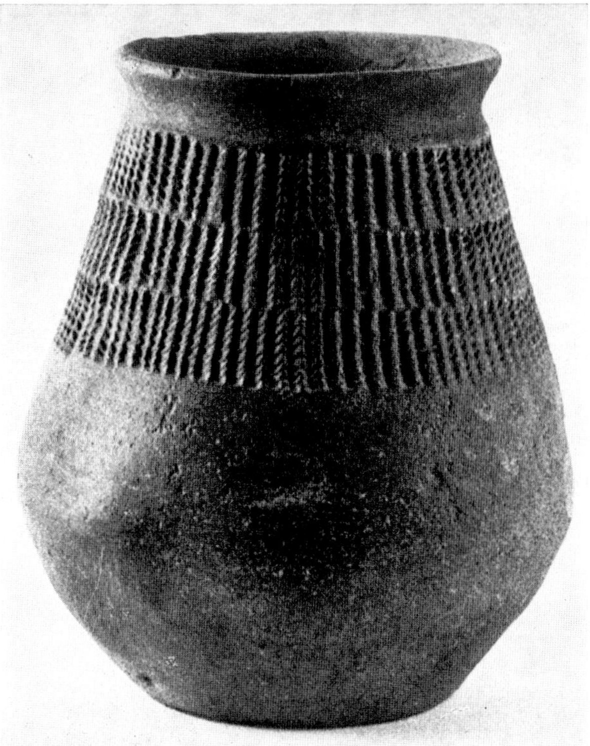

213

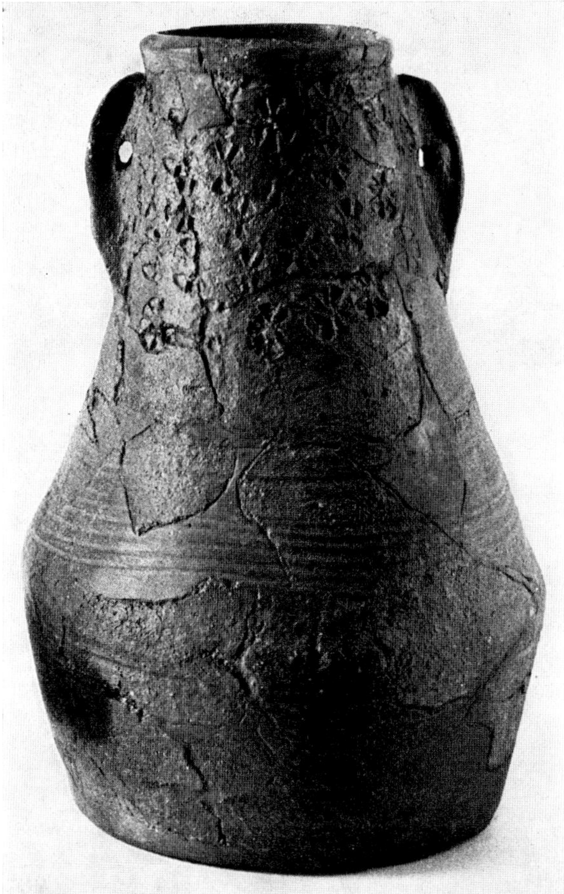

214

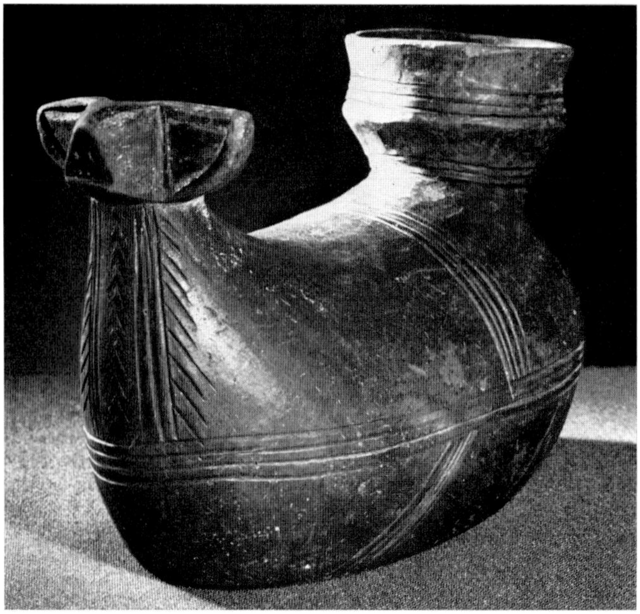

215

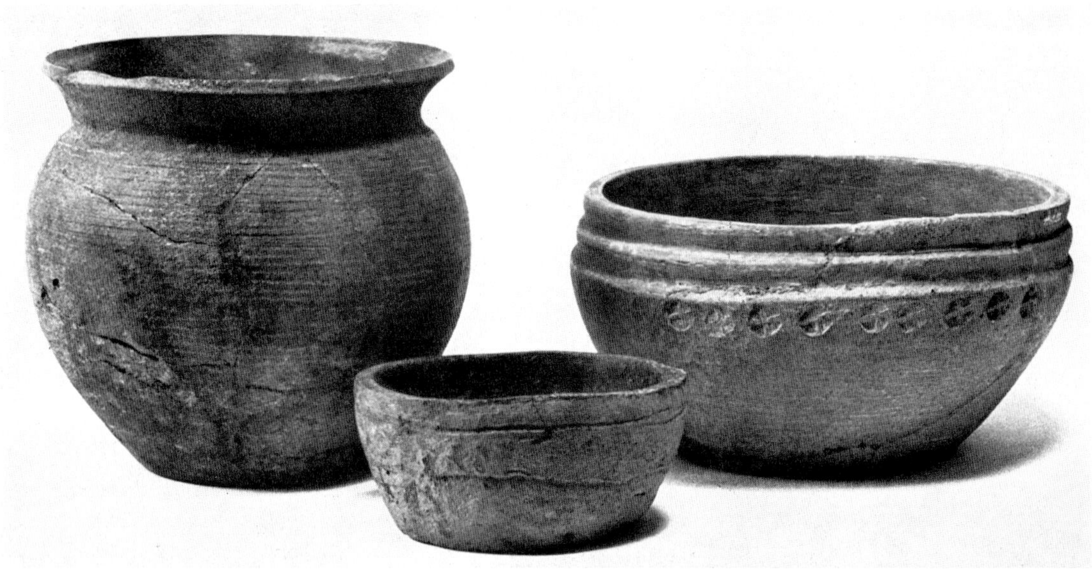

216

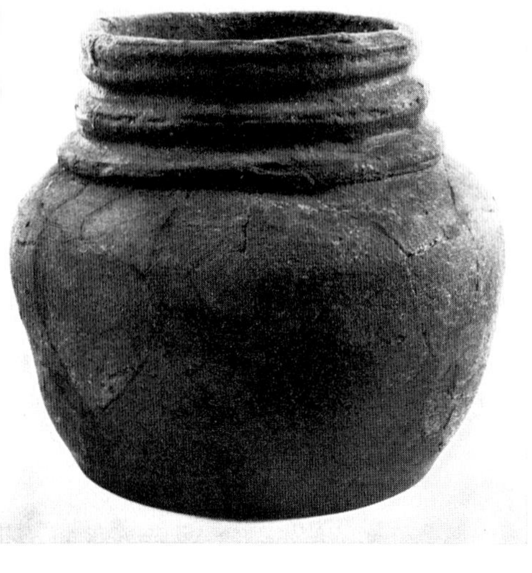

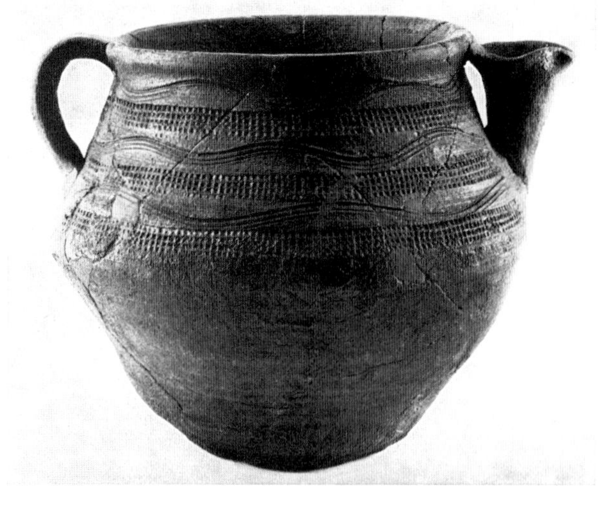

217
218

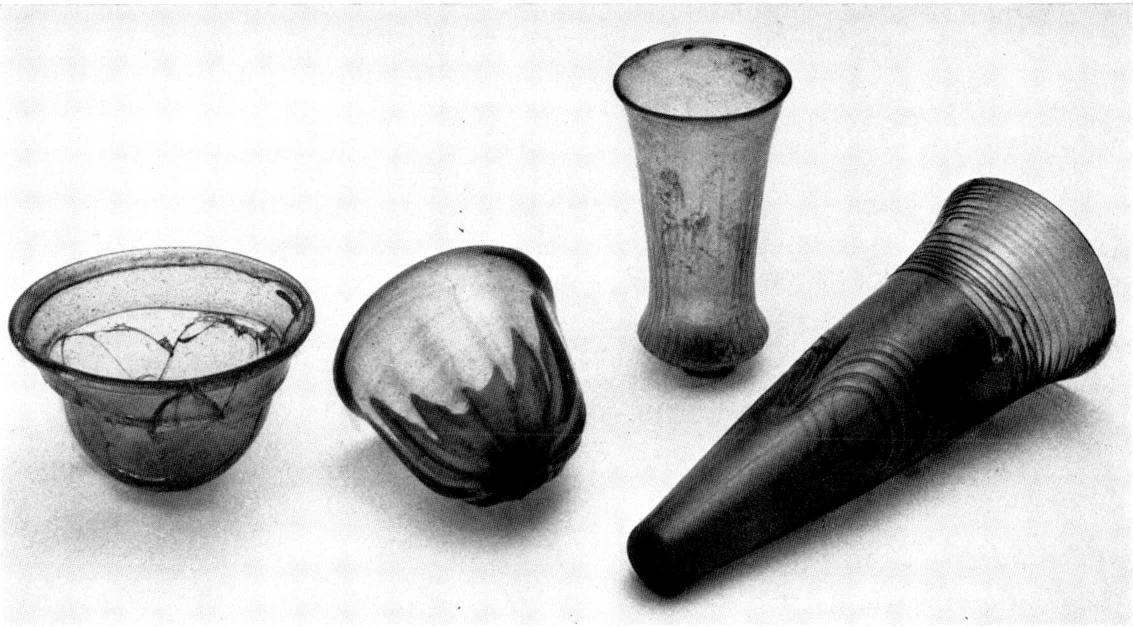

219

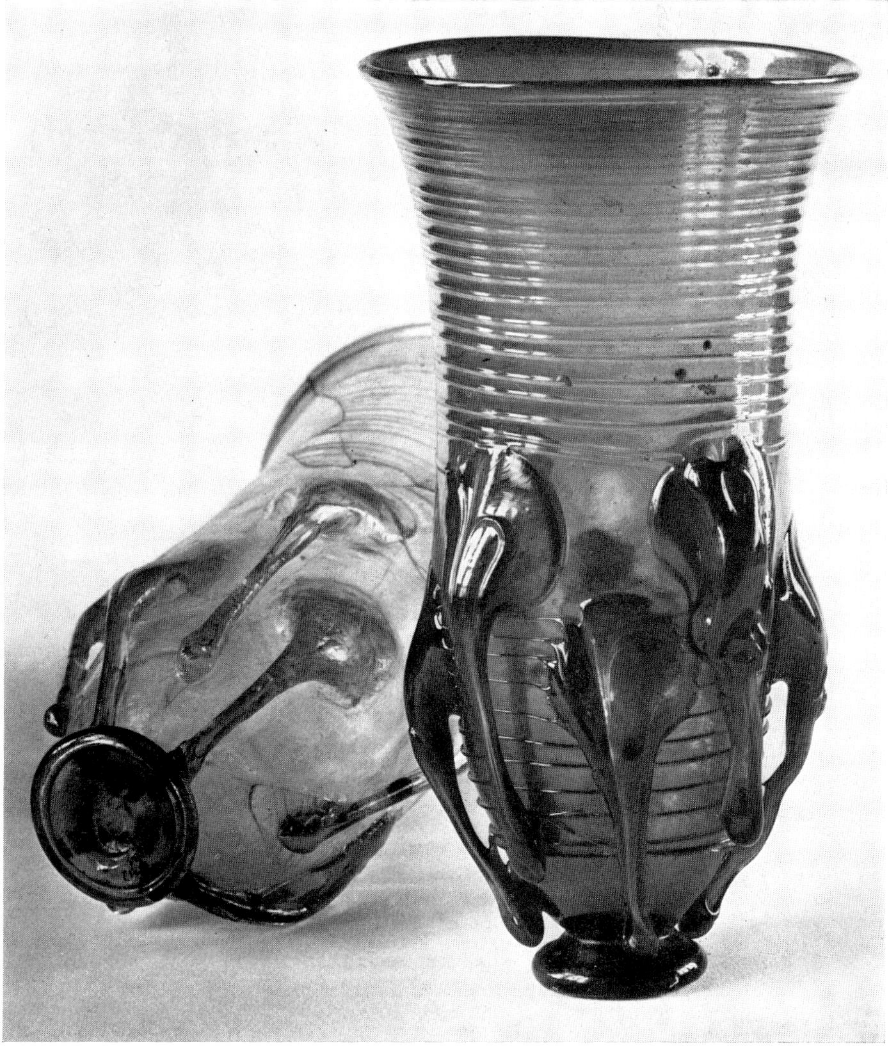

220

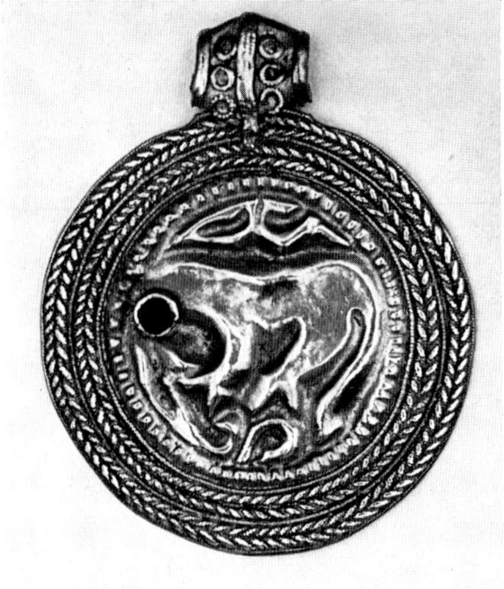
221

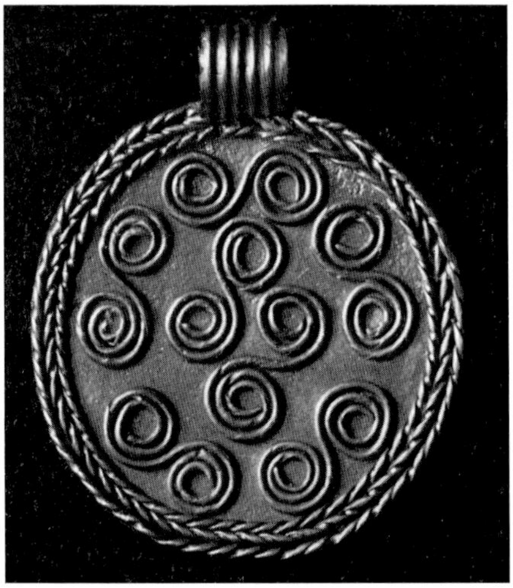
222

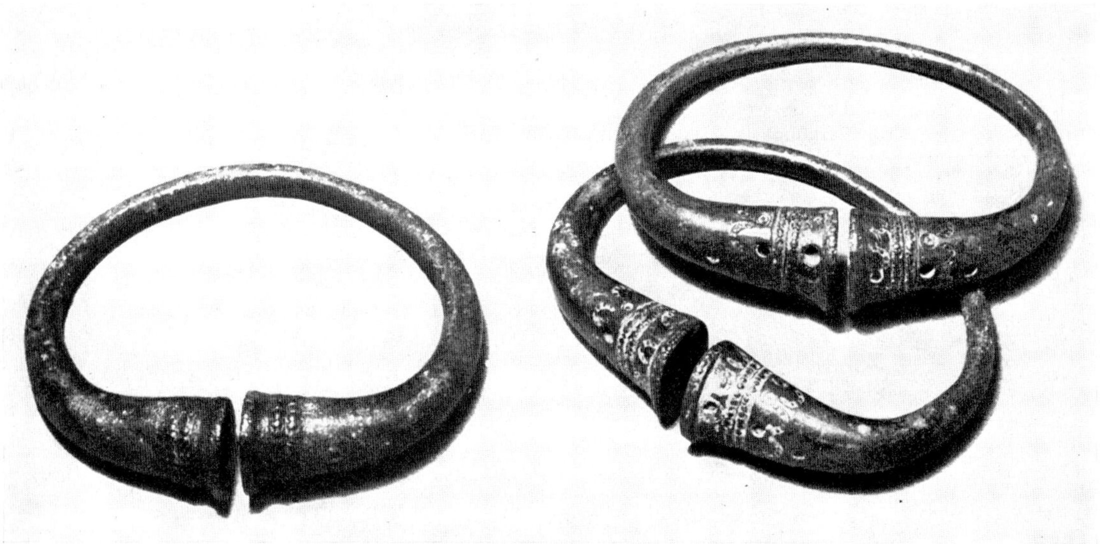
223

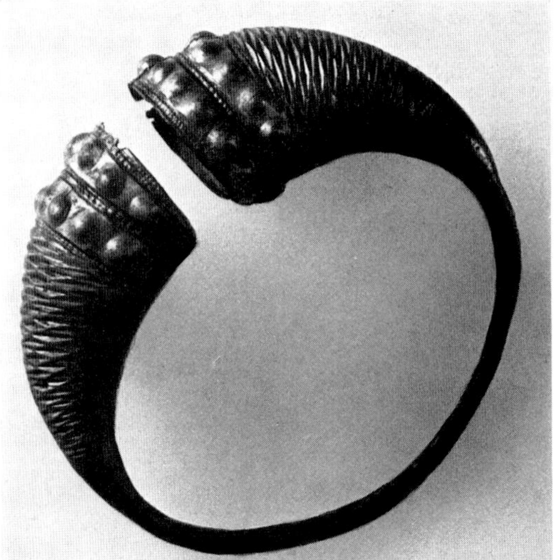
224

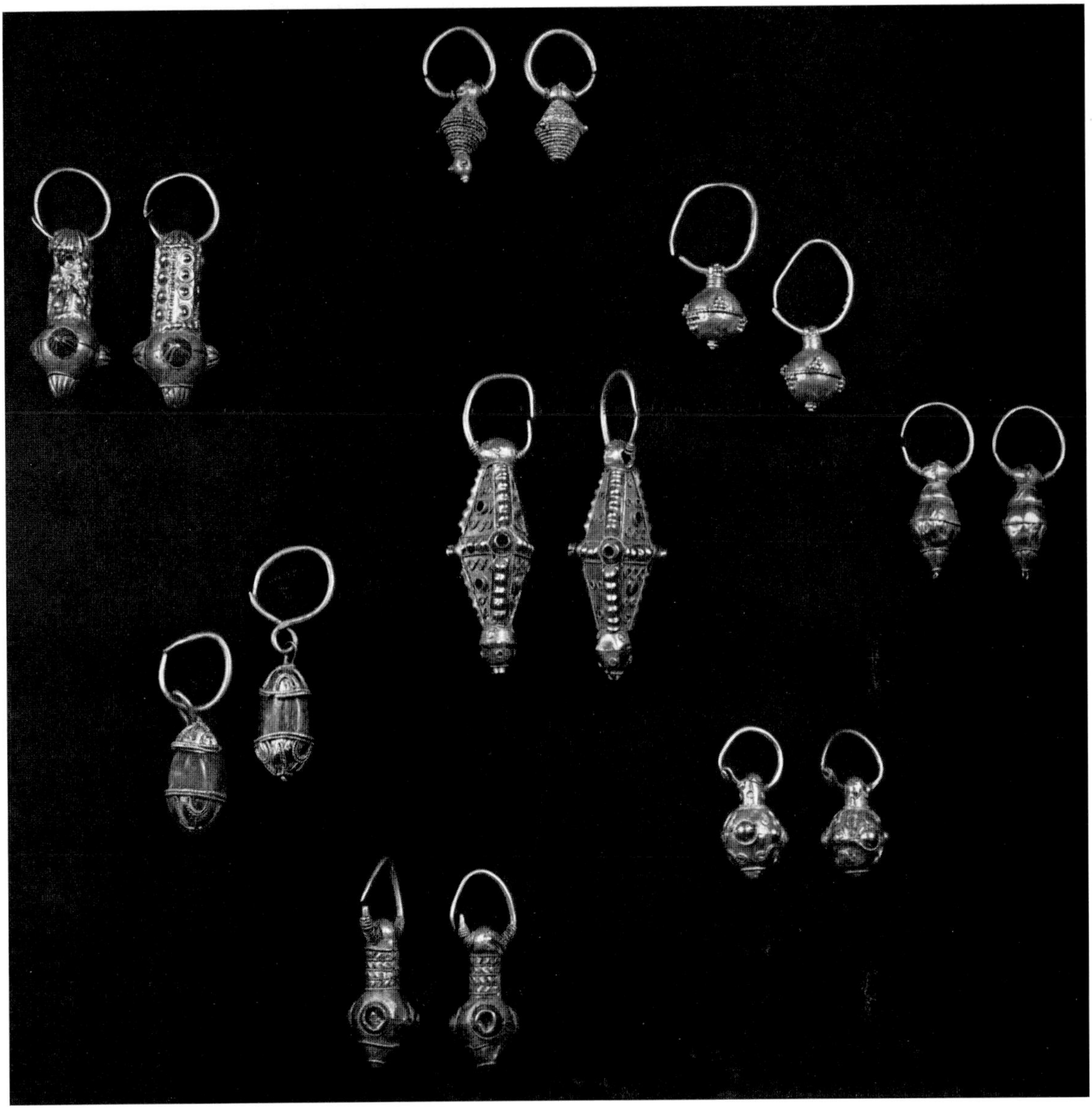

225

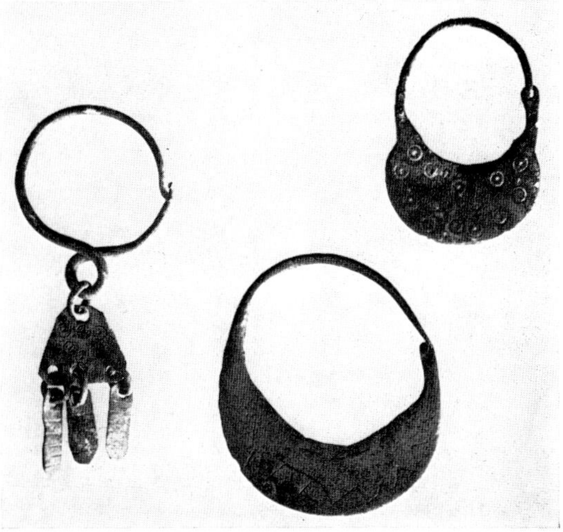

226

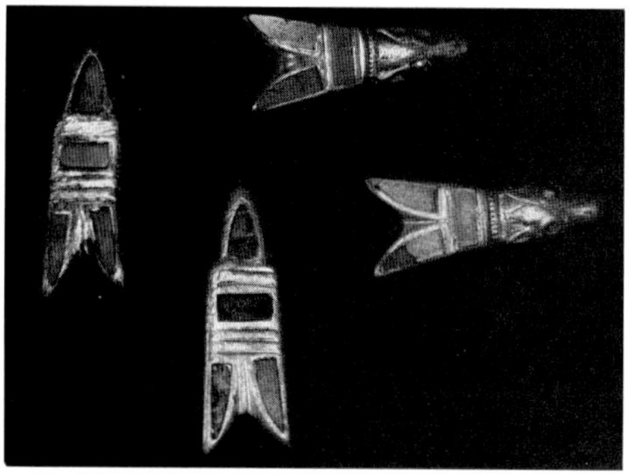

227

228

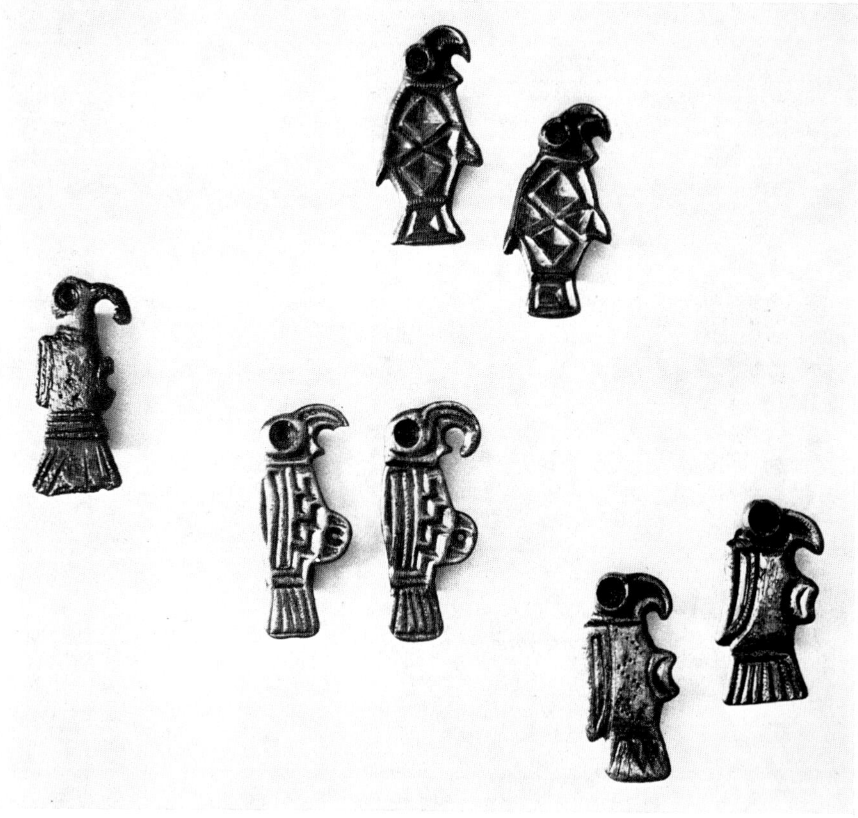

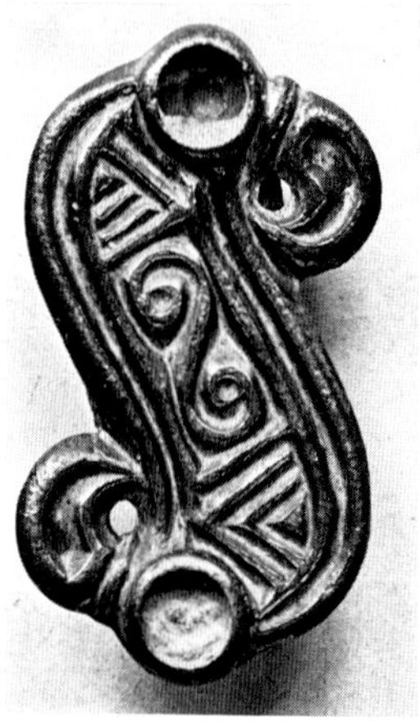

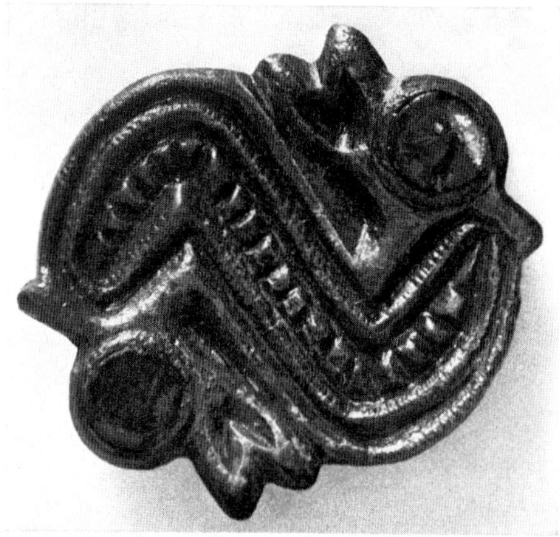

229—230

231

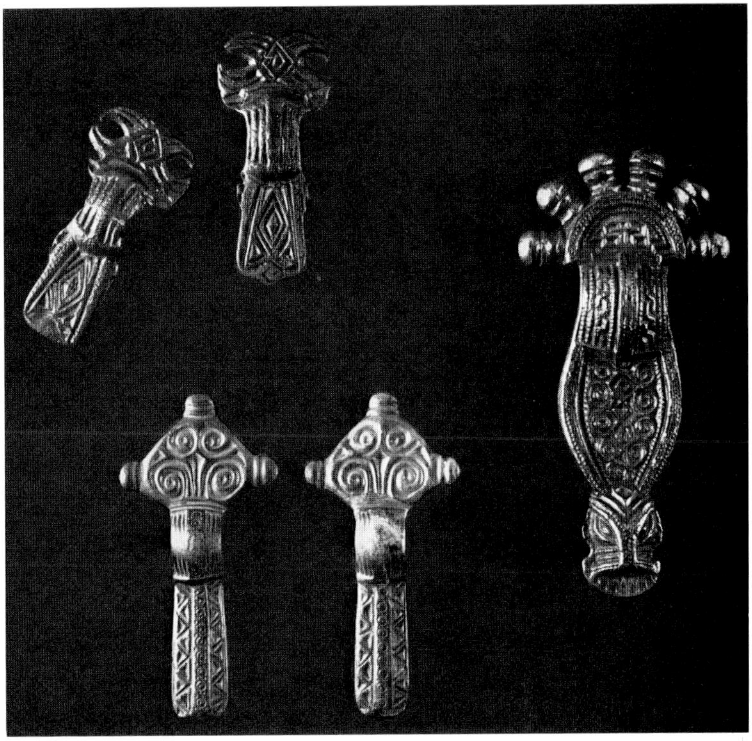

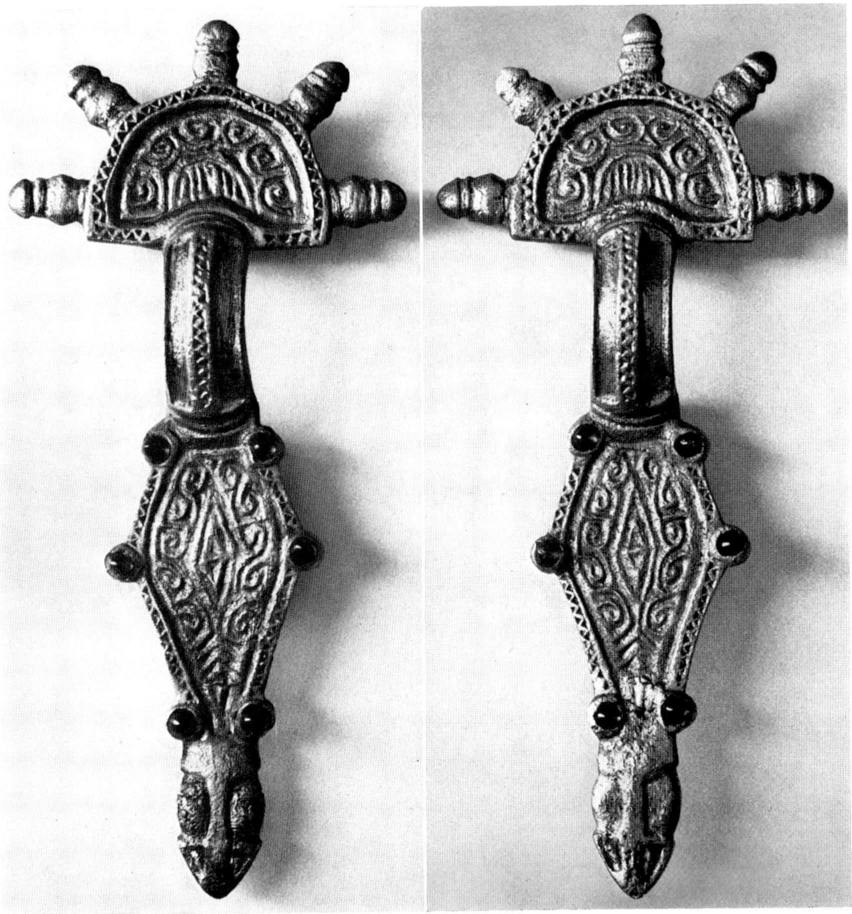

232

233

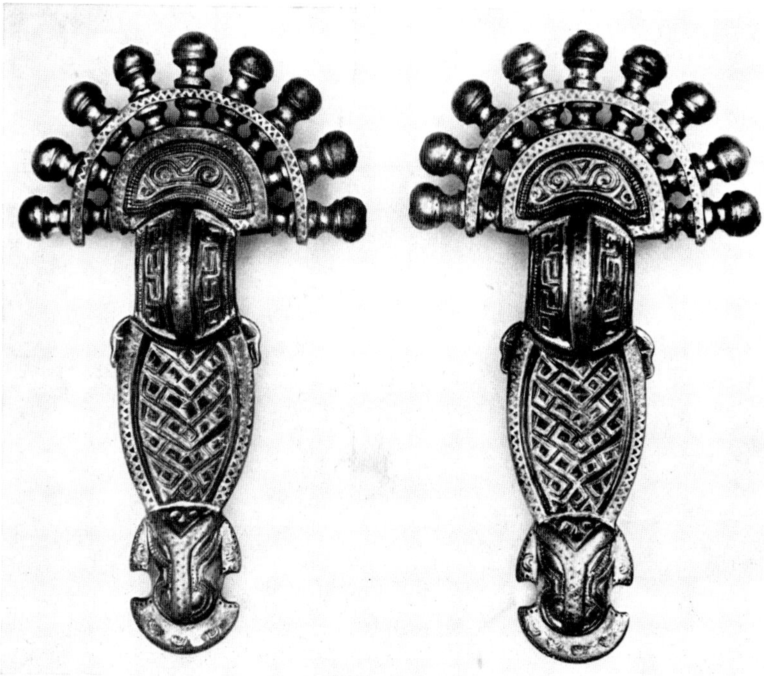

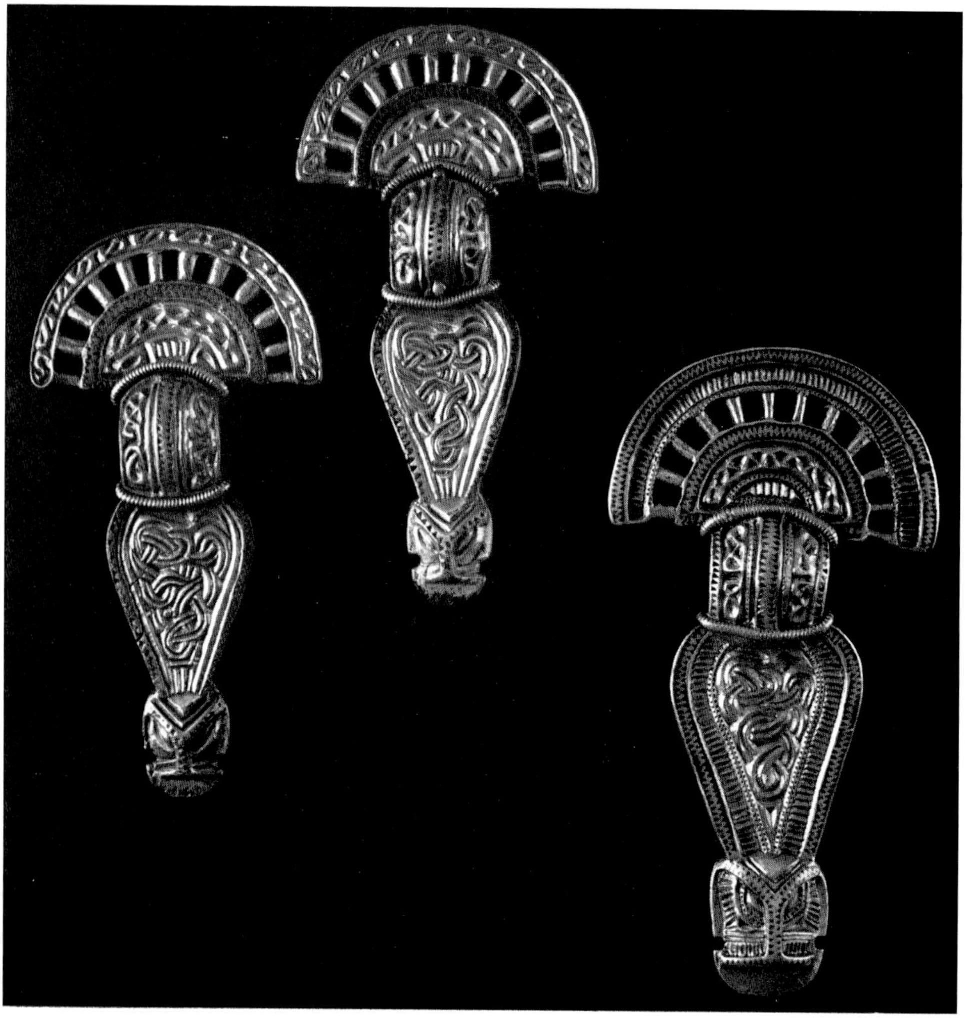

234

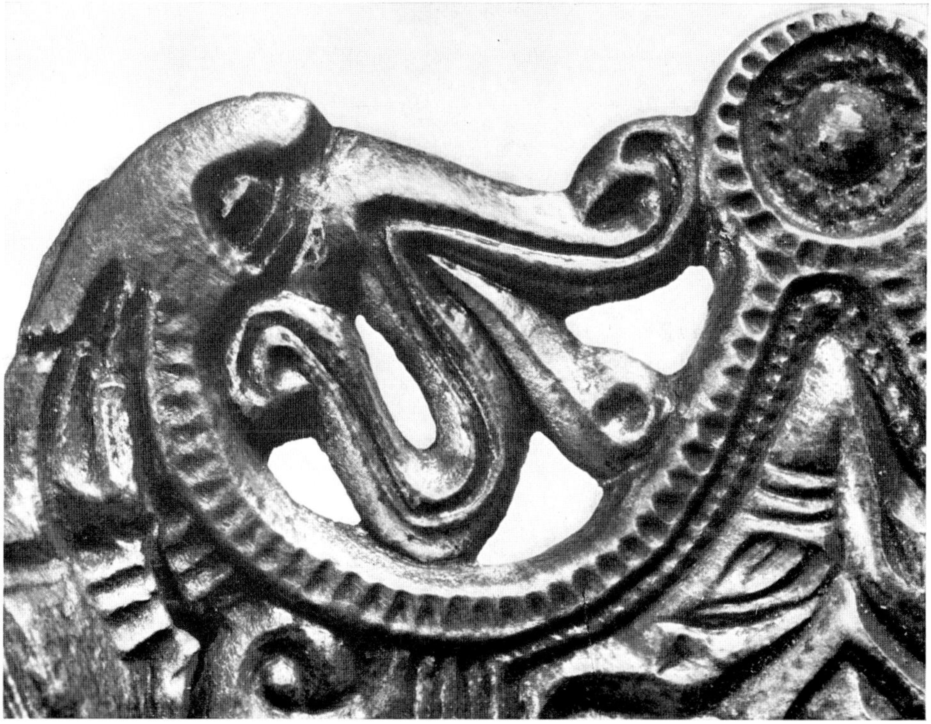

235

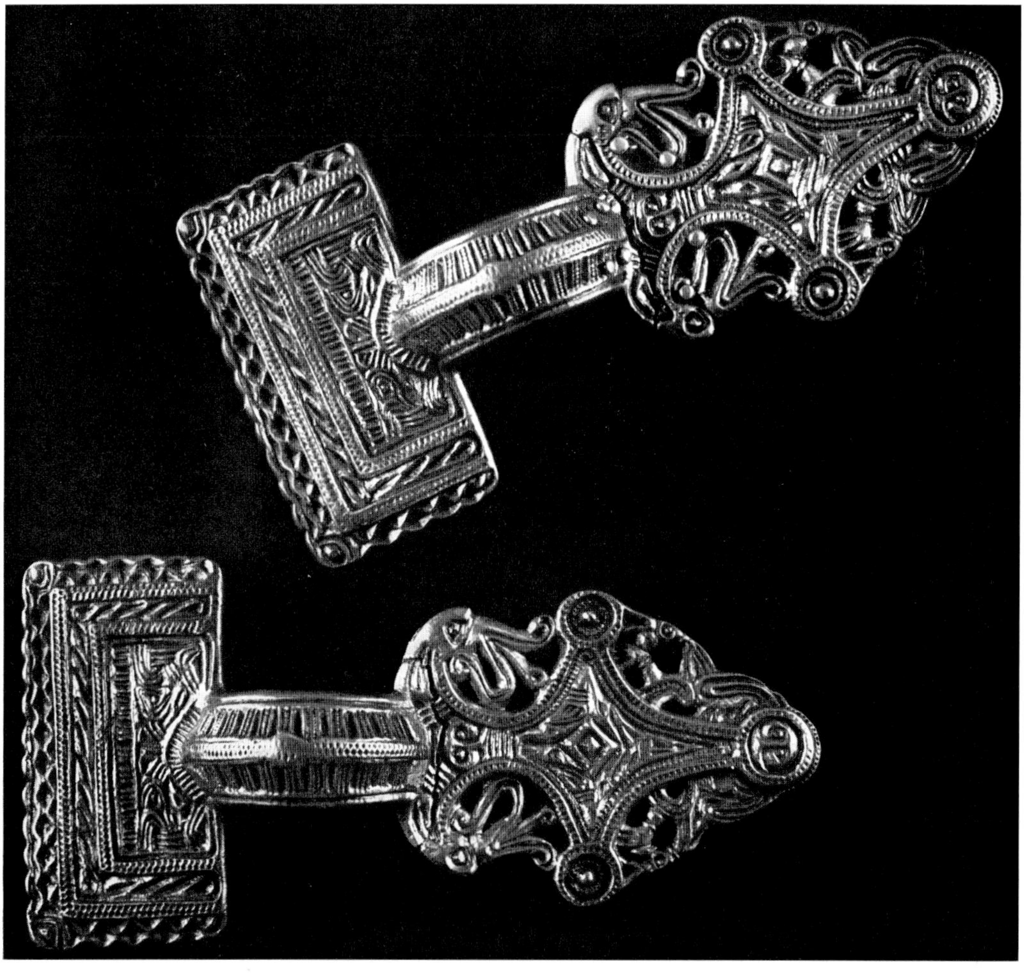

236

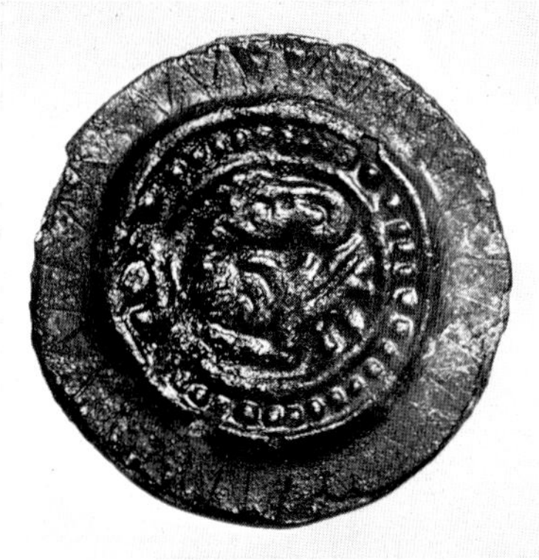

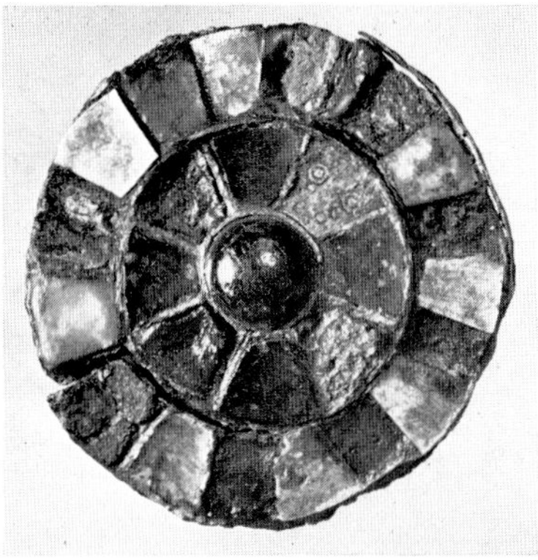

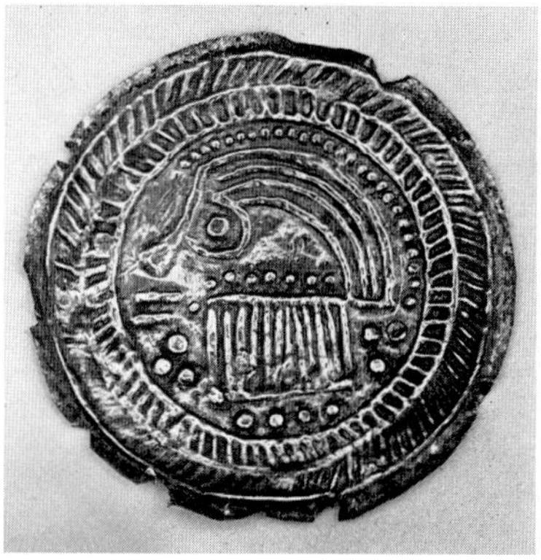

237

238

239

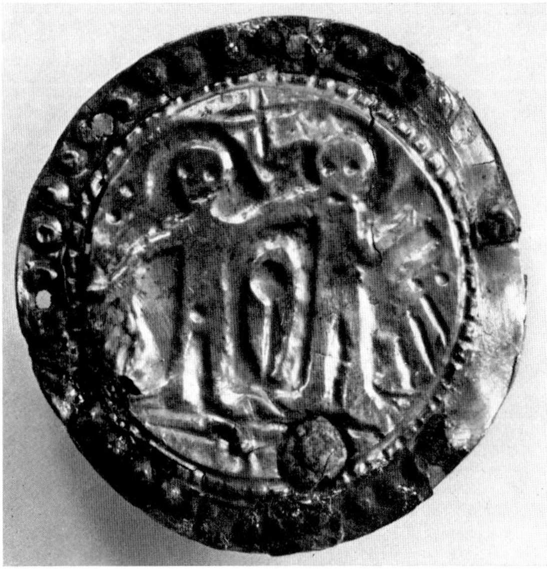

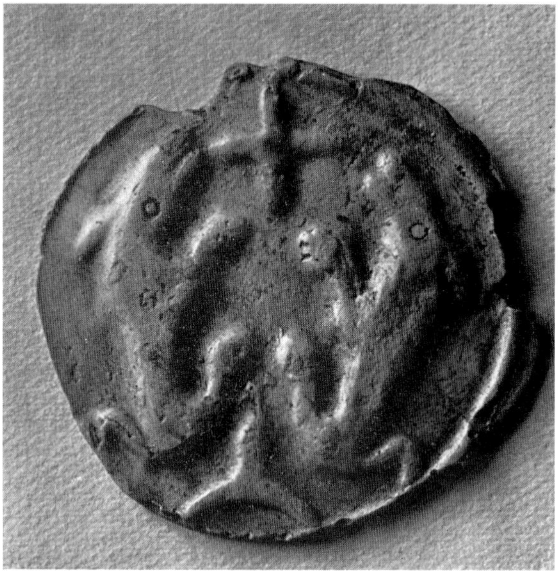

240

241

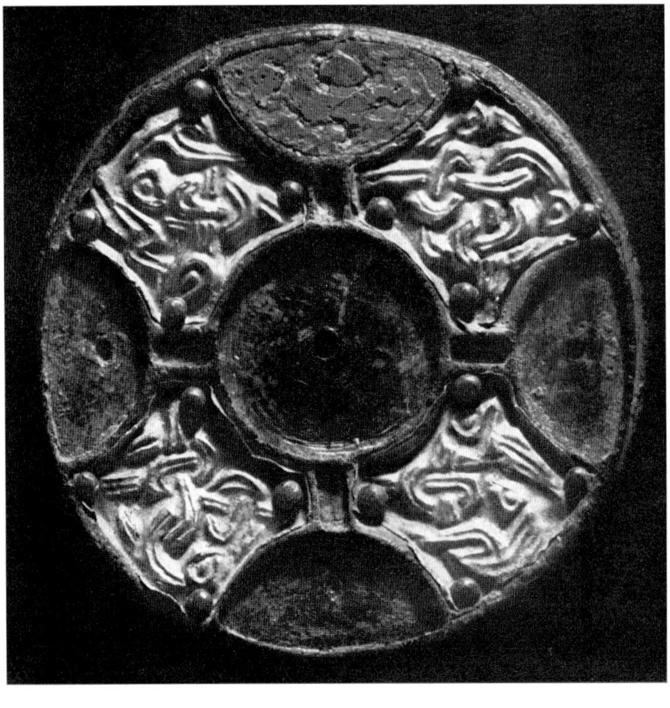

242

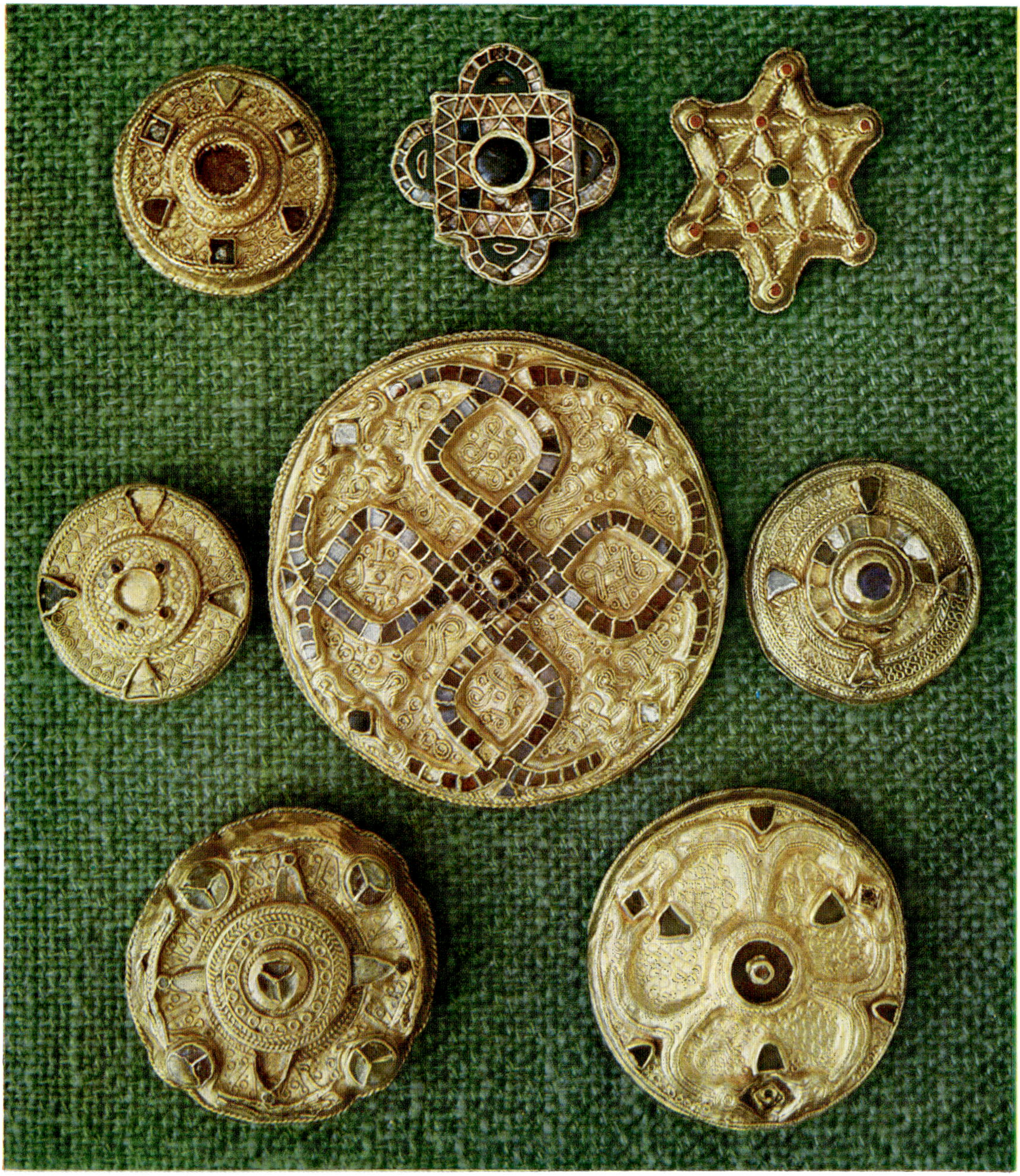

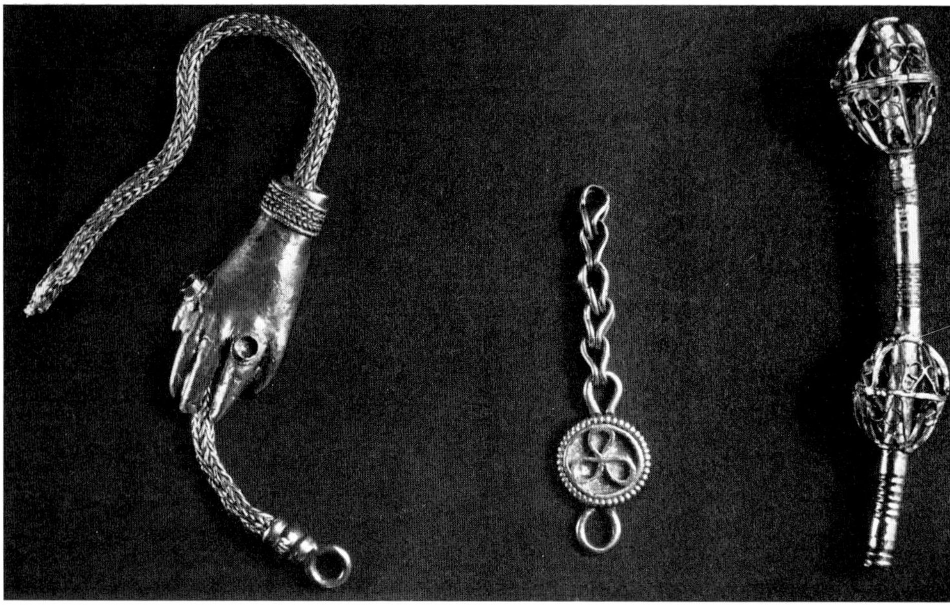

244

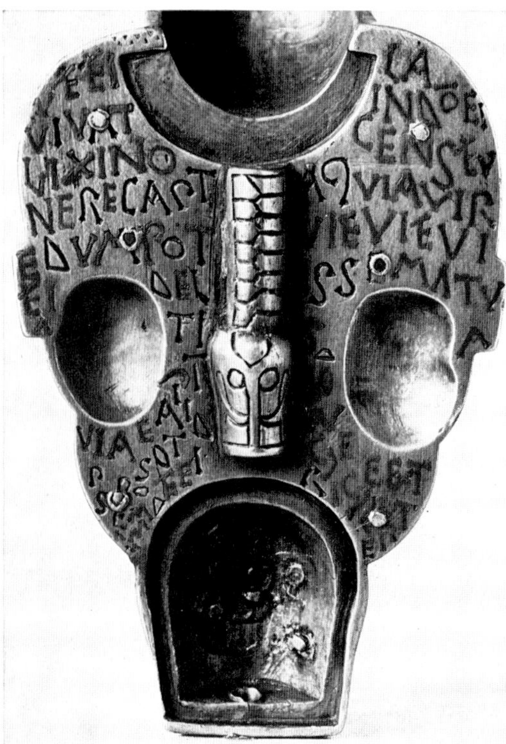

245

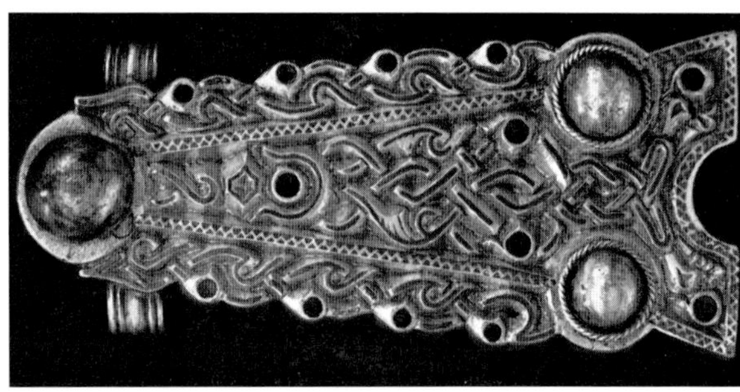

246

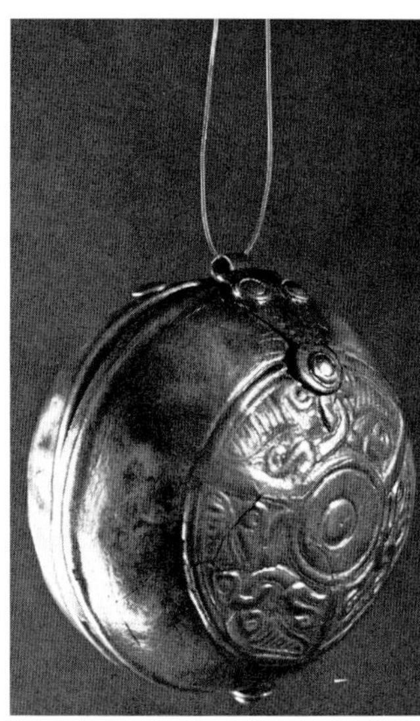

247

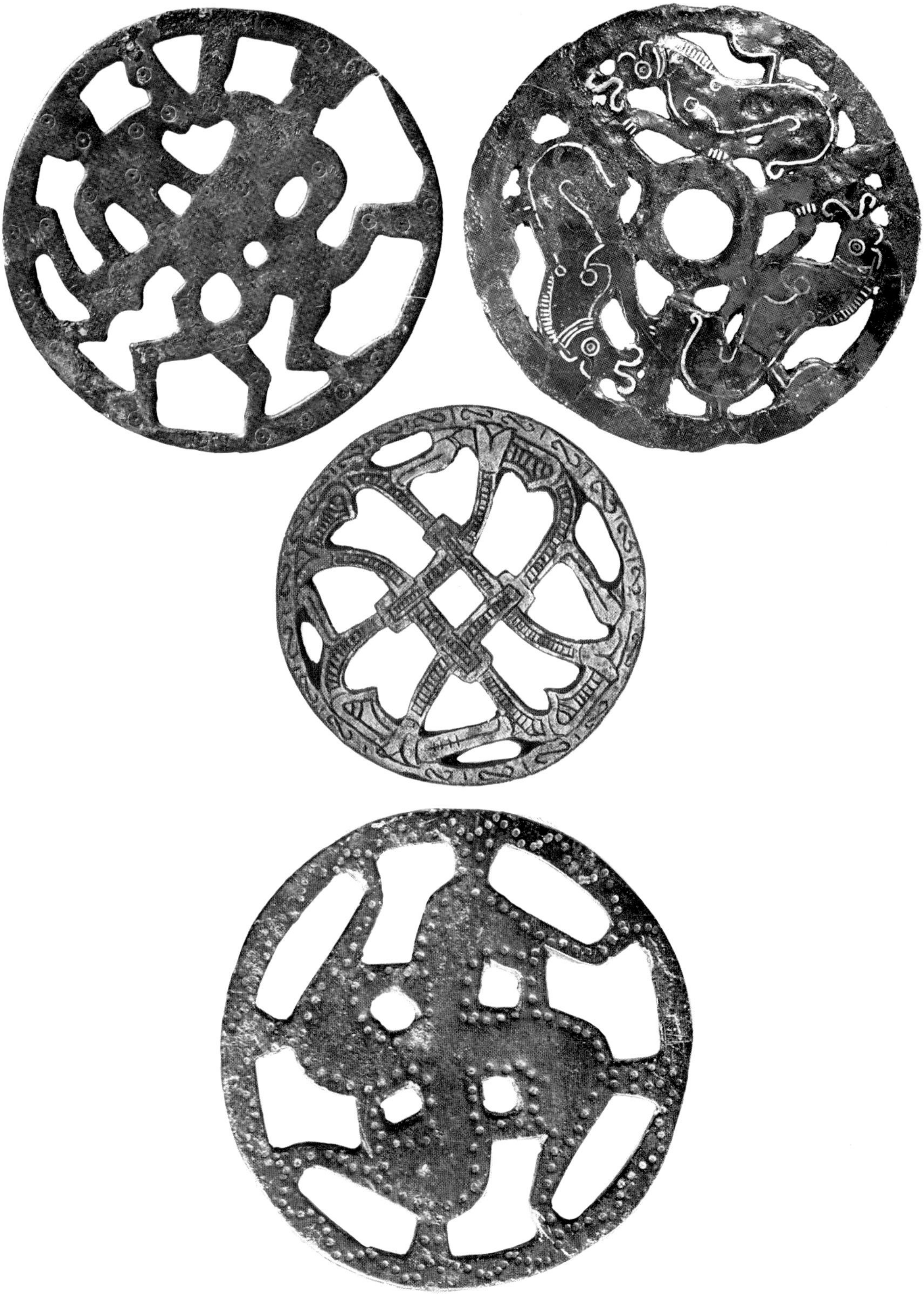

248

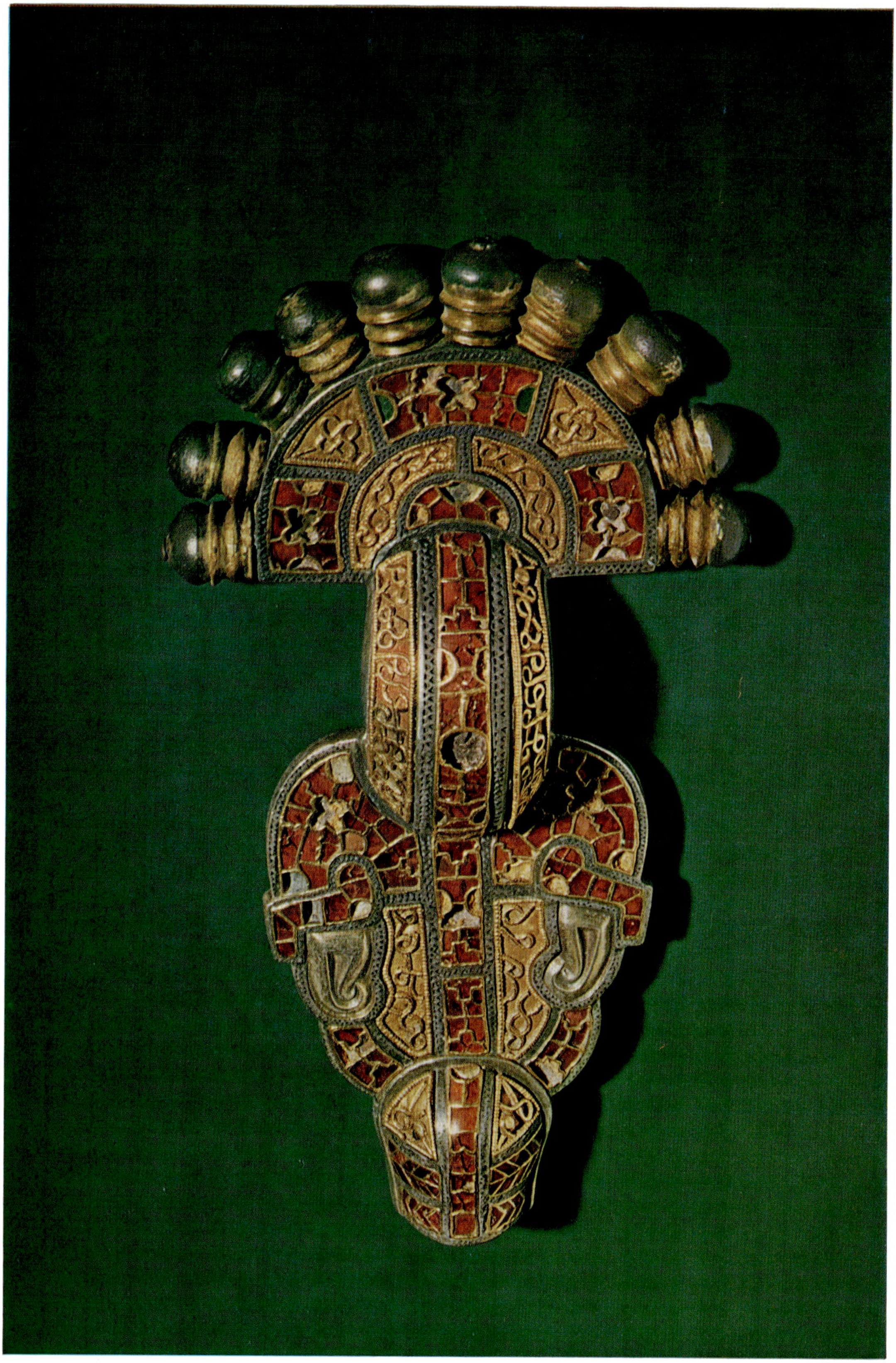

249

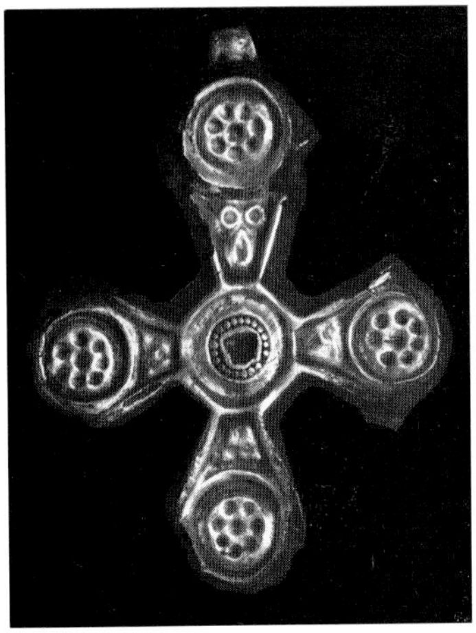
250

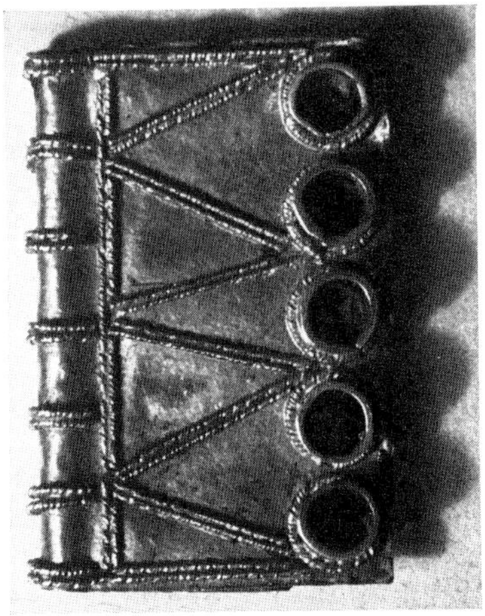
251

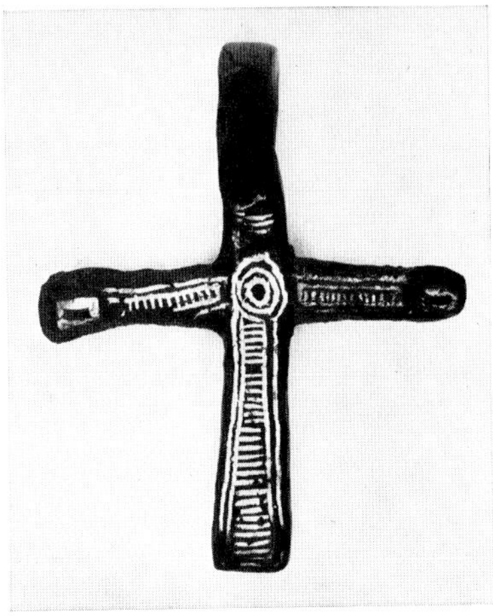
252

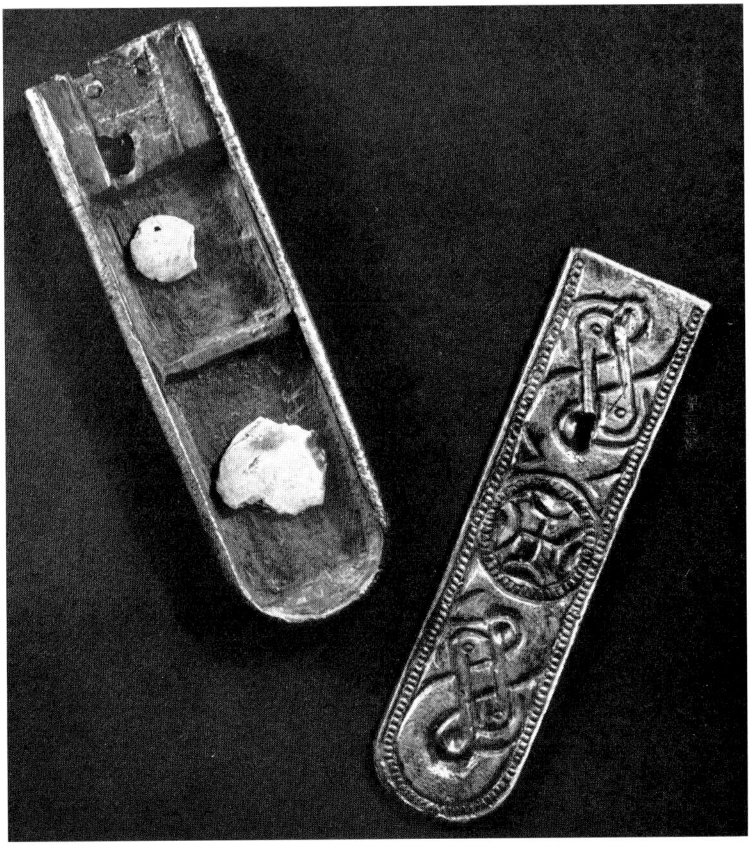
253

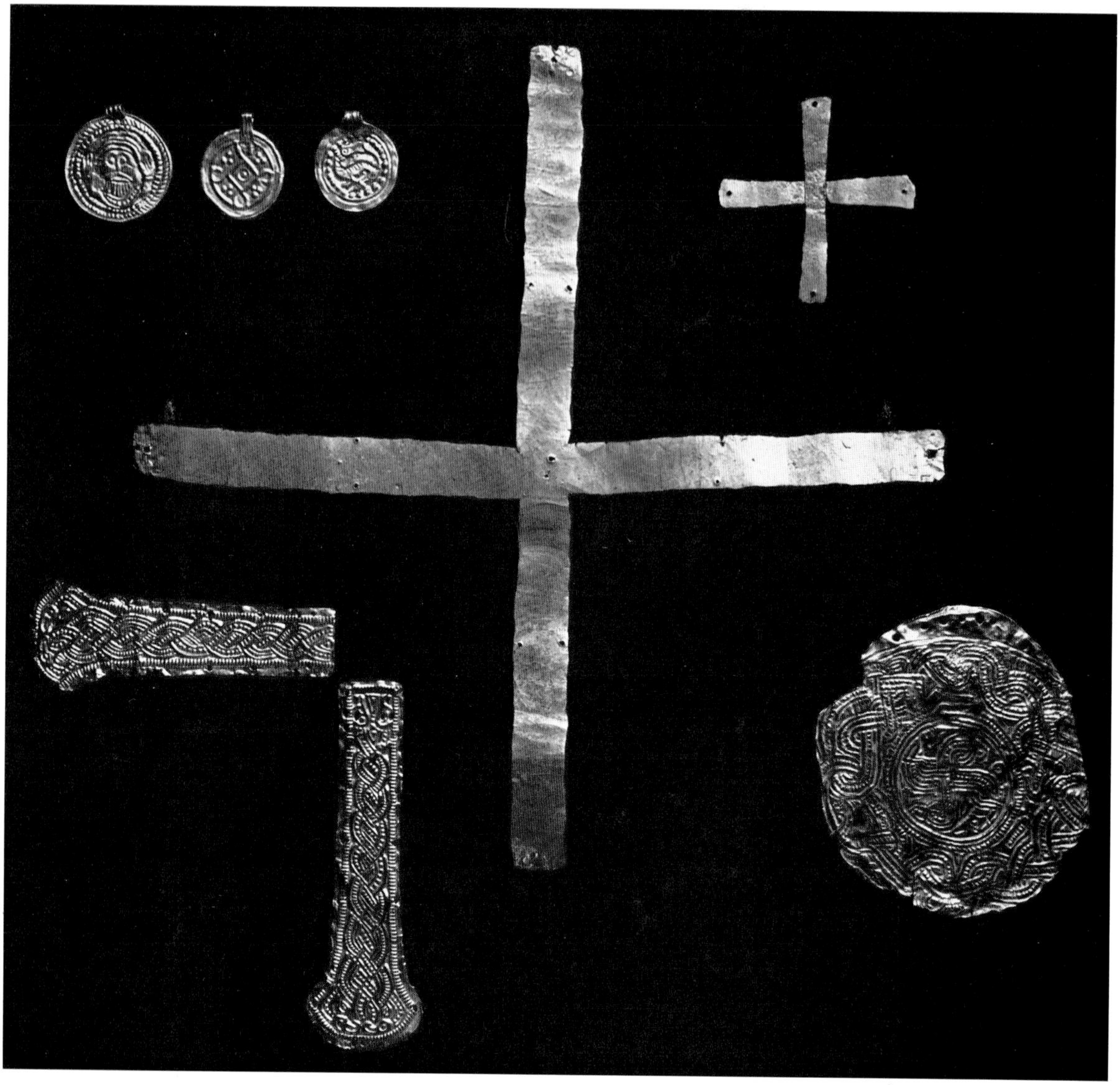

254

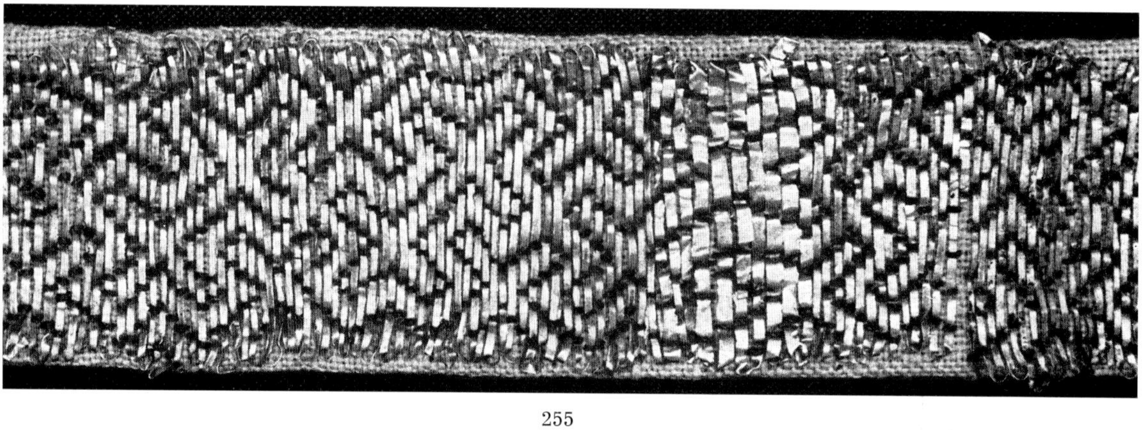

255

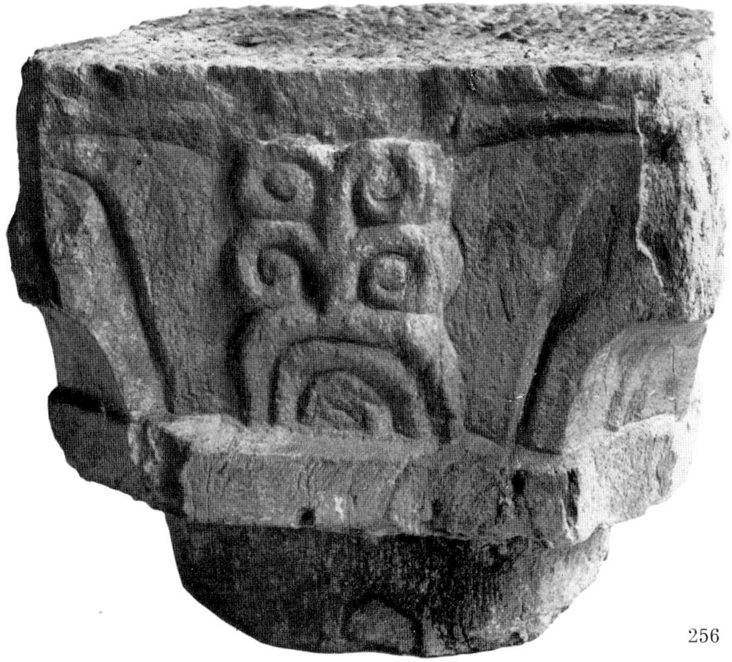

256

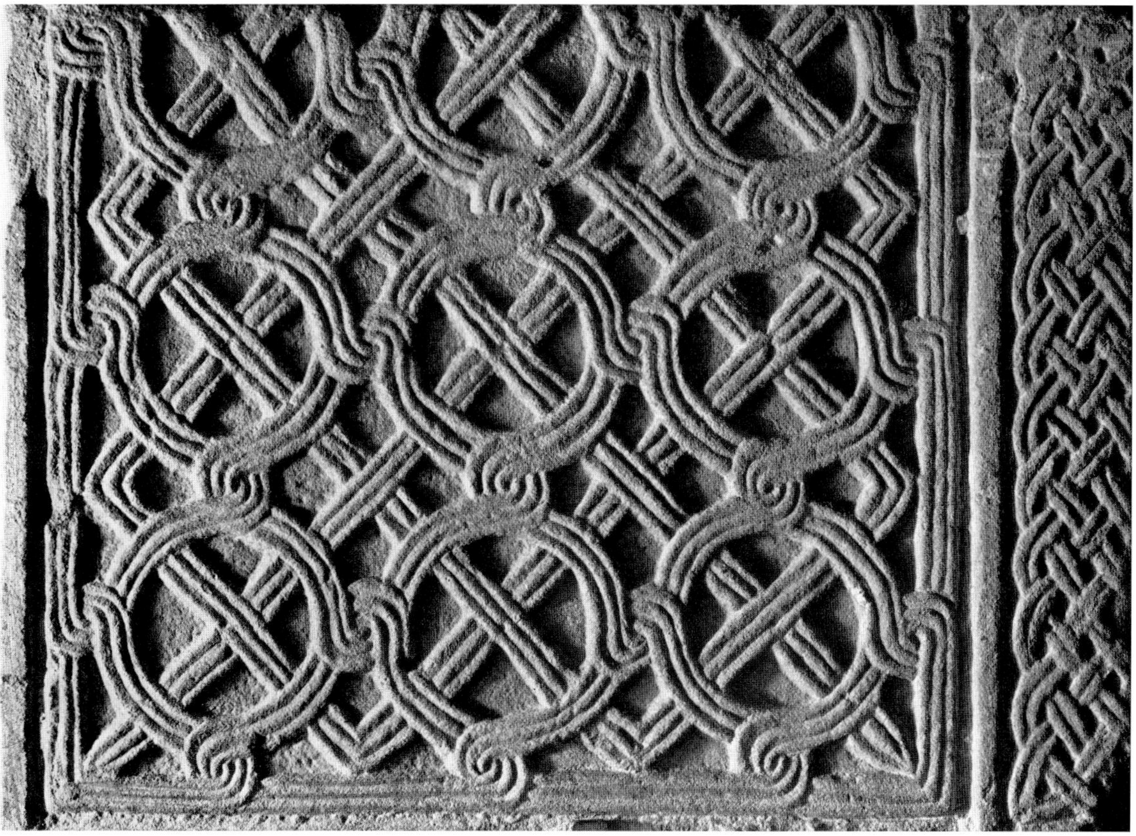

257

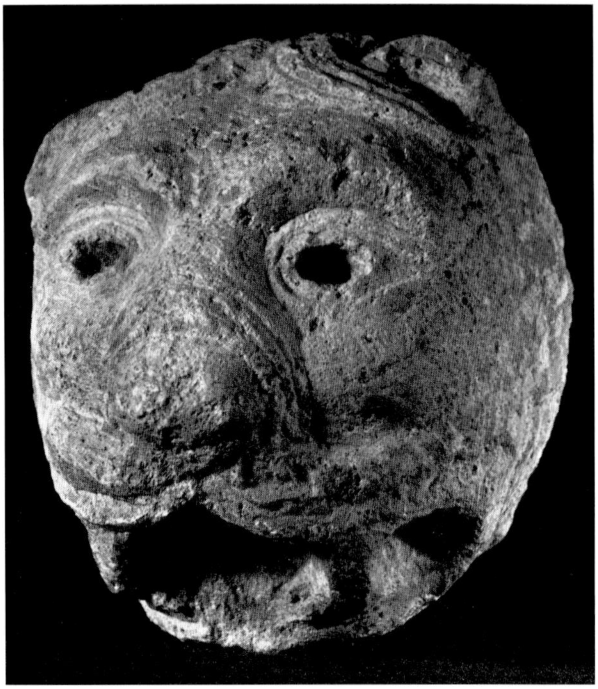

258

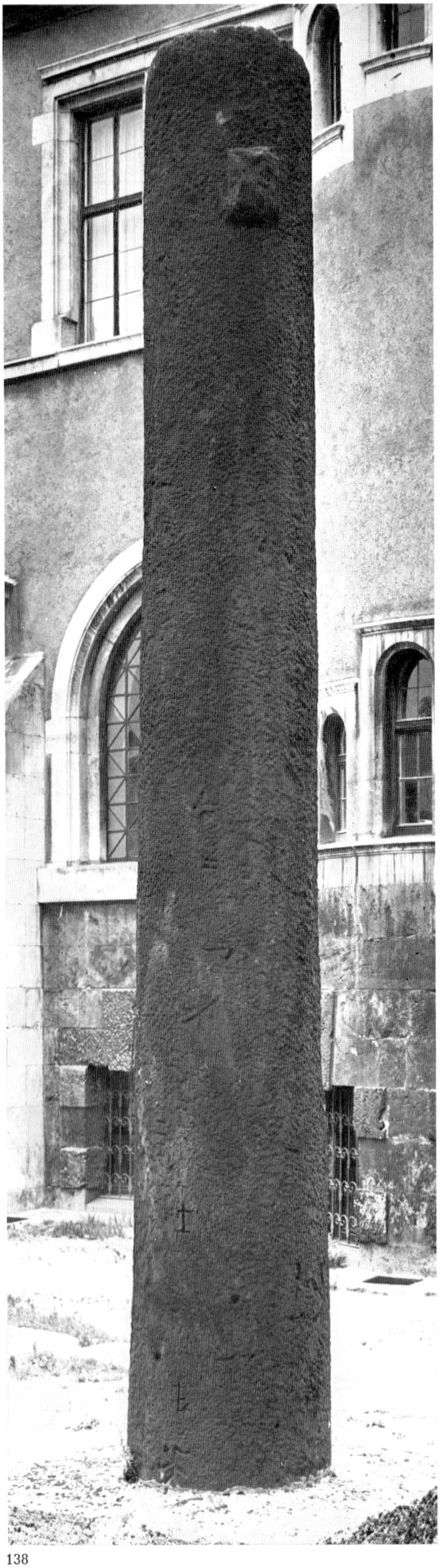

259

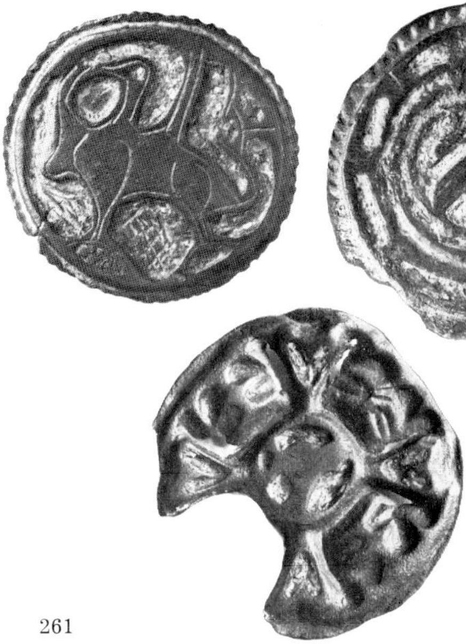

261

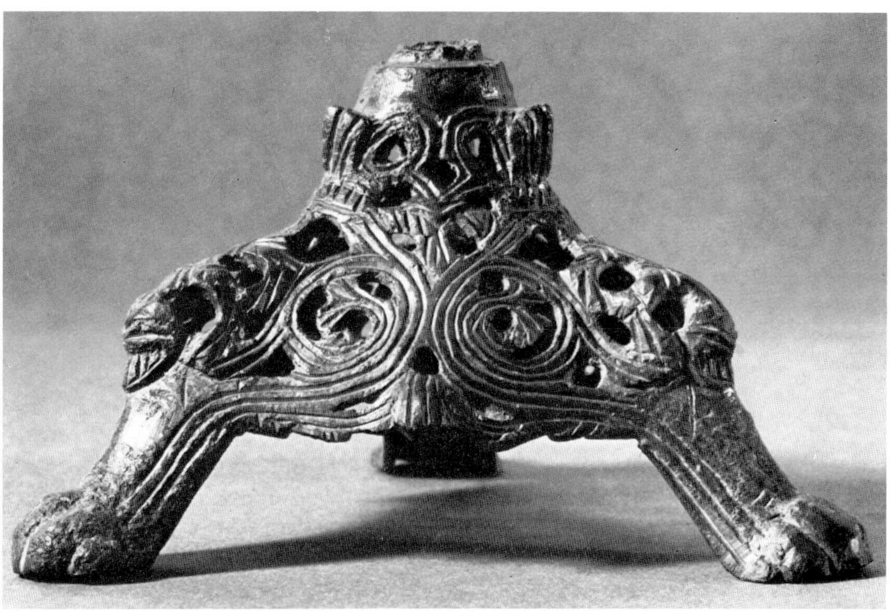

262

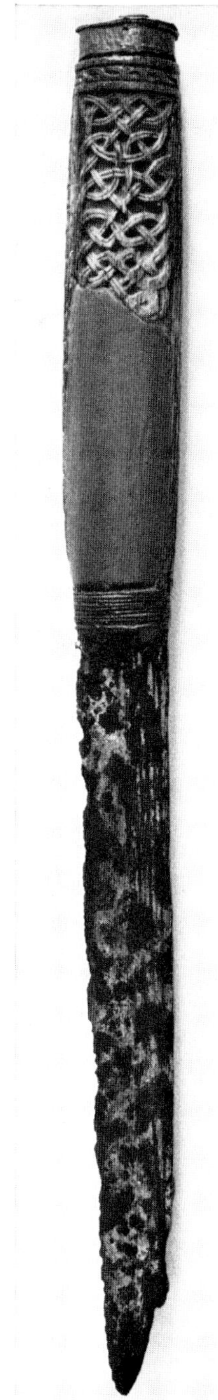

260

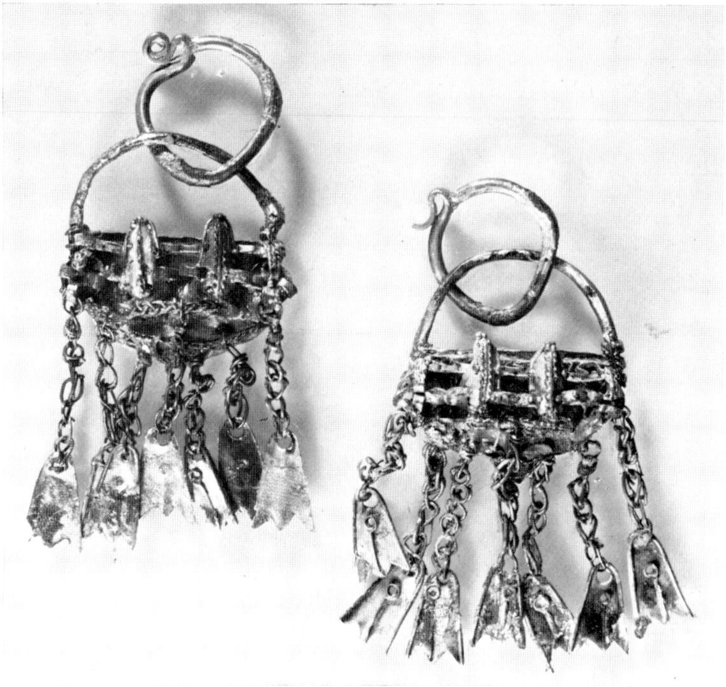

263

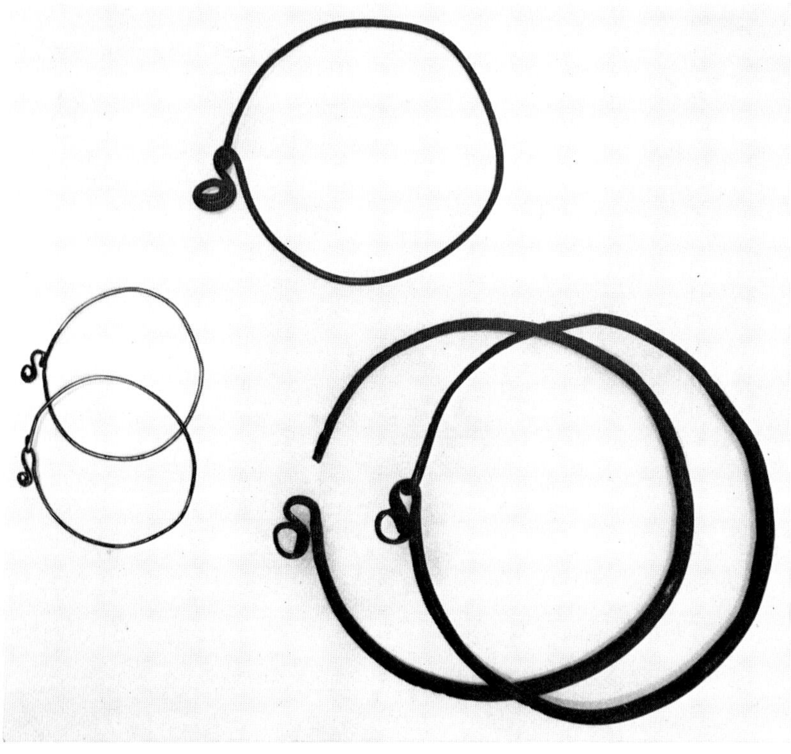

264

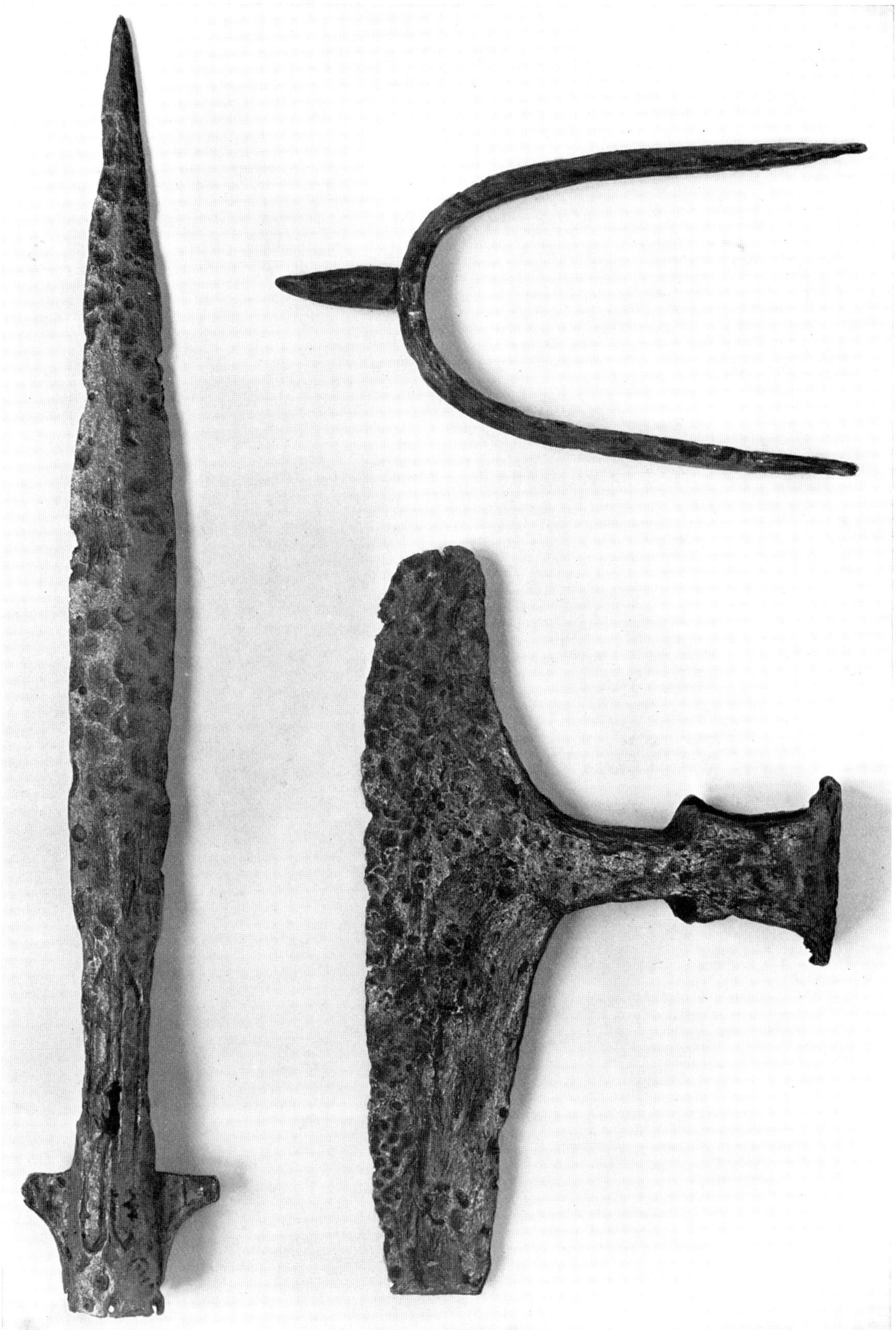

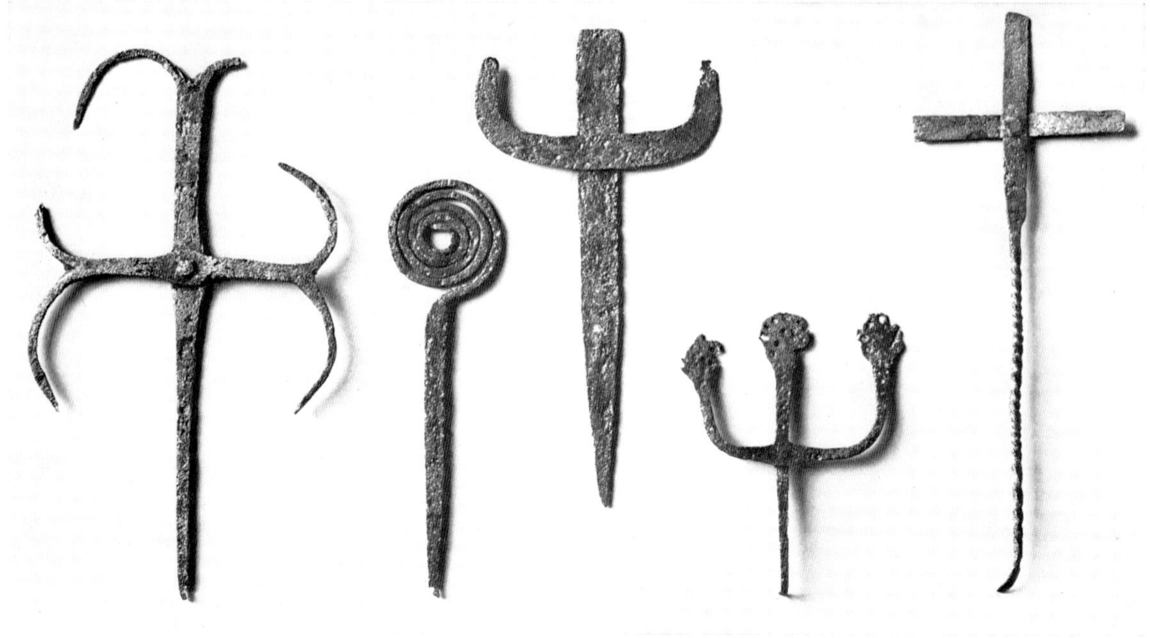

267

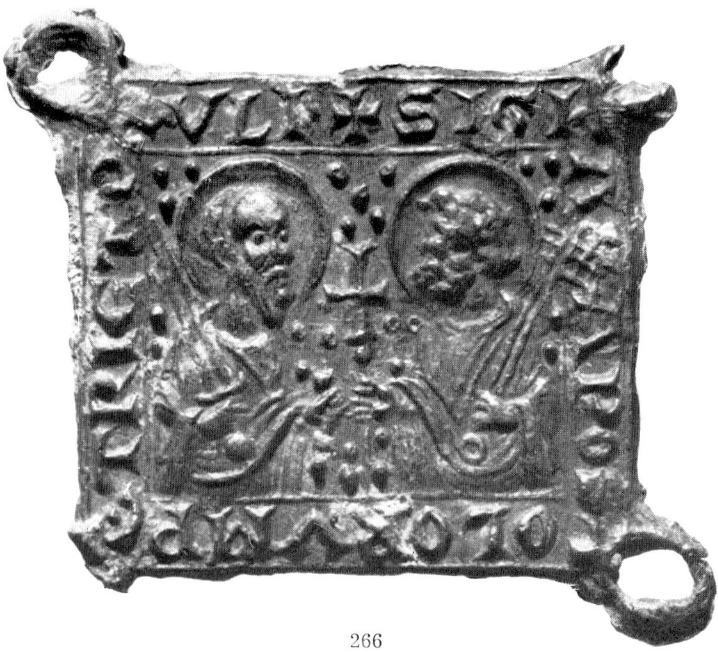

266

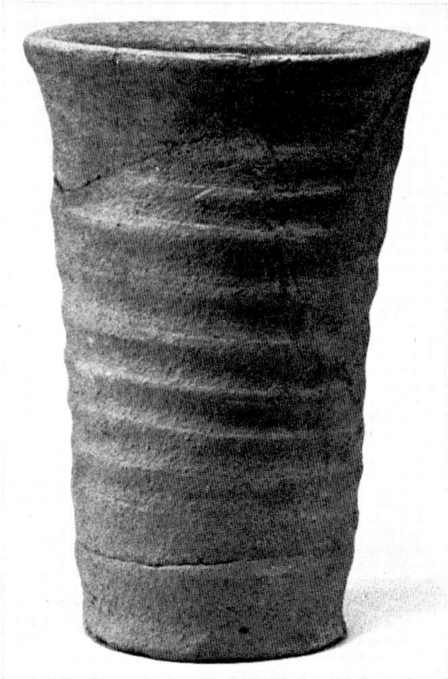
268

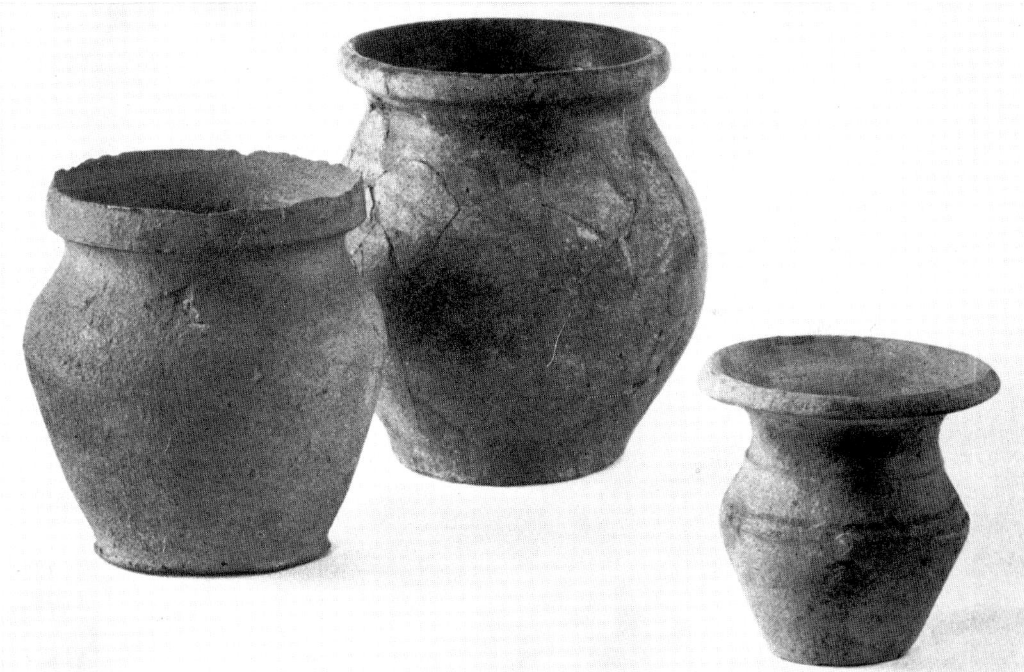
269

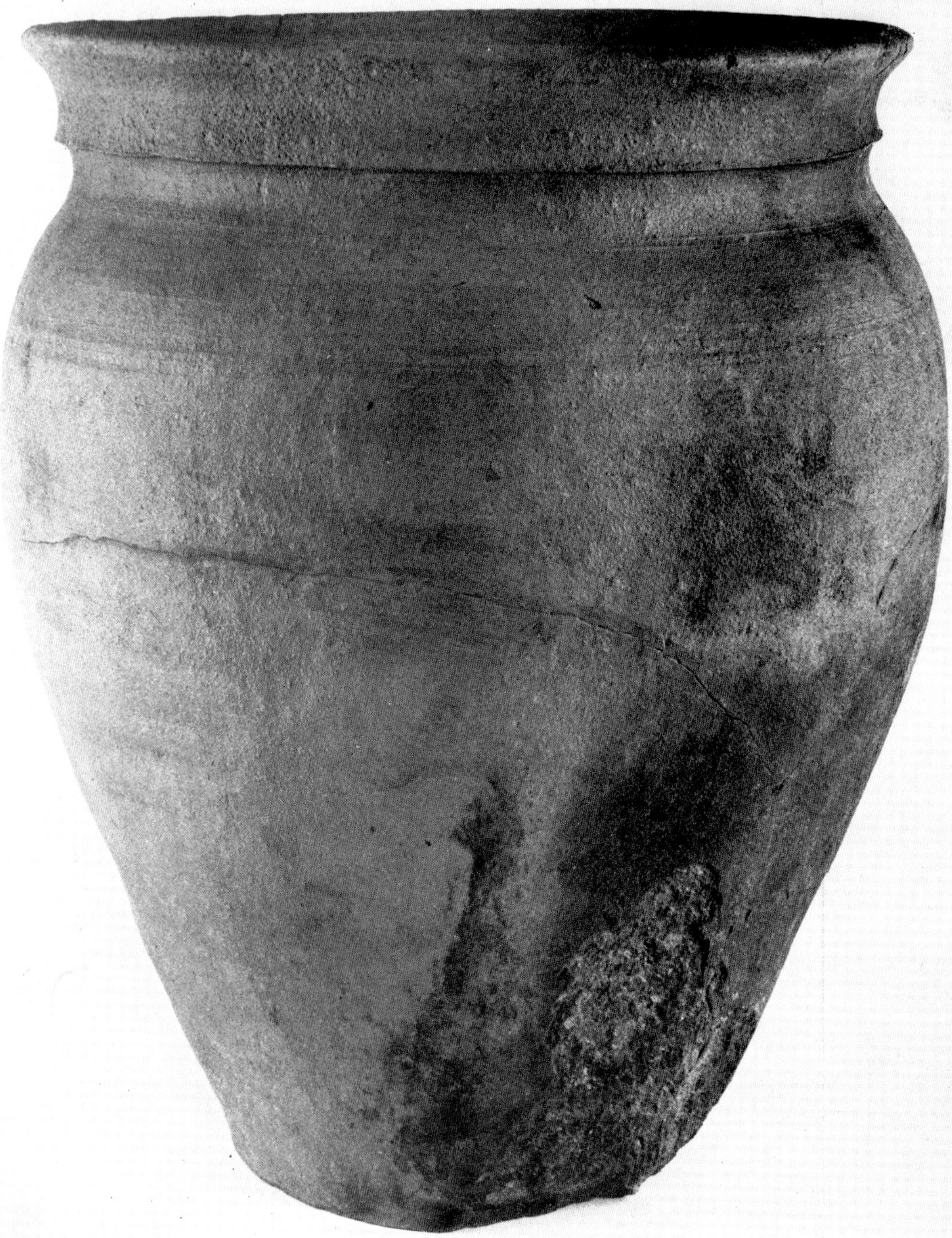

270